"十四五"职业教育河南省规划教材

建筑识图与CAD

JIANZHU SHITU YU CAD

（第二版）

●主编　丁晓玲

郑州大学出版社

内容简介

本教材按照高职高专教育人才培养目标的要求，以实际建筑工程施工图为载体，结合22G101图集，图文并茂，内容丰富，具有较强的实用性。本教材主要包括3个项目：建筑识图与CAD绘图基础知识、建筑施工图识图与CAD绘制和结构施工图识图与CAD绘制。通过对整套工程施工图识读与CAD绘制，将建筑工程施工图的内容、表示方法、识读方法与AutoCAD基本命令、使用技巧有机结合起来。本教材每个项目包括若干个学习任务，通过任务驱动、课堂讨论、能力训练等环节，培养学生的职业综合能力。

本教材可作为高职高专建筑工程技术、工程造价、工程监理等土建类专业的教材，亦可作为土建类工程技术人员的培训用书。

图书在版编目(CIP)数据

建筑识图与CAD / 丁晓玲主编. —2版. —郑州：郑州大学出版社，2023.6

ISBN 978-7-5645-8326-2

Ⅰ. ①建… Ⅱ. ①丁… Ⅲ. ①建筑制图 - 识图 ②建筑设计 - 计算机辅助设计 - AutoCAD软件 Ⅳ. ①TU2

中国版本图书馆CIP数据核字(2021)第231206号

建筑识图与CAD

JIANZHU SHITU YU CAD

策划编辑	崔青峰　祁小冬	封面设计	苏永生
责任编辑	刘永静	版式设计	凌　青
责任校对	李　蕊	责任监制	李瑞卿
出版发行	郑州大学出版社	地　　址	郑州市大学路40号(450052)
出 版 人	孙保营	网　　址	http://www.zzup.cn
经　　销	全国新华书店	发行电话	0371-66966070
印　　刷	河南龙华印务有限公司		
开　　本	787 mm×1 092 mm　1 / 16		
印　　张	15.5	字　　数	365千字
版　　次	2023年6月第1版	印　　次	2023年6月第1次印刷
书　　号	ISBN 978-7-5645-8326-2	定　　价	49.00元

编写指导委员会

本书作者

主　编　丁晓玲

副主编　刘文娟　邹梦琳

韩卫卫　管润润

田　然

编　委　丁晓玲　刘文娟

邹梦琳　韩卫卫

管润润　田　然

前言

(第二版)

高职高专土建类专业的人才培养主要面向建筑业生产一线的技术、质量、现场施工等岗位。建筑工程施工图是指导施工的技术性文件,是工程施工、计价的重要依据材料,正确识读工程施工图,是保证工程质量、避免工程事故的基本要求。能理解设计图纸的意图与要求,是施工员、预算员、建模员、测量员、质检员、安全员等施工一线专业岗位人才必备的基础能力。因而,识读建筑工程施工图是高职院校土建类专业各岗位必须具备的一项重要技能,是专业课程教学改革的重要内容之一。为更好地培养学生的社会适应能力、职业综合能力,将建筑识图与建筑 CAD 整合为一门课程,更便于实施融"教、学、做"为一体的教学模式,以实现高职教育的职业性、开放性、实践性。

本教材坚持以就业为导向,以培养能力为本位,衔接建筑行业标准、职业资格标准,结合建筑施工一线生产过程和典型工作任务,合理设置课程,安排教学内容,强化专业课程的实践性和职业性,提高学生的就业能力。编者基于建筑施工一线岗位实际构建教学目标和内容,以典型建筑工程施工图案例为载体,推行项目导向、任务驱动、案例教学等教学模式,促进知识与能力的有机融合。本教材的教学标准符合建筑施工企业现实需求与发展趋势,教材内容与职业标准、教学过程与生产过程深度对接,努力满足国家现代产业发展新体系建设对建筑行业技术、技能人才的新要求,课程内容的整合设计兼顾建筑工程技术专业、工程造价专业、工程监理专业等,既满足相关专业的通用能力需求,又满足后续课程的学习和职业能力持续发展的需要。

本教材编写分工如下:项目一的任务 1.1 和任务 1.3 由河南应用技术职业学院田然编写,项目一的任务 1.2 由濮阳职业技术学院韩卫卫编写,项目一的任务 1.4、项目一小结、项目二的任务 2.1、任务 2.3 由濮阳职业技术学院管润润编写，项目二的任务 2.2、任务 2.4、任务 2.5、任务 2.6 和项目二小结由濮阳职业技术学院邹梦琳编写，项目三的任务 3.1、任务 3.2、任务 3.3 由濮阳职业技术学院刘文娟编写，项目三的任务 3.4、任务 3.5、任务 3.6 和项目三小结由濮阳职业技术学院丁晓玲编写。

由郭呈祥对本教材内容的正确性、合理性、实用性做出全面审定，在此深表感谢！在此还要感谢对本教材编写给予大力支持与帮助的老师和同行们。

由于编者水平有限，书中的缺点和疏漏在所难免，敬请广大读者批评指正。

编　者

2023 年 1 月

前言
（第一版）

土建类专业学生的就业是建筑业生产一线的技术、质量、现场施工等岗位，识读工程施工图是施工员、预算员、测量员、质检员、安全员等施工一线专业岗位人才必备的基础能力。建筑工程施工图不仅是指导施工的技术性文件，而且是工程计价的重要依据材料，这些岗位都要求具备一定的识图能力，才能理解设计图纸的意图与要求，才能保证工程质量，避免事故的发生，避免给施工企业和建设单位造成经济损失。识读建筑工程图是高职院校土建类专业各岗位必须具备的一项重要技能，是专业课程教学改革的重要内容之一。为更好地培养学生的社会适应能力、职业综合能力，将建筑识图与建筑 CAD 课程整合为一门课程，实施融“教、学、做”为一体的教学模式，以实现高职教育的职业性、开放性、实践性。

本教材以培养职业能力为主线构建课程体系，衔接建筑行业标准、职业资格标准，结合建筑施工一线生产过程和典型工作任务，合理设置课程、安排教学内容，构建以培养学生职业能力为主线的课程体系，强化专业课程的实践性和职业性，坚持以就业为导向，以培养能力为本位，提高学生的就业能力。以实际建筑工程施工图为载体，构建教学目标和内容，推行基于建筑施工一线工作岗位实际的项目导向、任务驱动、案例教学等教学模式，促进知识与能力相结合。教学标准根据建筑施工企业现实需求与发展趋势，课程教材内容与职业标准、教学过程与生产过程的深度对接，努力满足国家现代产业发展新体系建设对建筑行业技术技能人才的新要求。课程内容的整合设计兼顾到建筑工程技术专业、工程造价专业、工程监理专业等，既满足相关专业通用能力需求，又满足后续课程的学习和职业能力持续发展的需要。

本书编写分工如下：项目一的任务 1.1 和任务 1.3 由河南应用技术职业

学院田然编写，项目一的任务1.2由濮阳职业技术学院韩卫卫编写，项目一的任务1.4、项目一小结、项目二的任务2.1、任务2.3由濮阳职业技术学院管润润编写，项目二的任务2.2、任务2.4、任务2.5、任务2.6和项目二小结由濮阳职业技术学院邹梦琳编写，项目三的任务3.1、任务3.2、任务3.3由濮阳职业技术学院刘文娟编写，项目三的任务3.4、任务3.5、任务3.6和项目三小结由濮阳职业技术学院丁晓玲编写。

本教材由郭呈祥主审，对本教材内容的正确性、合理性、实用性做出全面审定，在此深表感谢！在此还要感谢对本教材编写给予大力支持与帮助的老师和同行们。

由于编者水平有限，书中的缺点和疏漏在所难免，敬请广大读者批评指正。

编　者

2016年3月

目录

项目一 建筑识图与 CAD 绘图基础知识

知识目标 1.熟悉并遵守国家制图标准的基本规定。
2.掌握三面正投影规律，识读建筑形体的三面正投影。
3.熟悉平面图形的尺寸标注方法及步骤。
4.掌握 AutoCAD 基本的操作命令和技巧。

能力目标 1.能正确使用绘图工具及仪器，按照国家制图标准的基本规定正确完成平面图形的绘制，并进行尺寸标注。
2.识读建筑形体的三面正投影。
3.能熟练操作 AutoCAD，绘制简单图形。

任务 1.1 房屋建筑制图统一标准

【学习任务】

1.熟悉并遵守国家制图标准的基本规定。

2.能对建筑形体进行完整的尺寸标注。

3.能正确书写仿宋字体。

4.要想准确识读工程图纸，必须掌握相关建筑规范，提升学生专业知识的同时，树立学生作为建筑师的职业操守及社会责任感。

图样是设计的重要文件，是工程界表达和交流技术思想的共同语言，是施工的重要依据。为了使建筑工程图能够统一，提高制图质量，便于识读，满足设计和施工的要求，又便于交流技术思想，对于图样的画法、图线的线型及线宽、尺寸标注、图例及字体等，都必须有统一的规定。国家制图标准就是这样统一的规定，目前常用的制图标准有《房屋建筑制图统一标准》(GB/T 50001—2017)、《总图制图标准》(GB/T 50103—2010)、《建筑制图标准》(GB/T 50104—2010)等，工程技术人员在绘制工程图样时必须严格遵守，认真贯彻国家标准。

1.1.1 图纸幅面规格

1.1.1.1 图纸幅面

图纸幅面(简称图幅)即图纸的大小。为了便于图纸的装订、查阅和保存,满足图纸现代化的管理要求,图纸的大小规格应力求统一。图纸的基本幅面有 5 种,分别用幅面代号 A0、A1、A2、A3、A4 表示,绘制技术图样时应优先选用表 1-1 规定的基本幅面尺寸。必要时,可以按规定加长幅面,见表 1-2。A1 是 A0 的一半,其余后一号是前一号幅面的一半,绘图时图纸可以横放或竖放。一个工程设计中每个专业所使用的图纸,不宜多于两种幅面,不包括目录及表格所采用的 A4 幅面。

表 1-1 图纸幅面规格尺寸

单位:mm

尺寸代号	幅面代号				
	A0	A1	A2	A3	A4
$b \times l$	841×1189	594×841	420×594	297×420	210×297
c	10			5	
a	25				

注:表中 b 为幅面短边尺寸,l 为幅面长边尺寸,c 为图框线与幅面线间宽度,a 为图框线与装订边间宽度。

图纸的短边尺寸不应加长,A0~A3 幅面长边尺寸可加长,但应符合表 1-2 的规定。

表 1-2 图纸长边加长尺寸

单位:mm

幅面代号	长边尺寸	长边加长后尺寸
A0	1189	1486 1783 2080 2378
A1	841	1051 1261 1471 1682 1892 2102
A2	594	743 891 1041 1189 1338 1486 1635 1783 1932 2080
A3	420	630 841 1051 1261 1471 1682 1892

注:有特殊需要的图纸,可采用 $b \times l$ 为 841 mm×891 mm 与 1189 mm×1261 mm 的幅面。

1.1.1.2 图纸格式尺寸

在图纸上用粗实线画出图框。图框有不留装订边和留有装订边两种格式,如图 1-1、图 1-2所示,同一设计中所有图样均应采用同一种格式。为了复印和缩影时定位方便,可采用对中标志。对中标志是从周边画入框内宽度约 0.35mm、长度约 5 mm 的一段粗实线,如图 1-3 所示。

1.1.1.3 标题栏和会签栏

每张图纸均应有标题栏,横式使用的图纸标题栏的位置应按图 1-3 所示的位置配置。标题栏的具体格式、内容和尺寸可以根据各个设计单位的需要而定,图 1-4(a)所示

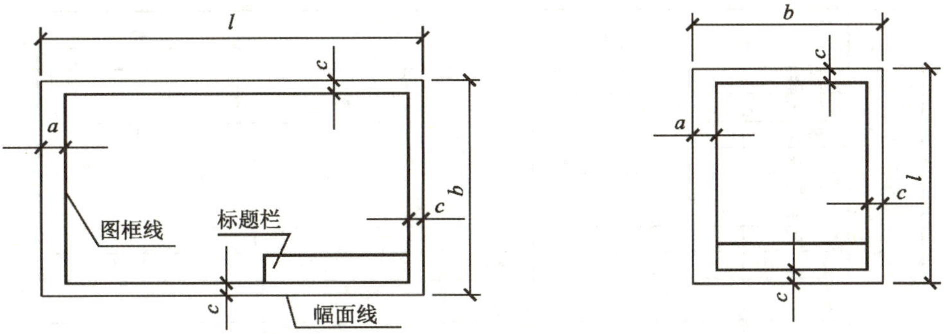

图 1-1　留装订边的图纸

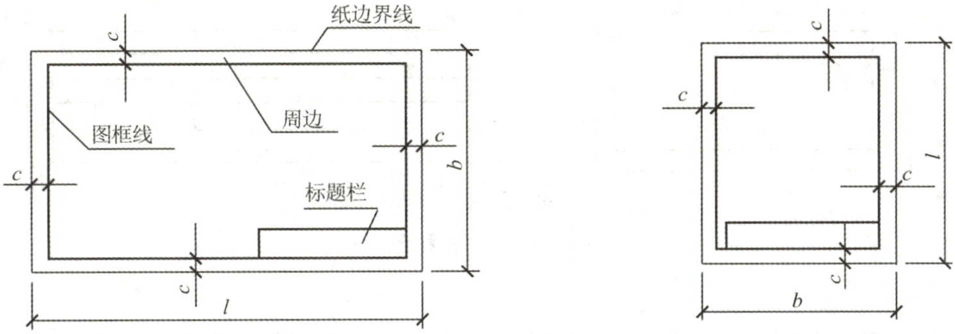

图 1-2　不留装订边的图纸

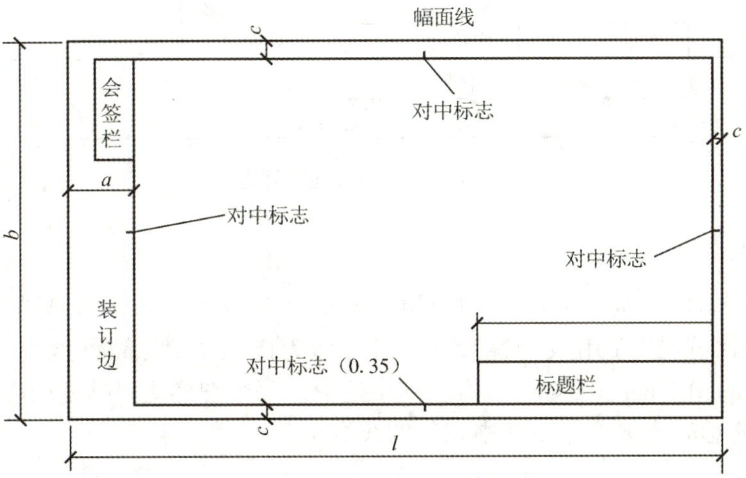

图 1-3　图框格式

标题栏可供参考。在每张图纸左上角可有会签栏，会签栏是图纸会审后签名用的，会签栏的格式如图 1-4(b) 所示，栏内填写会签人员所代表的专业、签名、日期。一个会签栏不够用时，可以另加一个会签栏，两个会签栏应并列。

学生作业标题栏不像工程图纸有审查、校核等程序，可简化，参考图 1-5。

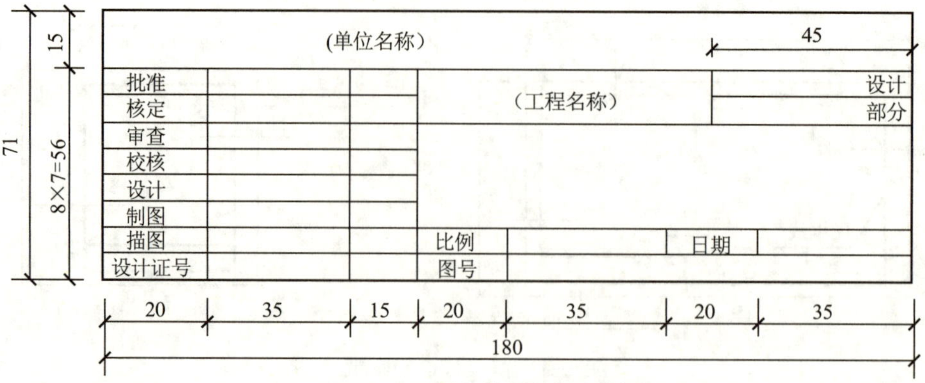

(a)工程上使用的标题栏

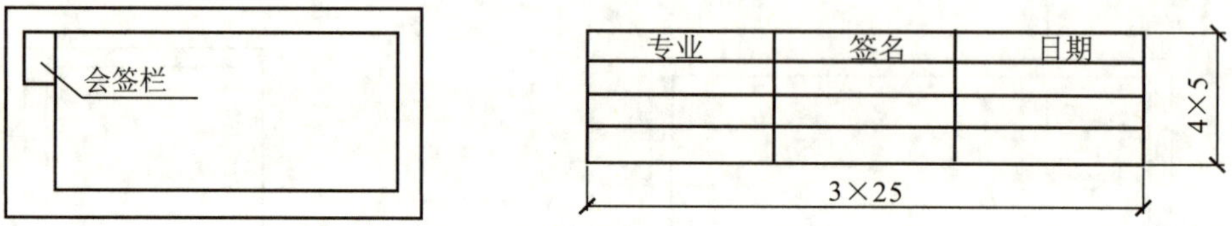

(b)会签栏位置及格式

图 1-4　标题栏和会签栏

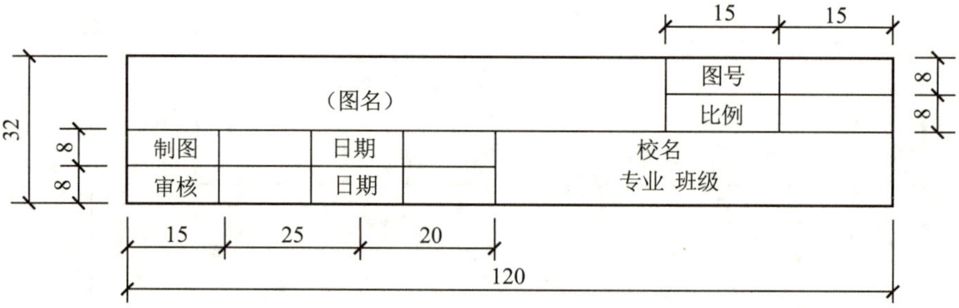

图 1-5　学生作业标题栏

1.1.2　图线

在建筑工程图中,为了表示出不同的内容,能够分清主次,绘图时必须使用不同的线型和线宽。图线的粗细用线的宽度来区分,称为图线宽度,简称线宽。图线宽度从 1.4 mm、1.0 mm、0.7 mm、0.5 mm 线宽系列中选取。每个图样应根据复杂程度与比例大小先选定基本线宽 b,再选用表 1-3 中相应的线宽组。

表 1-3　图线　　单位:mm

名称		线型	线宽	一般用途
实线	粗		b	主要可见轮廓线
	中粗		$0.7b$	可见轮廓线、变更云线
	中		$0.5b$	可见轮廓线、尺寸线
	细		$0.25b$	图例填充线、家具线

续表 1-3

名称		线型	线宽	一般用途
虚线	粗		b	见各有关专业制图标准
	中粗		$0.7b$	不可见轮廓线
	中		$0.5b$	不可见轮廓线、图例线
	细		$0.25b$	图例填充线、家具线
单点长画线	粗		b	见各有关专业制图标准
	中		$0.5b$	见各有关专业制图标准
	细		$0.25b$	中心线、对称线、轴线等
双点长画线	粗		b	见各有关专业制图标准
	中		$0.5b$	见各有关专业制图标准
	细		$0.25b$	假想轮廓线、成型前原始轮廓线
折断线	细		$0.25b$	断开界线
波浪线	细		$0.25b$	断开界线

注：b 为基本线宽。

1.1.3　字体

在图样中除了表达实物形状的图形外，还应有必要的文字、数字或符号等，以说明实物的尺寸、技术要求等。汉字矢量字体的高度应从 3.5 mm、5 mm、7 mm、10 mm、14 mm、20 mm中选用。True tyde 字体及非汉字矢量字体的高度应从 3 mm、4 mm、6 mm、8 mm、10 mm、14 mm、20 mm 中选用。如需书写更大的字体，其高度应按$\sqrt{2}$的倍数递增。

1.1.3.1　汉字

汉字应采用国家公布的简化汉字，书写成长仿宋体，矢量字体的宽高比宜为 0.7。书写要领：横平竖直，起落分明，结构均匀，粗细一致，呈长方形。仿宋字体示例如图 1-6 所示。

7号字

横平竖直 结构均匀 注意起落 填满方格

5号字

技术制图 建筑工程 施工引水通风 平面图 立面图

3.5号字

技术制图 建筑工程 施工引水通风 平面图 立面图

图 1-6　仿宋字体示例

1.1.3.2　数字

工程图样上的阿拉伯数字、拉丁字母、罗马数字可写成斜体或直体，一般采用斜体。斜体字头向右倾斜，与水平基准线呈 75°角。斜体拉丁字母示例如图 1-7 所示。

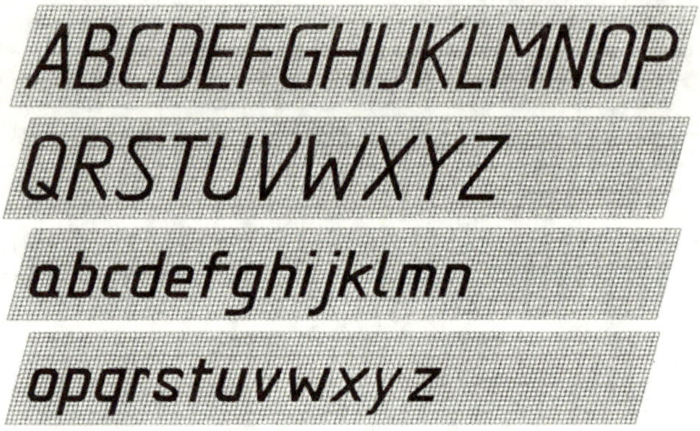

图 1-7　斜体拉丁字母示例

1.1.4　比例

图样的比例为图形与实物相对应的线性尺寸之比。比例的大小应指比值的大小，如 1∶100 即指图上的尺寸为 1，而实物的尺寸为 100。比例的书写应在图名的右侧并与图名的底部平齐，字体比图名字体小一号或小二号。一般情况下，一个图样应选用一种比例，根据专业制图需要，同一图样可选用两种比例，特殊情况下也可自选比例。应当注意，图中所注的尺寸表示物体实际的大小，与图的比例无关。工程图纸中所用比例见表 1-4。

表 1-4　工程图纸中所用比例

常用比例	1∶1、1∶2、1∶5、1∶10、1∶20、1∶30、1∶50、1∶100、1∶150、1∶200、1∶500、1∶1000、1∶2000
可用比例	1∶3、1∶4、1∶6、1∶15、1∶25、1∶40、1∶60、1∶80、1∶250、1∶300、1∶400、1∶600、1∶5000、1∶10000、1∶20000、1∶50000、1∶100000、1∶200000

1.1.5　尺寸标注

1.1.5.1　尺寸的组成

图样上的尺寸由尺寸界线、尺寸线、尺寸起止符号和尺寸数字组成，如图 1-8 所示。

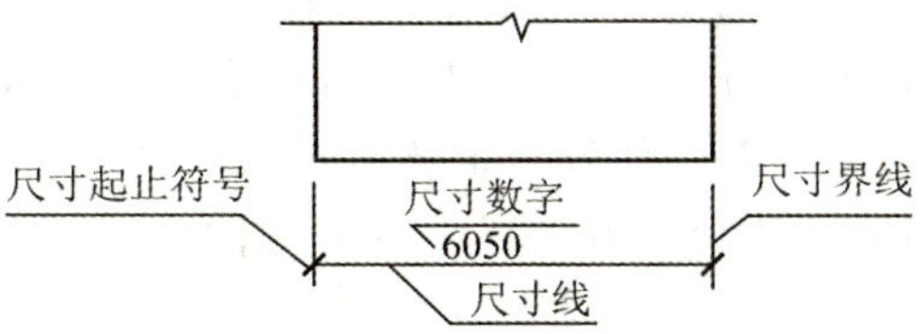

图 1-8　尺寸的组成

1.1.5.2　基本规定

(1)尺寸界线应用细实线绘制,一般应与被标注图线垂直,其一端应该离开图样轮廓线不小于 2 mm,另一端应超出尺寸线 2～3 mm。图样轮廓线可用作尺寸界线,如图 1-9 所示。

(2)尺寸起止符号一般用中粗斜短线绘制,其倾斜方向应与尺寸界线呈顺时针 45°夹角,长度为 2～3 mm。半径、直径、角度与弧长的尺寸起止符号宜用箭头表示,见图1-10。

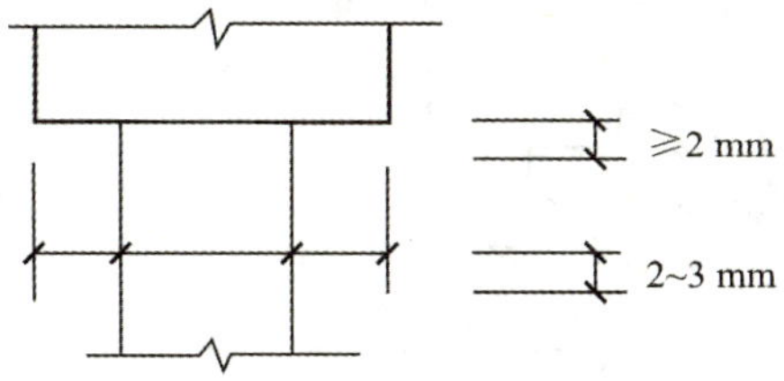

图 1-9　尺寸界线

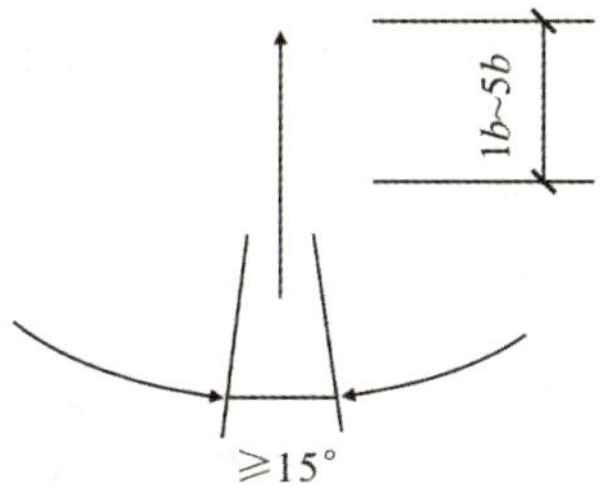

图 1-10　箭头尺寸起止符号

(3)尺寸数字一律用阿拉伯数字注写,与绘图比例无关。尺寸数字的方向和尺寸数字宜按图 1-11(a)的形式注写。若尺寸数字在 30°斜线区内,也可按图 1-11(b)的形式注写。当尺寸线为竖直时,尺寸数字注写在尺寸线的左侧,字头朝左;其他任何方向尺寸数字也应保持向上,且注写在尺寸线的上方。

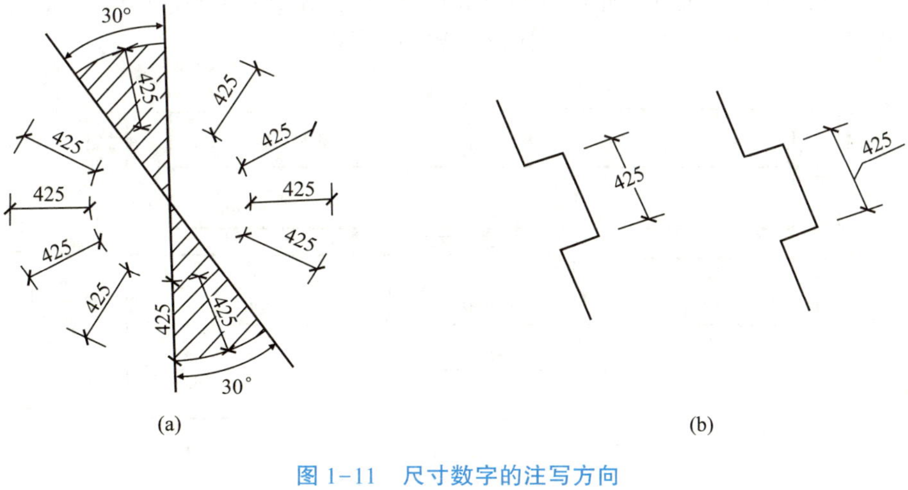

图 1-11　尺寸数字的注写方向

(4)图样上的尺寸,应以尺寸数字为准,不应从图上直接量取。图样上的尺寸单位,除标高及总平面以“m”为单位外,其他必须以“mm”为单位。尺寸数字一般应根据其方向注写在靠近尺寸线的上方中部。如没有足够的注写位置,最外边的尺寸数字可注写在尺寸线的外侧,中间相邻的尺寸数字可错开注写,见图 1-12。

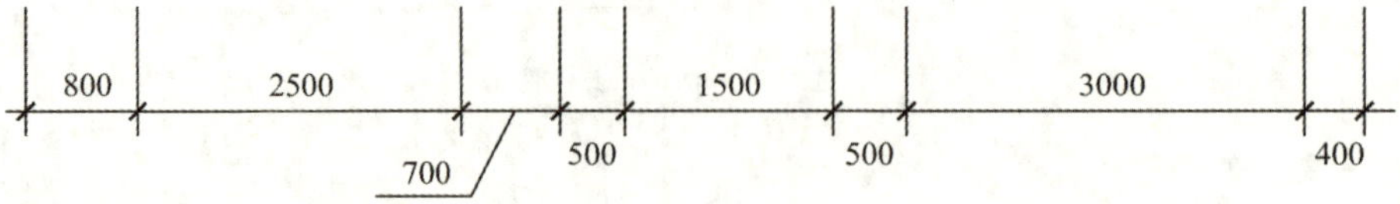

图 1-12　尺寸数字的注写位置

尺寸宜标注在图样轮廓线外,不宜与图线、文字及符号等相交。图线不得穿过尺寸数字,不可避免时,应将尺寸数字处的图线断开,见图 1-13。

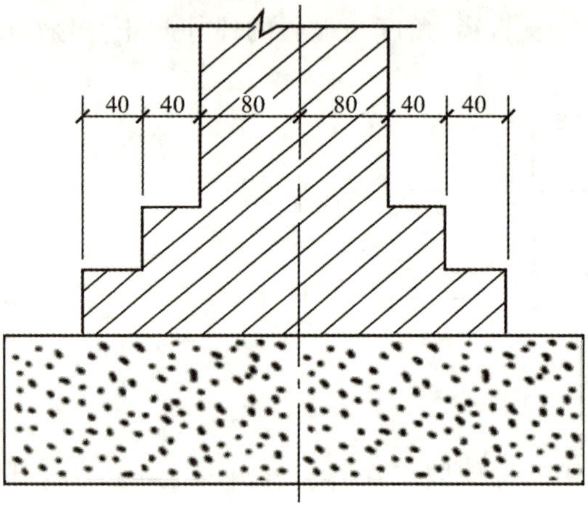

图 1-13　尺寸与图线、文字及符号相交的处理

1.1.5.3　尺寸的排列与布置

图样轮廓线以外的尺寸线距图样最外轮廓线之间的距离不宜小于 10 mm。平行排列的尺寸线间距离宜为 7~10 mm,并应保持一致,如图 1-14 所示。

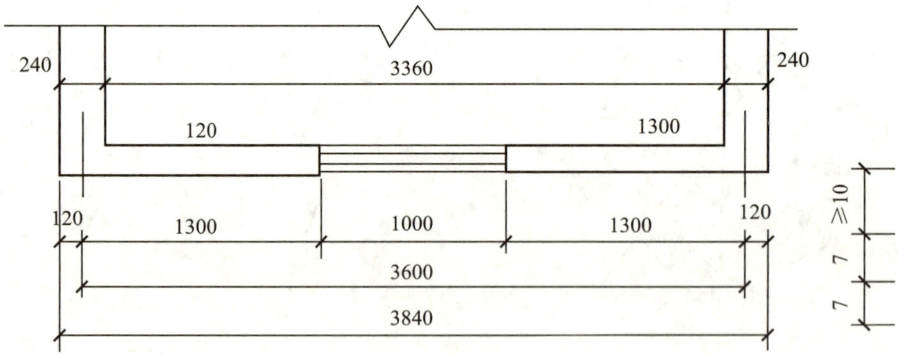

图 1-14　尺寸的排列与布置

1.1.5.4　半径、直径、球的尺寸标注

（1）半径的尺寸线应一端从圆心开始，另一端画箭头指向圆弧。半径数字前应加注半径符号“R”。

（2）较小的圆弧半径，可按图 1-15 所示的形式标注。

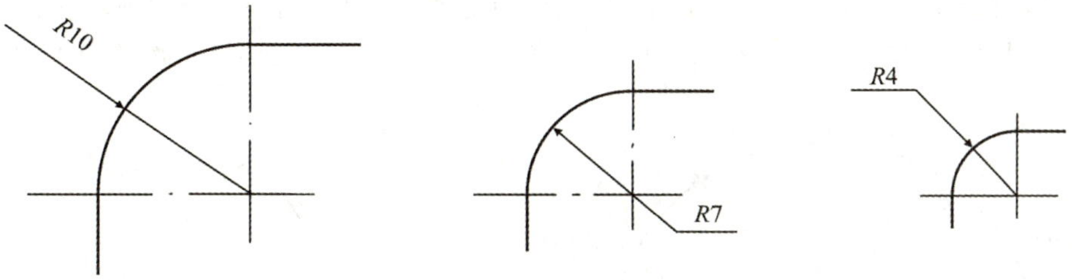

图 1-15　小圆弧半径的标注方法

（3）较大的圆弧半径，可按图 1-16 所示的形式标注。

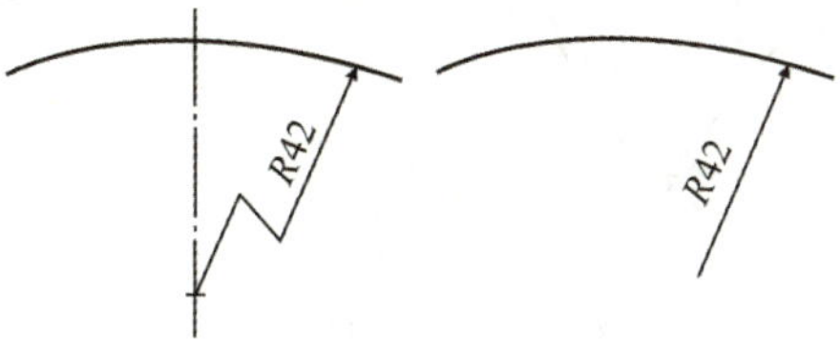

图 1-16　大圆弧半径的标注方法

（4）标注圆的直径尺寸时，数字前应加直径符号“ϕ”。在圆内标注的尺寸线应通过圆心，两端画箭头指向圆弧，如图 1-17(a) 所示；另一种标注形式如图 1-17(b) 所示。

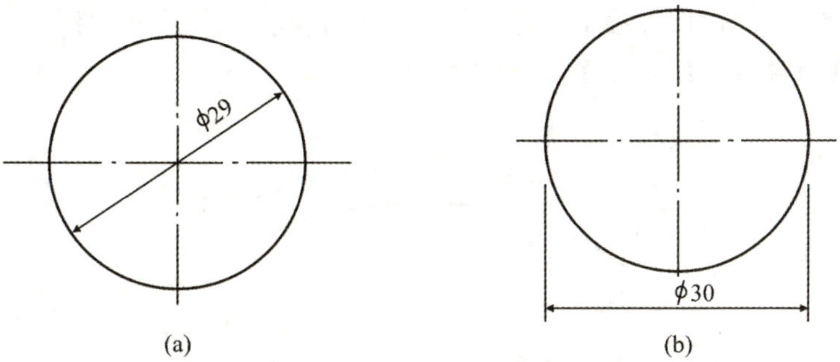

图 1-17　圆直径的标注方法

（5）较小圆的直径可标注在圆外，如图 1-18 所示。

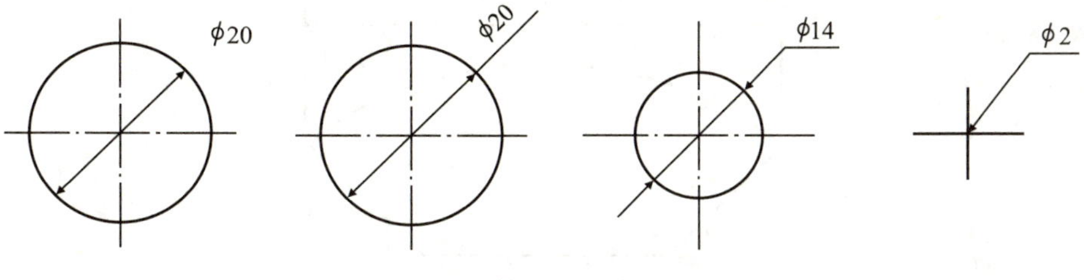

图 1-18　较小圆的直径标注

(6)标注球的半径尺寸时,应在尺寸数字前加注符号“*SR*”。标注球的直径尺寸时,应在尺寸数字前加注符号“$S\phi$”。注写方法与圆弧半径和圆弧直径的方法相同。

1.1.5.5 角度、弧长、弦长的尺寸标注

标注角度时,应以角的两个边作为尺寸界线,尺寸线画成圆弧,其圆心就是该角度的顶点。角度的起止符号应以箭头表示,如果没有足够的位置画箭头,可用圆点代替。角度数字应沿尺寸线方向注写,并在数字的右上角画上角度单位的符号,见图 1-19。

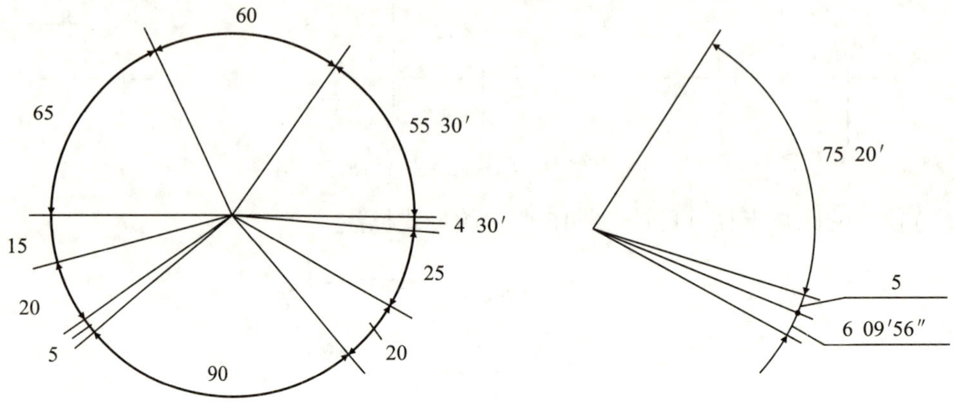

图 1-19 角度的标注

标注圆弧的弧长时,尺寸线应以与该圆弧同心的圆弧线表示,尺寸界线应垂直于该圆弧的弦,起止符号应以箭头表示,弧长数字的上方或前方应加注圆弧符号,如图 1-20 所示。

标注圆弧的弦长时,尺寸线应以平行于该弦的直线表示,尺寸界线应垂直于该弦,起止符号应以中粗斜短线表示,如图 1-21 所示。

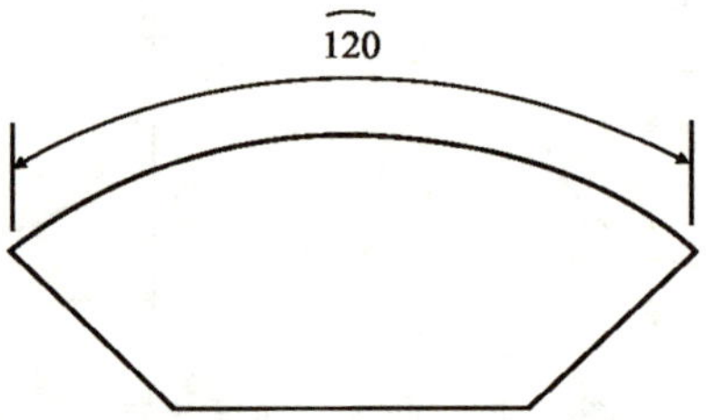

图 1-20 弧长的标注

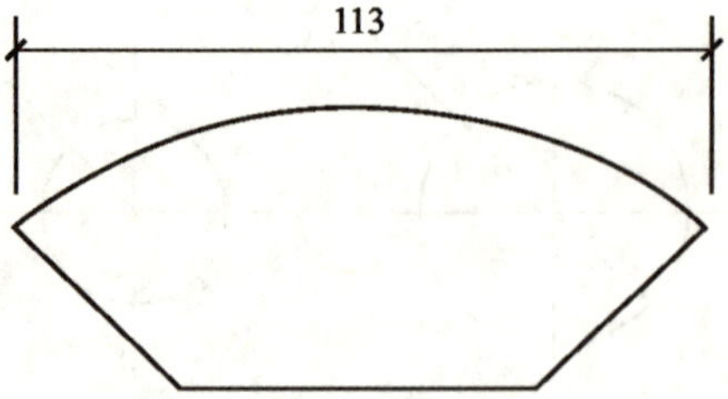

图 1-21 弦长的标注

1.1.5.6　坡度的标注

标注坡度时，应加注坡度符号“←”或“↼”。箭头指向下坡方向，见图 1-22。坡度也可以用直角三角形的形式标注。

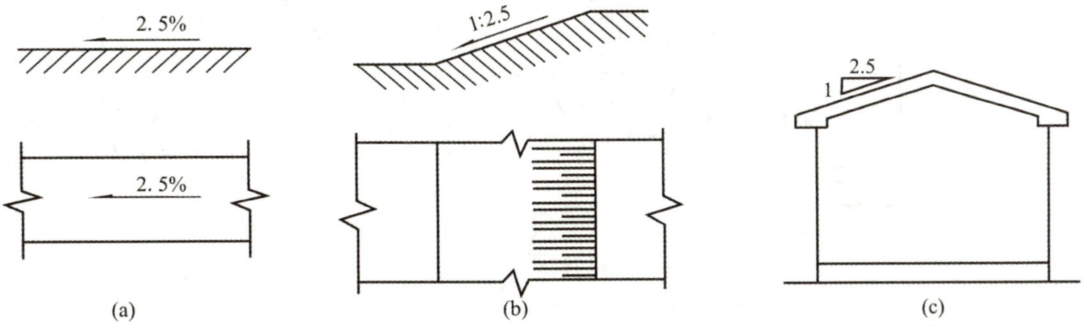

图 1-22　坡度的标注

1.1.5.7　尺寸的简化标注

（1）连续排列的等长尺寸，可用“等长尺寸×个数＝总长”或“总长（等分个数）”的形式标注，如图 1-23 所示。

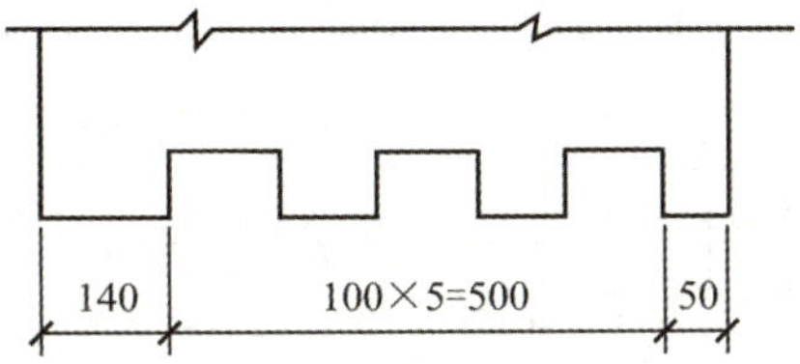

图 1-23　等长尺寸的简化标注

（2）杆件或管线的长度，在单线图（桁架简图、钢筋简图、管线图等）上，可直接将尺寸数字沿杆件或管线的一侧注写，不再标注尺寸线等内容，见图 1-24。

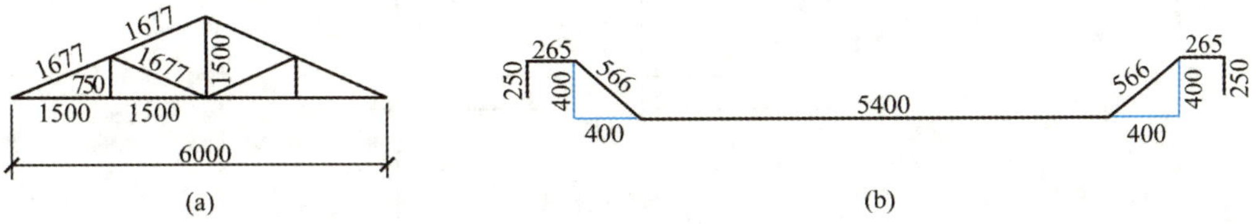

图 1-24　杆件或管线长度的标注

（3）建筑物或构配件的图形，如果图上有多个相同而连续排列的构造要素，可以仅在排列的两端或适当位置画出其中一两个要素的完整形状，然后画出其余要素中心线或中心线交点，以确定它们的位置，如图 1-25 所示。

（4）对称构配件采用对称省略画法时，该对称构配件的尺寸线应略超过对称符号，仅在尺寸线的一端画尺寸起止符号，尺寸数字应按整体全尺寸注写，其注写位置宜与对称符号对齐，对称图形的简化标准如图 1-26 所示。

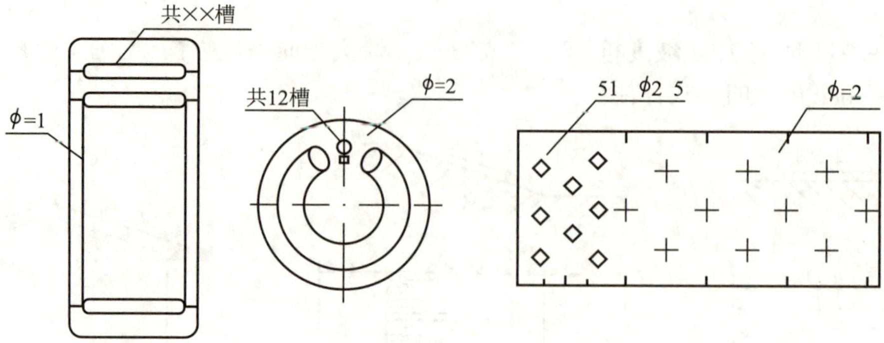

图 1-25 相同要素的简化画法

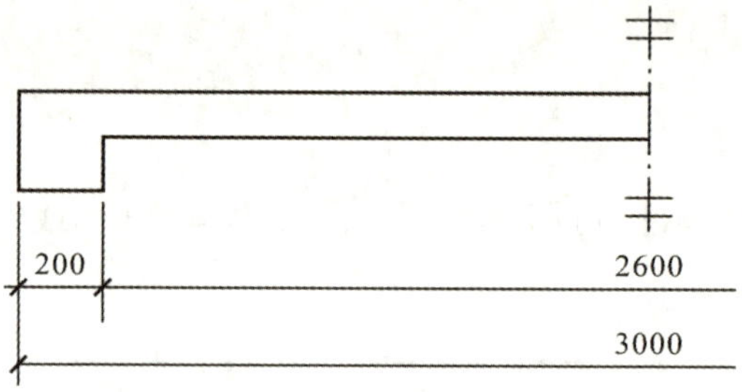

图 1-26 对称图形的简化标注

(5)折断画法。较长的构件如果沿长度方向的形状相同或按一定规律变化,可断开省略绘制,断开处两侧以折断线表示,如图 1-27 所示。

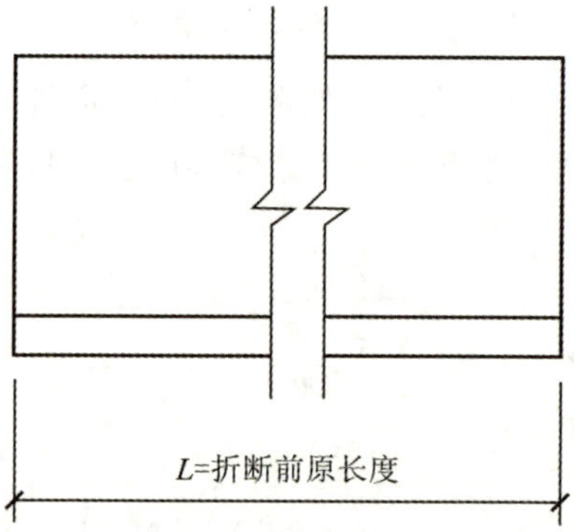

图 1-27 折断简化画法

(6)断开画法。一个构配件如果与另一个构配件仅部分不相同,该构配件可只画不同部分,但应在两个构配件的相同部分与不同部分的分界线处分别绘制连接符号。

【课堂讨论】

1.建筑制图有哪些制图标准?

2.图样上的尺寸由哪些部分组成,各有哪些规定?

【能力训练】

1.识读某工程施工图纸,认识图纸的样式,了解图纸的幅面规格、图线样式、比例、尺寸标注、文字表示方法,完成以下识图记录。

(1)工程名称是什么?

(2)图纸的幅面规格是什么?

(3)图纸采用了哪几种比例?

(4)图纸中文字高度有几种,字高分别是多少?

(5)内部尺寸标注为几道,外部尺寸标注为几道,两道尺寸线间的距离是如何规定的?

2.练习绘制不同线型、不同线宽的图线。

3.用铅笔绘制 A3 图框,图框应包括标题栏和会签栏,标题栏和会签栏的格式如图 1-4和图 1-5 所示。

任务 1.2　绘图基础知识

【学习任务】

1.能正确使用绘图工具及用品。

2.能熟练操作 AutoCAD,绘制简单图形。

3."工欲善其事,必先利其器",要全面了解和使用菜单工具,提高绘图效率。

1.2.1　手工绘图工具及用品

学习制图首先要了解各种绘图工具和仪器的性能,熟练掌握它们的使用方法,以提高绘图的准确性,保证绘图质量,加快绘图速度。下面介绍几种常用的绘图工具、制图用品的使用方法。

1.2.1.1　绘图工具

(1)图板　图板是铺放图纸的垫板,要求板面平整光洁,左面的硬木边作为工作边(导边),必须平直,以便与丁字尺配合画出水平线。图板常用的规格有 0 号、1 号、2 号图板,这 3 种型号分别适用于相应图号的图纸,四周还略有宽余,如图 1-28 所示。

(2)丁字尺　丁字尺主要用来画水平线,画图时,尺头的内侧紧靠图板左侧的工作边。画水平线必须从左向右画,不得把丁字尺的尺头靠在图板的右边、上边或下边画线,也不得用丁字尺的下边画线。

(3)三角板　三角板除了可直接用来画直线外,它和丁字尺配合可以画铅垂线和与水平线呈 30°、45°、60°角的倾斜线,并且用两块三角板配合可以画出与水平线呈 15°、75°

角的斜线,如图 1-29 所示。

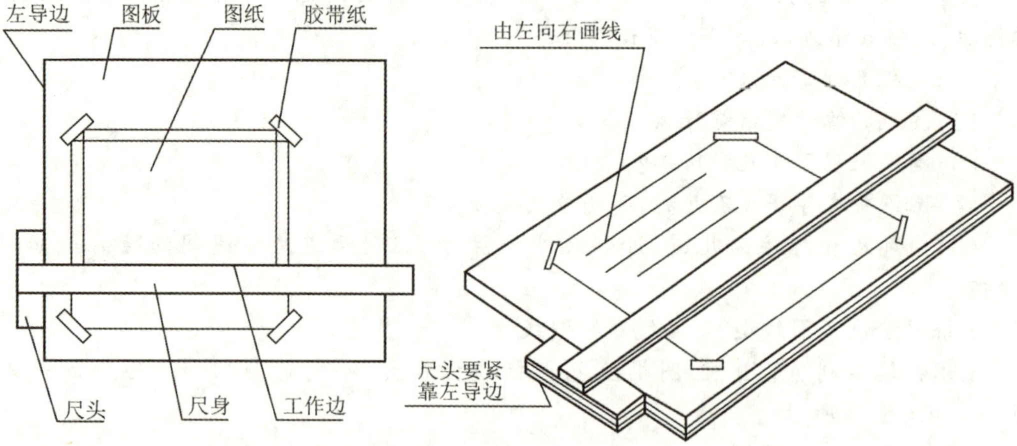

图 1-28　图板与丁字尺

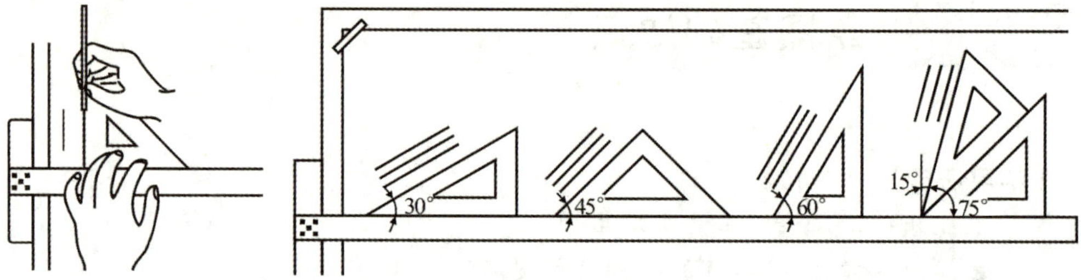

图 1-29　图板、丁字尺、三角板的使用方法

1.2.1.2　绘图用品

(1)铅笔　铅笔芯用 H(hard)和 B(black)标识。H 越高表示笔芯越硬;B 越高表示颜色越深。铅笔的选用原则如下:①H 或 2H 铅笔用于画底稿及细实线、单点画线、双点画线和虚线等;②HB 或 B 铅笔用于画中粗线、写字等;③B 或 2B 铅笔用于画粗实线。

铅笔要从没有标识的一段开始削,以便保留笔芯软硬的标记。将画底稿或写字用铅笔的木质部分削成锥形,铅芯外露 6~8 mm。注意画线时持笔用力要均匀,并注意笔尖与纸面的角度。

(2)建筑模板　绘图时,可直接用建筑模板(图 1-30)上面的漏孔和刻度进行作图,以提高绘图效率。

1.2.2　AutoCAD 使用入门

1.2.2.1　AutoCAD 简介

CAD 是计算机辅助设计 Computer Aided Design 的英文缩写,通俗地讲就是设计人员借助计算机来设计绘制电子图纸,而不是采用传统的纸、笔、尺等工具绘制。有多种流行

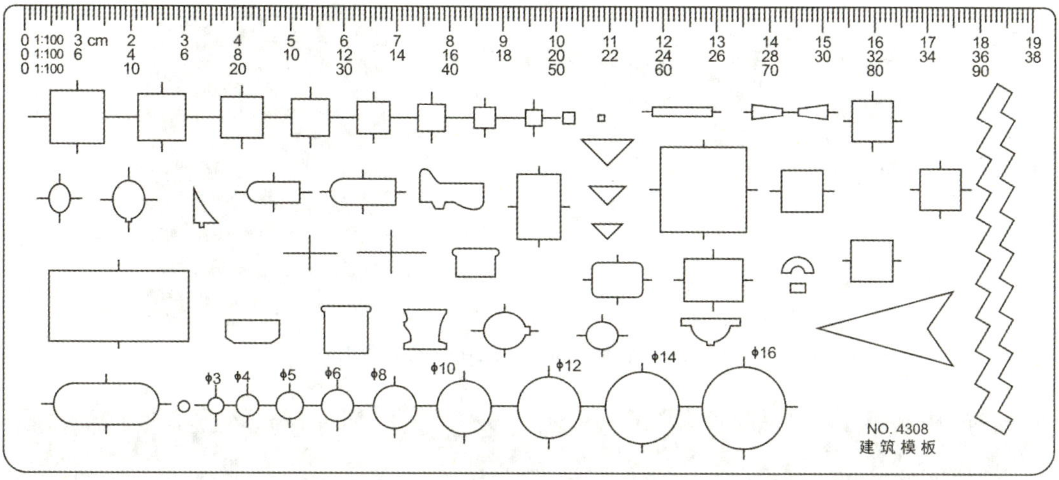

图 1-30 建筑模板

的 CAD 绘图软件，AutoCAD 只是其一种。它们都是通用的绘图软件工具，本身并不限于某专业，可用于电气、机械、建筑等。

AutoCAD（Autodesk Computer Aided Design）是 Autodesk（欧特克）公司首次于 1982 年开发的自动计算机辅助设计软件，用于二维绘图、详细绘制、设计文档和基本三维设计，现已经成为国际上广为流行的绘图工具。AutoCAD 具有良好的用户界面，通过交互菜单或命令行方式便可以进行各种操作。它的多文档设计环境，让非计算机专业人员也能很快地学会使用。在不断实践的过程中更好地掌握它的各种应用和开发技巧，从而不断提高工作效率。简单地讲，AutoCAD 是由美国 Autodesk 公司开发的一个软件产品，是一个在微机上用于设计的软件，它类似于我们绘图所使用的铅笔、直尺、圆规、曲线板和橡皮擦，使我们能按自己的设想进行绘图，只不过这一切是在电脑里进行。我们在电脑里将这一切都做好之后，一般通过绘图仪输出到纸上，就可以形成常见的白图或二底图，直接供施工使用。如果没有绘图仪的话，也可通过常见的打印机来进行输出处理。（注：绘图仪和打印机并无严格区分，理论上来讲，二者是同一设备。）由上可知，凡是我们用手工来进行的绘图工作，均可用 AutoCAD 来进行，事实上，在几乎所有的工作领域中，都可见到有人在使用这个软件来完成工作。在中国，使用 AutoCAD 最多也最为成功的当首推建筑领域，其次是机械、电子、航空、航天、船舶以及汽车和其他工程领域，如城市规划设计等。

1.2.2.2 安装、启动和退出 AutoCAD

（1）安装 AutoCAD 2022　AutoCAD 2022 软件以光盘形式提供，光盘中有名为 setup.exe 的安装文件。执行 setup.exe 文件，根据弹出的窗口选择、操作即可。

（2）启动 AutoCAD 2022　启动 AutoCAD 2022 的常用方法有两种：一种是通过快捷图标，另一种是通过“开始”菜单，如图 1-31 所示。

（3）退出 AutoCAD 2022　退出 AutoCAD 2022 的方法比较多，除了通过 AutoCAD 本身自带的命令和工具外，还可以通过键盘上的 Ctrl+Q 或者 Alt+F4 组合键，如图 1-32 所示。

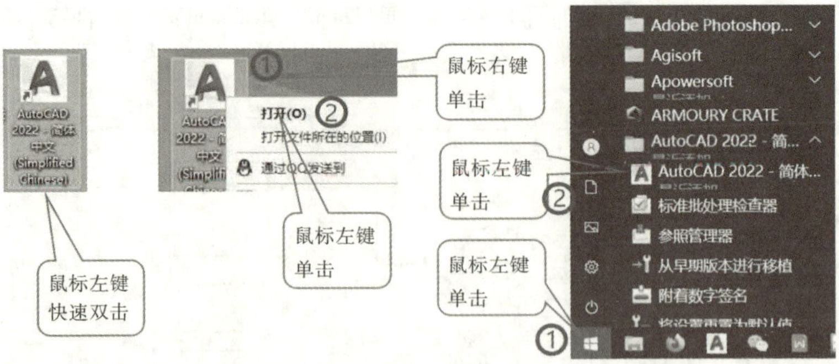

图 1-31　启动 AutoCAD 2022 的常用方法

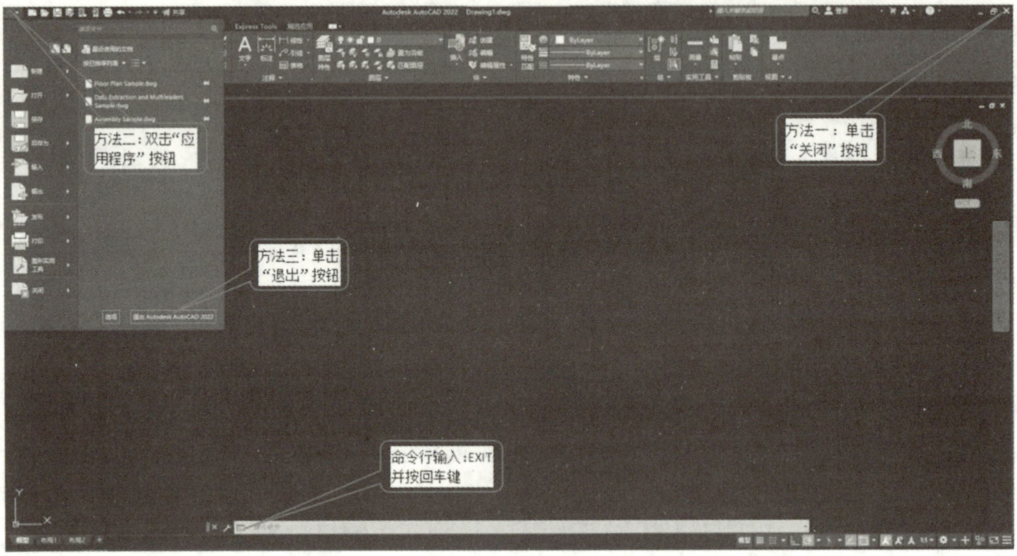

图 1-32　退出 AutoCAD 2022 的方法

1.2.2.3　AutoCAD 工作界面

切换工作界面可以通过工作界面顶部的“切换工作空间”下拉菜单或者工作界面右下角的“切换工作空间”按钮，如图 1-33、图 1-34 所示。

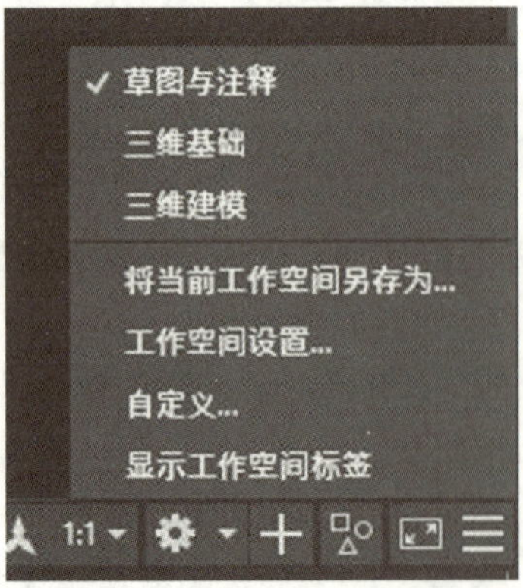

图 1-33　切换 AutoCAD 工作界面(1)

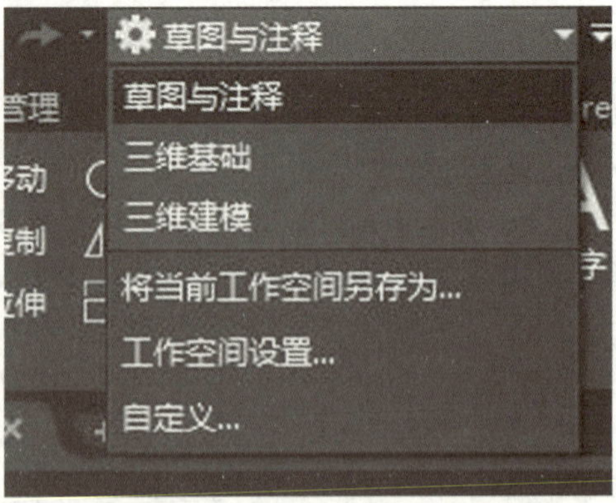

图 1-34　切换 AutoCAD 工作界面(2)

AutoCAD 2022 的默认工作空间为“草图与注释”，其工作界面由标题栏、功能区选项卡、功能区面板、绘图区、命令行、状态栏和导航栏等部分组成，如图 1-35 所示。

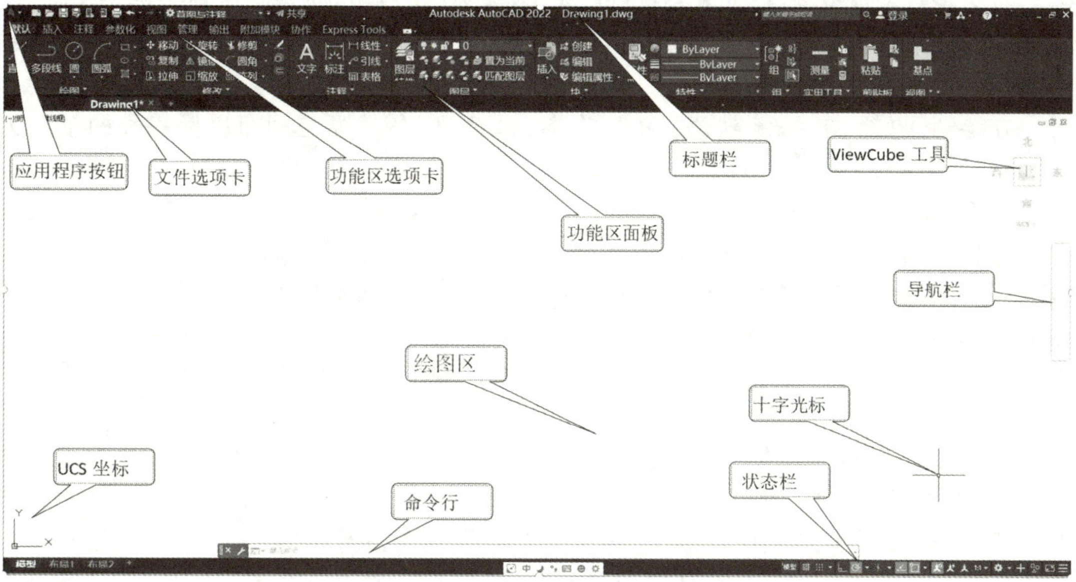

图 1-35　AutoCAD 2022 的工作界面

（1）标题栏　在 AutoCAD 2022 中文版操作界面的最上端是标题栏，其中显示了系统当前正在运行的应用程序（AutoCAD 2022）和用户正在使用的图形文件。在用户第一次启动 AutoCAD 2022 时，标题栏中将显示系统在启动时创建并打开的图形文件的名称 Drawing1.dwg。

（2）功能区选项卡和功能区面板　功能区选项卡位于 AutoCAD2022 工作界面的标题栏的下方一行，有“默认”“插入”“注释”“参数化”“视图”“管理”“输出”和“附加模块”等多个选项卡，如图 1-36 所示。每个选项卡下方又有若干个“功能区面板”。它代替了 AutoCAD早期版本工作界面中众多的工具条，将各工具按钮分门别类地集合在各面板内。在调用某个命令时，在所需面板上单击相应按钮即可。这样可以使应用程序窗口变得简洁、单一，使工作区域实现最大化。系统默认的是“默认”选项卡中的各种面板工具，如图 1-36 所示。

图 1-36　“视图”下拉菜单

（3）菜单栏　AutoCAD 2022 默认的菜单栏是隐藏的，可以通过单击“自定义快速访问面板”中的“显示菜单栏”的方法将菜单栏显示出来。通过菜单栏，用户可以方便地启动其中的相关菜单项进行工作。一般只需要在主菜单项上单击，展开此主菜单，然后单击需要启动的命令选项即可。

(4)绘图区　界面上最大的空白区即是绘图区,是显示和绘制图形的工作区域。绘图区没有边界,利用视窗缩放功能,可使绘图区增大或缩小。工作区域的实际大小,即长、高各有多少数量单位,可根据需要自行设定。绘图区中有十字光标、用户坐标系图标、滚动条等。绘图区的背景颜色默认为黑色,光标为白色,也可由左上角的应用程序按钮→"选项"→"显示"选项卡中的"颜色"按钮设置不同的背景颜色。

在绘图区左下方,系统默认显示一个名为"模型"的模型空间布局标签和两个名为"布局 1""布局 2"的图纸空间布局标签。

1)布局。布局是系统为绘图设置的一种环境,包括图纸大小、尺寸单位、角度设定以及数值精确度等。在系统预设的 3 个标签中,这些环境变量都按默认设置。用户可以根据实际需要改变这些变量的值。例如,默认的尺寸单位是公制的毫米,如果绘制图形的单位是英制的英寸,就可以改变尺寸单位环境变量的设置,具体方法将在后面章节中介绍。另外,用户还可以根据需要设置符合自己要求的新标签,具体方法也将在后面章节中介绍。

2)模型。AutoCAD 的空间分为模型空间和图纸空间。模型空间是我们通常绘图的环境;而在图纸空间中,用户可以创建名为"浮动视口"的区域,以不同视图显示所绘图形。用户可以在图纸空间中调整浮动视口并决定所包含视图的缩放比例。如果选择图纸空间,则可打印多个视图(打印任意布局的视图)。在后面的章节中,将专门详细地讲解有关模型空间与图纸空间的知识。

在 AutoCAD 2022 中,系统默认打开模型空间,用户可以通过单击布局标签选择需要的布局。

(5)命令行　命令窗口是 AutoCAD 显示用户从键盘键入的命令和显示 AutoCAD 提示信息的地方。默认时,AutoCAD 在命令窗口保留最后 3 行所执行的命令或提示信息。用户可以通过拖动窗口边框的方式改变命令窗口的大小,使其显示多于 3 行或少于 3 行的信息。

(6)状态栏　状态栏用于显示或设置当前的绘图状态。状态栏上位于左侧的一组数字反映当前光标的坐标,其余按钮从左到右分别表示当前是否启用了捕捉模式、栅格显示、正交模式、极轴追踪、对象捕捉、对象捕捉追踪、动态 UCS(用鼠标左键双击,可打开或关闭)、动态输入等功能以及是否显示线宽、当前的绘图空间等信息。

(7)应用程序按钮　单击应用程序按钮,展开如图 1-37 所示,可以进行相对应的操作。

1.2.2.4　AutoCAD 命令

(1)执行 AutoCAD 命令的方式　执行 AutoCAD 命令的方式有通过键盘输入命令、通过功能区面板执行命令、重复执行命令。具体方法如下。

1)按键盘上的 Enter 键或 Space 键。

2)使光标位于绘图窗口,单击右键,AutoCAD 弹出快捷菜单,并在菜单的第一行显示出重复执行上一次所执行的命令,选择此命令即可重复执行对应的命令。

在命令的执行过程中,用户可以通过按 Esc 键或右击,从弹出的快捷菜单中选择"取消"命令的方式终止 AutoCAD 命令的执行。

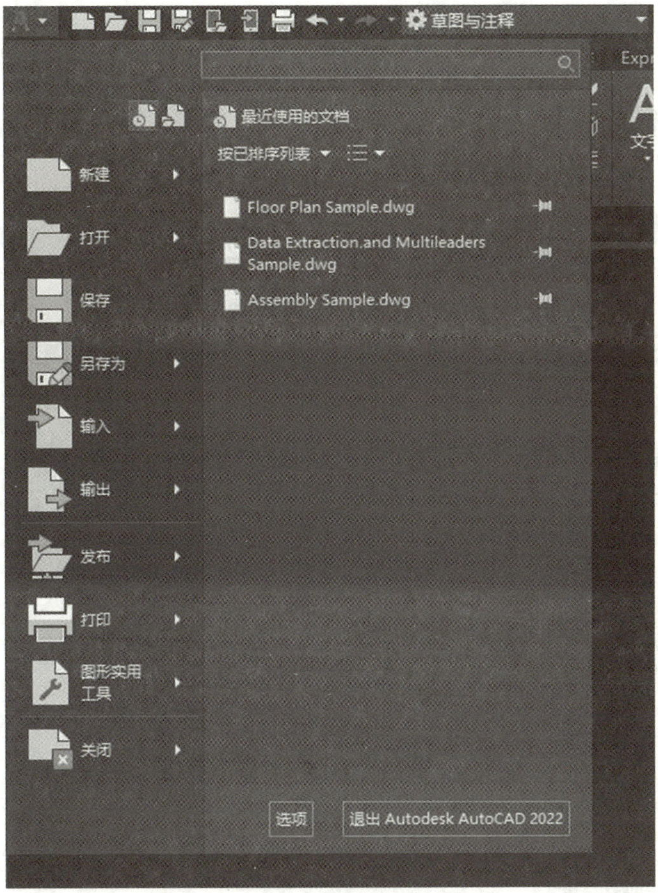

图 1-37　菜单浏览器

(2)透明命令　透明命令是指当执行 AutoCAD 的命令过程中可以执行的某些命令。当在绘图过程中需要透明执行某一命令时,可直接选择对应的功能区面板上相应图标按钮,而后根据提示执行对应的操作。透明命令执行完毕后,AutoCAD 会返回到执行透明命令之前的提示,即继续执行对应的操作。

1.2.2.5　选择对象方法

当启动 AutoCAD 2022 的某一编辑命令或其他某些命令后,AutoCAD 通常会提示"选择对象:",即要求用户选择要进行操作的对象,同时把十字光标改为小方框形状(称之为拾取框),此时用户应选择对应的操作对象。常用选择对象的方式如下。

(1)全选　按 Ctrl+A 组合键。

(2)窗口选择　自左向右通过指定对角线的两个端点来定义矩形选择区域,完全位于选择区域内的图形将被选中。

(3)矩形选择　通过指定对角线的两个端点来定义矩形选择区域,完全位于选择区域内的图形将被选中。

(4)交叉选择　自右向左通过指定对角线的两个端点来定义矩形选择区域,只要选中了图形的一部分,即可选中图形。

(5)选择最后一个图形　选择所有可见对象中最后一个被创建的图形对象。

(6)栏选　通过绘制栏选线进行选择,所有与栏选线相交的对象都将被选中。

(7)圈围　这种方式也可以叫作多边形选择法,通过绘制多边形进行选择,所有完全位于选择区域内的图形将被选中。

(8)圈交　圈交选择法也属于多边形选择法,与圈围选择法不同的是,只要定义的多边形与图形有一部分相交,即可选中图形。

AutoCAD 2022 为了方便用户绘图,提供了多种选择设置,用户可以通过执行“应用程序按钮”打开“选项”对话框,然后在“选项”对话框中进行这些设置(设置拾取框的大小、设置夹点、设置选择集模式等),如图 1-38 所示。

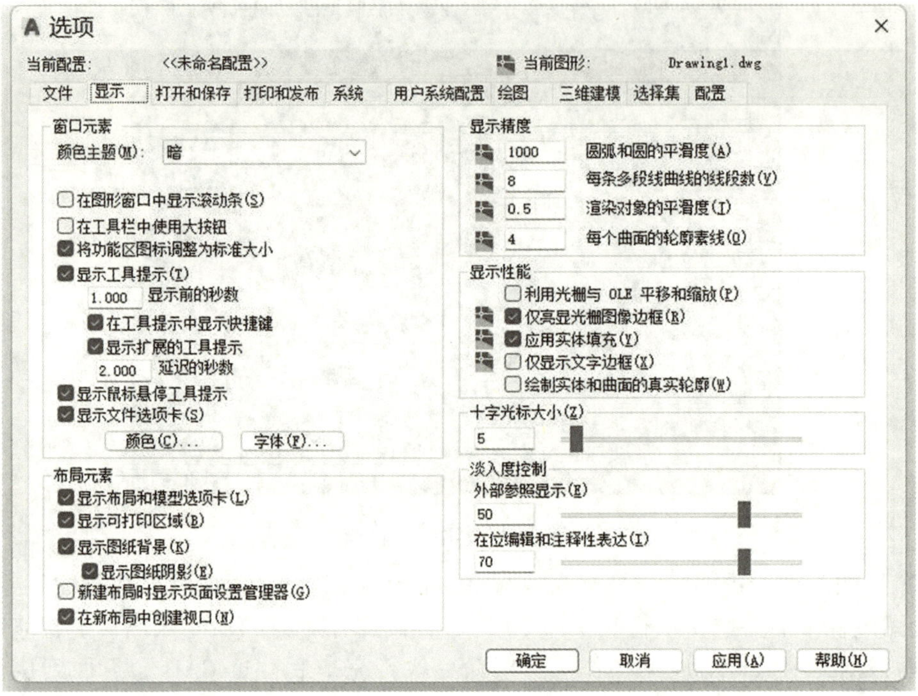

图 1-38　“选项”对话框

1.2.3　绘制基本图形

1.2.3.1　绘制直线

绘制方式:①直接在绘图面板上单击直线按钮 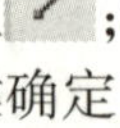;②直接在命令中输入快捷键 L(在命令行内输入命令快捷键,回车或空格或鼠标右键确定)。

输入直线的方法:①从命令行内输入直线命令的快捷键 L 并确定;②用鼠标左键在屏幕中点击直线一端点,拖动鼠标,确定直线方向;③输入直线长度并确认,依照同样的方法继续画线直至图形完毕,按确认键结束直线命令。

取消命令方法:按 Esc 键或右击。

放弃(U),回车,取消最近的一点的绘制。

三点或三点以上如想让第一点和最后一点闭合并结束直线的绘制时,可在命令栏中输入(C)回车。

(1)动态输入　如果单击状态栏上的 DYN 按钮,使其压下,会启动动态输入功能。启动动态输入并执行 LINE 命令后,AutoCAD 一方面在命令窗口提示"指定第一点:",同时在光标附近显示出一个提示框(称之为"面板提示"),面板提示中显示出对应的 AutoCAD 提示"指定第一点:"和光标的当前坐标值,如图 1-39 所示。

图 1-39　面板提示

此时用户移动光标,面板提示也会随着光标移动,且显示出的坐标值会动态变化,以反映光标的当前坐标值。

在前面的图示状态下,用户可以在面板提示中输入点的坐标值,而不必切换到命令行进行输入(切换到命令行的方式:在命令窗口中,将光标放到"命令:"提示的后面,单击鼠标左键)。

(2)动态输入设置　选择"绘图"|"草图设置"命令,AutoCAD 弹出"草图设置"对话框,如图 1-40 所示。用户可通过该对话框进行对应的设置。

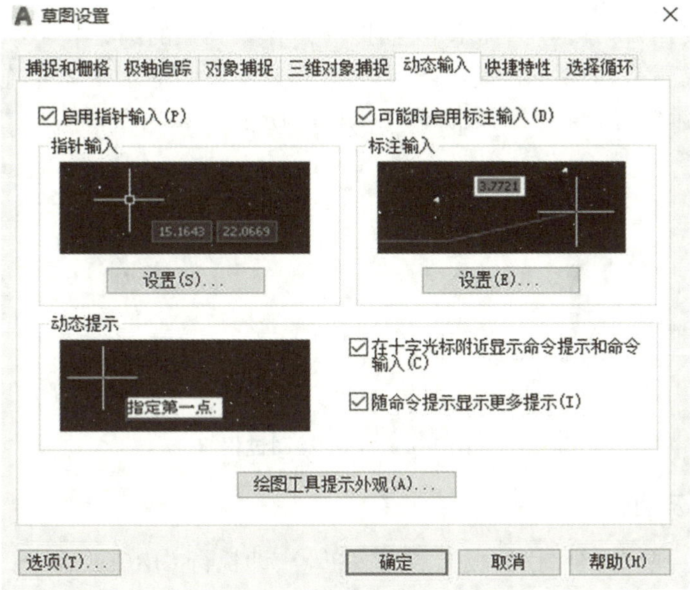

图 1-40　"草图设置"对话框

1.2.3.2　绘制多段线

多段线是由直线段、圆弧段构成且可以有宽度的图形对象。

命令:PLINE。

单击“绘图”面板上的多段线按钮，或在命令行执行 PLINE 命令，AutoCAD 提示：

指定起点：(确定多段线的起始点)

当前线宽为 0.0000(说明当前的绘图线宽)

指定下一点或[圆弧(A)/半宽(H)/长度(L)/放弃(U)/宽度(W)]

其中，“圆弧”选项用于绘制圆弧；“半宽”选项用于确定多段线的半宽；“长度”选项用于指定所绘多段线的长度；“宽度”选项用于确定多段线的宽度。

绘制如图 1-41(a)所示的门，绘图过程如下：

(1)输入“PL”，启动“多段线”命令。

(2)在“指定下一点：”命令提示下，输入“W”后，按 Enter 键，在“提示指定起点宽度”的提示下输入“50”，按 Enter 键，在“提示指定端点宽度”的提示下输入“50”，按 Enter 键，表示线宽由“0”变为“50”。

(3)在“指定下一点：”命令提示下，输入“1000”后，按 Enter 键，如图 1-41(b)所示，表示 *AB* 长 1000 mm。

(4)在“指定下一点：”命令提示下，输入“W”后，按 Enter 键，在“提示指定起点宽度”的提示下输入“0”，按 Enter 键，在“提示指定端点宽度”的提示下输入“0”，按 Enter 键，表示线宽由“50”变为“0”。

(5)在“指定下一点：”命令提示下，输入“A”后，按 Enter 键，将指定绘制圆弧。在“指定圆弧的端点：”提示下，输入“CE”后，按 Enter 键，说明将要用指定圆心的方式绘制圆弧。

(6)在“指定圆弧的圆心：”提示下，捕捉 A 点作为圆弧的圆心。

(7)在“指定圆弧的端点：”提示下，打开“正交”，将光标水平向左拖动，在任意位置单击，确定逆时针绘制 1/4 个圆弧，如图 1-41(c)所示。

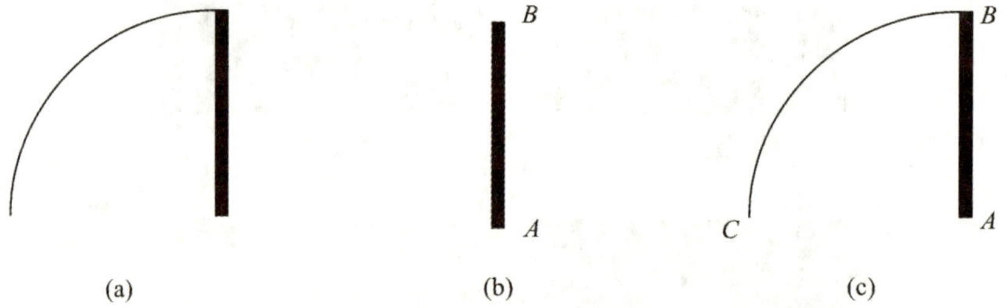

图 1-41　门的绘图过程

1.2.3.3　绘制圆及圆弧

(1)绘制圆　单击“绘图”面板上的圆按钮，即执行 CIRCLE 命令，AutoCAD 提示：

指定圆的圆心或[三点(3P)/两点(2P)/相切、相切、半径(T)]

其中，“指定圆的圆心”选项用于根据指定的圆心以及半径或直径绘制圆弧。“三点”选项根据指定的三点绘制圆。“两点”选项根据指定的两点绘制圆。“相切、相切、半径”选项用于绘制与已有两对象相切，且半径为给定值的圆。

在“绘图”面板中提供了 6 种画圆方法，如图 1-42 所示。

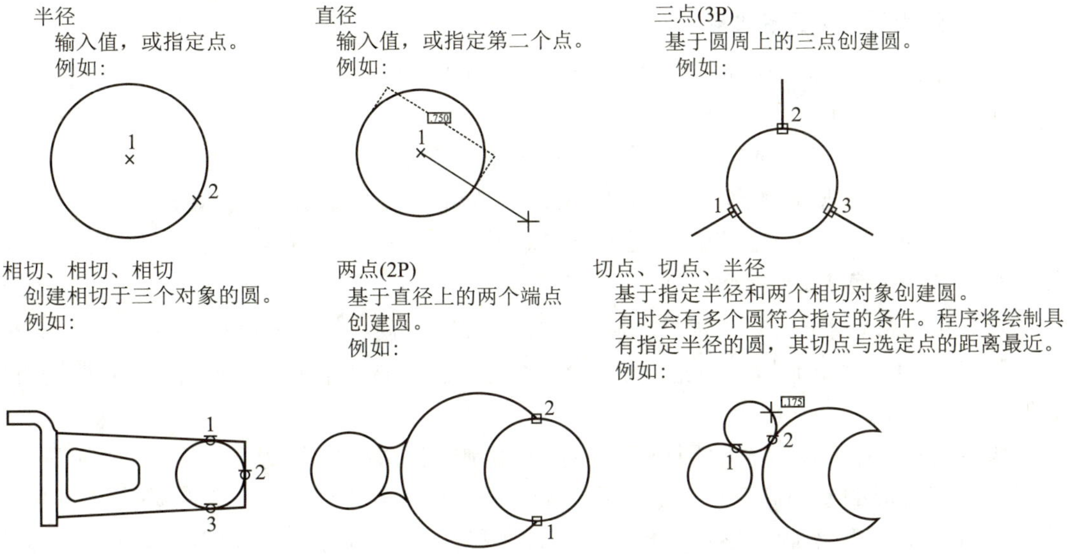

图 1-42　6 种圆的画法

(2)绘制圆弧　AutoCAD 提供了多种绘制圆弧的方法，可通过如图 1-43 所示的"圆弧"子菜单执行绘制圆弧操作。

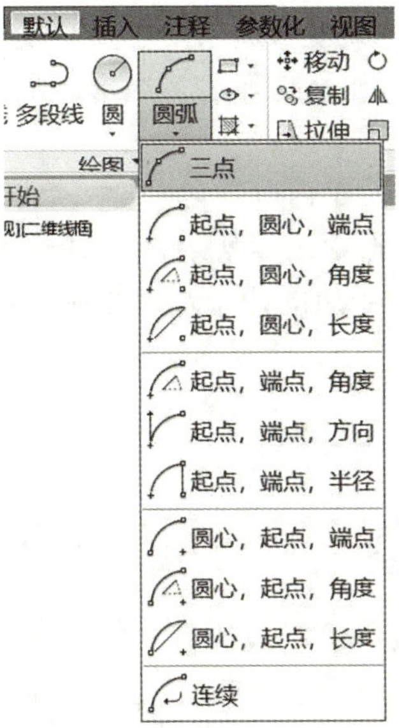

图 1-43　"圆弧"子菜单

例如，选择"绘图"|"圆弧"|"三点"命令，AutoCAD 提示：

指定圆弧的起点或[圆心(C)]：(确定圆弧的起始点位置)

指定圆弧的第二个点或[圆心(C)/端点(E)]：(确定圆弧上的任一点)

指定圆弧的端点：(确定圆弧的终止点位置)

执行结果：AutoCAD 绘制出由指定三点确定的圆弧。

1.2.3.4 绘制矩形及正多边形

(1)绘制矩形　根据指定的尺寸或条件绘制矩形。

命令:RECTANG。

单击“绘图”面板上的矩形按钮或执行 RECTANG 命令,AutoCAD 提示:

指定第一个角点或[倒角(C)/标高(E)/圆角(F)/厚度(T)/宽度(W)]

其中,“指定第一个角点”选项要求指定矩形的一角点。执行该选项,AutoCAD 提示:

指定另一个角点或[面积(A)/尺寸(D)/旋转(R)]

此时可通过“指定另一个角点”绘制矩形,通过“面积”选项根据面积绘制矩形,通过“尺寸”选项根据矩形的长和宽绘制矩形,通过“旋转”选项表示绘制按指定角度放置的矩形。

执行 RECTANG 命令时,“倒角”选项表示绘制在各角点处有倒角的矩形。“标高”选项用于确定矩形的绘图高度,即绘图面与 *XY* 面之间的距离。“圆角”选项确定矩形角点处的圆角半径,使所绘制矩形在各角点处按此半径绘制出圆角。“厚度”选项确定矩形的绘图厚度,使所绘制矩形具有一定的厚度。“宽度”选项确定矩形的线宽。

(2)绘制正多边形　单击“绘图”面板上的正多边形按钮或执行 POLYGON 命令,AutoCAD 提示:

指定正多边形的中心点或[边(E)]

1)指定正多边形的中心点。此默认选项要求用户确定正多边形的中心点,指定后将利用多边形的假想外接圆或内切圆绘制等边多边形。执行该选项,即确定多边形的中心点后,AutoCAD 提示:

输入选项[内接于圆(I)/外切于圆(C)]:(其中,“内接于圆”选项表示所绘制多边形将内接于假想的圆;“外切于圆”选项表示所绘制多边形将外切于假想的圆)

2)边(E)。根据多边形某一条边的两个端点绘制多边形。

1.2.4 二维图形编辑

1.2.4.1 删除与复制

(1)删除对象　删除指定的对象就像是用橡皮擦除图纸上不需要的内容。

命令:ERASE。

单击“修改”面板上的“删除”按钮,或执行 ERASE 命令。AutoCAD 提示:

选择对象:(选择要删除的对象,可以用 1.2.2.5 节介绍的各种方法进行选择)

选择对象:↙(也可以继续选择对象)

(2)复制对象　复制对象指将选定的对象复制到指定位置。

命令:COPY。

单击“修改”面板上的复制按钮或执行 COPY 命令。AutoCAD 提示:

选择对象:(选择要复制的对象)

选择对象:↙(也可以继续选择对象)

指定基点或[位移(D)/模式(O)]<位移>

1)指定基点。确定复制基点,为默认项。执行该默认项,即指定复制基点后,AutoCAD 提示:

指定第二个点或<使用第一个点作为位移>

在此提示下再确定一点,AutoCAD 将所选择对象按由两点确定的位移矢量复制到指定位置;如果在该提示下直接按 Enter 键或 Space 键,AutoCAD 将第一点的各坐标分量作为位移量复制对象。

2)位移(D)。根据位移量复制对象。执行该选项,AutoCAD 提示:

指定位移

如果在此提示下输入坐标值(直角坐标或极坐标),AutoCAD 将所选择对象按与各坐标值对应的坐标分量作为位移量复制对象。

3)模式(O)。确定复制模式。执行该选项,AutoCAD 提示:

输入复制模式选项[单个(S)/多个(M)]<多个>

其中,"单个(S)"选项表示执行 COPY 命令后只能对选择的对象执行一次复制,而"多个(M)"选项表示可以多次复制,AutoCAD 默认为"多个(M)"。

1.2.4.2 偏移

偏移操作又称为偏移复制,可用于创建同心圆、平行线或等距曲线。

命令:OFFSET。

绘制如图 1-44(e)所示窗户。首先利用"矩形"绘制长 1500 mm、宽 1800 mm 的矩形,如图 1-44(a)所示。

(1)单击"修改"面板上的偏移按钮或执行 OFFSET 命令。AutoCAD 提示:

指定偏移距离或[通过(T)/删除(E)/图层(L)]<通过>

(2)指定偏移距离。根据偏移距离偏移复制对象。在"指定偏移距离或[通过(T)/删除(E)/图层(L)]:"提示下直接输入距离值"80"后按 Enter 键。

(3)选择要偏移的对象或[退出(E)/放弃(U)]<退出>:(选择偏移对象)选中图 1-44(a)所示矩形。

(4)指定要偏移的那一侧上的点或[退出(E)/多个(M)/放弃(U)]<退出>:在要复制到的一侧任意确定一点。在矩形内点击,偏移两次如图 1-44(b)所示。"多个(M)"选项用于实现多次偏移复制。

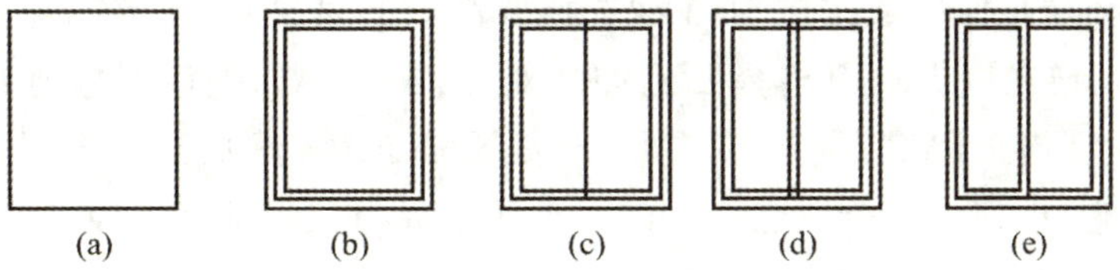

图 1-44　窗户的绘制过程

1.2.4.3 修剪与延伸

(1)修剪对象　用作为剪切边的对象修剪指定的对象(称后者为被剪边),即将被修剪对象沿修剪边界(即剪切边)断开,并删除位于剪切边一侧或位于两条剪切边之间的部分。

命令:TRIM。

绘制如图 1-44(e)所示窗户。首先利用“直线”命令借助中点捕捉窗框的中间线绘制,如图 1-44(c)所示,利用“偏移”命令将中间线向左偏移 80 mm,如图 1-44(d)所示。

1)输入“TR”或单击“修改”面板上的修剪按钮或执行 TRIM 命令。

2)选择剪切边。

选择对象或<全部选择>:(选择作为剪切边的对象,按 Enter 键选择全部对象)

选择对象:↙(还可以继续选择对象)

选择要修剪的对象或按住 Shift 键选择要延伸的对象或[栏选(F)/窗交(C)/投影(P)/边(E)/删除(R)/放弃(U)]

3)选择要修剪的对象或按住 Shift 键选择要延伸的对象,如图 1-44(e)所示。

在上面的提示下选择被修剪对象,AutoCAD 会以剪切边为边界,将被修剪对象上位于拾取点一侧的多余部分或将位于两条剪切边之间的部分剪切掉。如果被修剪对象没有与剪切边相交,在该提示下按下 Shift 键后选择对应的对象,AutoCAD 则会将其延伸到剪切边。

“栏选(F)”,以栏选方式确定被修剪对象。“窗交(C)”,使与选择窗口边界相交的对象作为被修剪对象。“投影(P)”,确定执行修剪操作的空间。“边(E)”,确定剪切边的隐含延伸模式。“删除(R)”,删除指定的对象。“放弃(U)”,取消上一次的操作。

(2)延伸对象　将指定的对象延伸到指定边界。

命令:EXTEND。

单击“修改”面板上的延伸按钮,或执行 EXTEND 命令,AutoCAD 提示:

选择边界的边:选择对象或<全部选择>:(选择作为边界边的对象,按 Enter 键则选择全部对象)

选择对象:↙(也可以继续选择对象)

选择要延伸的对象,或按住 Shift 键选择要修剪的对象,或[栏选(F)/窗交(C)/投影(P)/边(E)/放弃(U)]

1)选择要延伸的对象(或按住 Shift 键选择要修剪的对象)。选择对象进行延伸或修剪,为默认项。用户在该提示下选择要延伸的对象,AutoCAD 把该对象延长到指定的边界。如果延伸对象与边界交叉,在该提示下按下 Shift 键,然后选择对应的对象,那么 AutoCAD会修剪它,即将位于拾取点一侧的对象用边界对象将其修剪掉。

2)栏选(F),以栏选方式确定被延伸对象。

3)窗交(C),使与选择窗口边界相交的对象作为被延伸对象。

4)投影(P),确定执行延伸操作的空间。

5)边(E),确定延伸的模式。

6)放弃(U),取消上一次的操作。

1.2.4.4　镜像与阵列对象

(1)镜像对象　将选中的对象相对于指定的镜像线进行镜像。

命令:MIRROR。

绘制如图1-45(b)所示门。

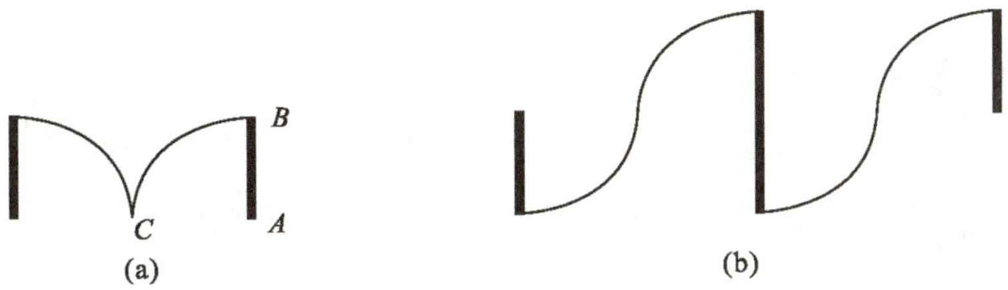

图1-45　镜像绘制门

1)输入命令"MI"或单击"修改"面板上的镜像按钮或执行MIRROR命令。

2)选择对象:(选择要镜像的对象)

选择对象:↙[也可以继续选择对象,选择图1-45(a)门,按Enter键]

3)指定镜像线的第一点:[确定镜像线上的一点,捕捉图1-45(a)所示C点]

4)指定镜像线的第二点:(确定镜像线上的另一点,将正交打开,将光标垂直向上或向下拖动,在任意位置单击)

5)是否删除源对象?[是(Y)/否(N)]<N>:(根据需要响应即可)

多次重复"镜像"命令,结果如图1-45(b)所示。

(2)阵列对象　将选中的对象进行矩形或环形多重复制。

命令:ARRAY。

单击"修改"面板上的阵列按钮或执行ARRAY命令,AutoCAD弹出"阵列"对话框,如图1-46所示。可利用此对话框形象直观地进行矩形或环形阵列的相关设置,并实施阵列。

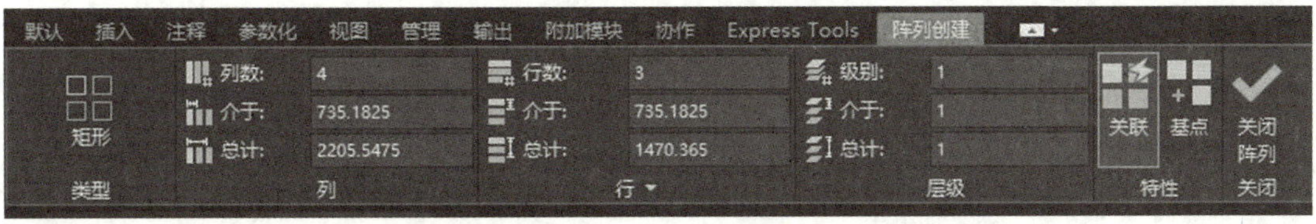

图1-46　"阵列"对话框

1)矩形阵列。图1-46为"矩形阵列"对话框(即选中了对话框中的"矩形阵列"单选按钮)。利用其选择阵列对象,并设置阵列行数、列数、行间距、列间距等参数后,即可实现阵列。

2)环形阵列。图1-47是"环形阵列"对话框(即选中了对话框中的"环形阵列"单选按钮)。利用其选择阵列对象,并设置了阵列中心点、填充角度等参数后,即可实现阵列。

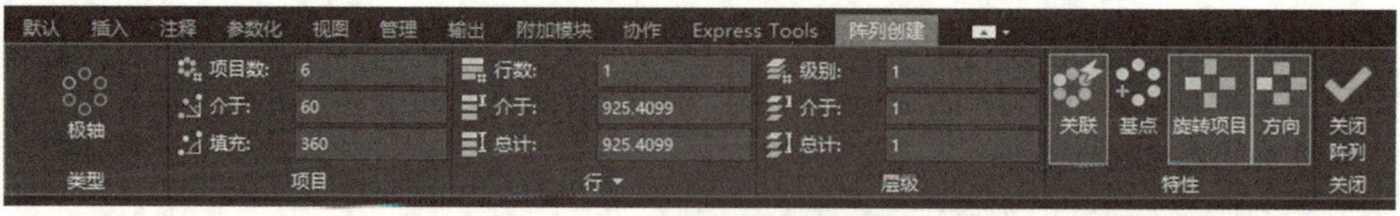

图 1-47 “环形阵列”对话框

1.2.4.5 移动与旋转

(1)移动对象 将选中的对象从当前位置移到另一位置,即更改图形在图纸上的位置。

命令:MOVE。

单击“修改”面板上的移动按钮或执行 MOVE 命令,AutoCAD 提示:

选择对象:(选择要移动位置的对象)

选择对象:↙(也可以继续选择对象)

指定基点或[位移(D)]<位移>

1)指定基点。确定移动基点,为默认项。执行该默认项,即指定移动基点后,AutoCAD 提示:

指定第二个点或<使用第一个点作为位移>

在此提示下指定一点作为位移第二点,或直接按 Enter 键或 Space 键,将第一点的各坐标分量(也可以看成位移量)作为移动位移量移动对象。

2)位移。根据位移量移动对象。执行该选项,AutoCAD 提示:

指定位移

如果在此提示下输入坐标值(直角坐标或极坐标),AutoCAD 将所选择对象按与各坐标值对应的坐标分量作为移动位移量移动对象。

(2)旋转对象 旋转对象指将指定的对象绕指定点(称其为基点)旋转指定的角度。

单击“修改”面板上的旋转按钮或执行 ROTATE 命令,AutoCAD 提示:

选择对象:(选择要旋转的对象)

选择对象:↙(也可以继续选择对象)

指定基点:(确定旋转基点)

指定旋转角度或[复制(C)/参照(R)]

1)指定旋转角度。输入角度值,AutoCAD 会将对象绕基点转动该角度。在默认设置下,角度为正时沿逆时针方向旋转,反之沿顺时针方向旋转。

2)复制。创建出旋转对象后仍保留原对象。

3)参照(R)。以参照方式旋转对象。执行该选项,AutoCAD 提示:

指定参照角:(输入参照角度值)

指定新角度或[点(P)]<0>:[输入新角度值,或通过“点(P)”选项指定两点来确定新角度]

执行结果:AutoCAD 根据参照角度与新角度的值自动计算旋转角度(旋转角度=新角度-参照角度),然后将对象绕基点旋转该角度。

1.2.4.6　缩放与拉伸

(1)缩放对象　缩放对象指放大或缩小指定的对象。

命令:SCALE。

单击"修改"面板上的缩放按钮或执行 SCALE 命令,AutoCAD 提示:

选择对象:(选择要缩放的对象)

选择对象:↙(也可以继续选择对象)

指定基点:(确定基点位置)

指定比例因子或[复制(C)/参照(R)]

1)指定比例因子。确定缩放比例因子,为默认项。执行该默认项,即输入比例因子后按 Enter 键或 Space 键,AutoCAD 将所选择对象根据该比例因子相对于基点缩放,且 0<比例因子<1 时缩小对象,比例因子>1 时放大对象。

2)复制(C)。创建出缩小或放大的对象后仍保留原对象。执行该选项后,根据提示指定缩放比例因子即可。

3)参照(R)。将对象按参照方式缩放。执行该选项,AutoCAD 提示:

指定参照长度:(输入参照长度的值)

指定新的长度或[点(P)]:[输入新的长度值或通过"点(P)"选项通过指定两点来确定长度值]

执行结果:AutoCAD 根据参照长度与新长度的值自动计算比例因子(比例因子=新长度值÷参照长度值),并进行对应的缩放。

(2)拉伸对象　拉伸与移动命令(MOVE)的功能有类似之处,可移动图形,但拉伸通常用于使对象拉长或压缩。

命令:STRETCH。

单击"修改"面板上的拉伸按钮或执行 STRETCH 命令,AutoCAD 提示:

以交叉窗口或交叉多边形选择要拉伸的对象

选择对象:C↙[或用 CP 响应。第一行提示说明用户只能以交叉窗口方式(即交叉矩形窗口,用 C 响应)或交叉多边形方式(即不规则交叉窗口方式,用 CP 响应)选择对象]

选择对象:(可以继续选择拉伸对象)

选择对象:↙

指定基点或[位移(D)]<位移>

1)指定基点。确定拉伸或移动的基点。

2)位移(D)。根据位移量移动对象。

1.2.4.7　倒角与圆角

(1)倒角命令　在两条直线之间创建倒角。

命令:CHAMFER。

单击“修改”面板上的倒角按钮或执行 CHAMFER 命令，AutoCAD 提示：

（“修剪”模式）当前倒角距离 1＝0.0000，距离 2＝0.0000

选择第一条直线或［放弃（U）/多段线（P）/距离（D）/角度（A）/修剪（T）/方式（E）/多个（M）］

提示的第一行说明当前的倒角操作属于“修剪”模式，且第一、第二倒角距离分别为 1 和 2。

1）选择第一条直线。要求选择进行倒角的第一条线段为默认项。选择某一线段，即执行默认项后，AutoCAD 提示：

选择第二条直线，或按住 Shift 键选择要应用角点的直线

在该提示下选择相邻的另一条线段即可。

2）多段线（P）。对整条多段线倒角。

3）距离（D）。设置倒角距离。

4）角度（A）。根据倒角距离和角度设置倒角尺寸。

5）修剪（T）。确定倒角后是否对相应的倒角边进行修剪。

6）方式（E）。确定将以什么方式倒角，即根据已设置的两倒角距离倒角，还是根据距离和角度设置倒角。

7）多个（M）。如果执行该选项，当用户选择了两条直线进行倒角后，可以继续对其他直线倒角，不必重新执行 CHAMFER 命令。

8）放弃（U）。放弃已进行的设置或操作。

（2）圆角命令　为对象创建圆角。

命令：FILLET。

单击“修改”面板上的圆角按钮或执行 FILLET 命令，AutoCAD 提示：

当前设置：模式＝修剪，半径＝0.0000

选择第一个对象或［放弃（U）/多段线（P）/半径（R）/修剪（T）/多个（M）］

提示中，第一行说明当前的创建圆角操作采用了“修剪”模式，且圆角半径为 0。第二行的含义如下。

1）选择第一个对象。此提示要求选择创建圆角的第一个对象，为默认项。用户选择后，AutoCAD 提示：

选择第二个对象，或按住 Shift 键选择要应用角点的对象

在此提示下选择另一个对象，AutoCAD 按当前的圆角半径设置对它创建圆角。如果按住 Shift 键选择相邻的另一对象，则可以使两对象准确相交。

2）多段线（P）。对二维多段线创建圆角。

3）半径（R）。设置圆角半径。

4）修剪（T）。确定创建圆角操作的修剪模式。

5）多个（M）。执行该选项且用户选择两个对象创建出圆角后，可以继续对其他对象创建圆角，不必重新执行 FILLET 命令。

1.2.4.8　打断与合并

(1)打断对象　从指定的点处将对象分成两部分,或删除对象上所指定两点之间的部分。

命令:BREAK。

执行 BREAK 命令,AutoCAD 提示:

选择对象:(选择要断开的对象。此时只能选择一个对象)

指定第二个打断点或[第一点(F)]

1)指定第二个打断点。此时 AutoCAD 以用户选择对象时的拾取点作为第一断点,并要求确定第二断点。用户可以有以下选择:

如果直接在对象上的另一点处单击拾取键,AutoCAD 将对象上位于两拾取点之间的对象删除掉。

如果输入符号"@"后按 Enter 键或 Space 键,AutoCAD 在选择对象时的拾取点处将对象一分为二。

如果在对象的一端之外任意拾取一点,AutoCAD 将位于两拾取点之间的那段对象删除掉。

2)第一点(F)。重新确定第一断点。执行该选项,AutoCAD 提示:

指定第一个打断点:(重新确定第一断点)

指定第二个打断点

在此提示下,可以按前面介绍的三种方法确定第二断点。

(2)合并对象　合并就是使多个单独的图形形成一个完整的图形,AutoCAD 中可以合并的图形包括直线、多段线、圆弧、椭圆弧和样条曲线等。使用合并命令(JOIN)可以合并图形。

当然,合并图形不是说任意条件下的图形都可以合并,每一种能够合并的图形都会有一些条件限制。

如果要合并直线,那么待合并的直线必须共线,它们之间可以有间隙。

1.2.4.9　分解

分解就是把一个整体的图形分解为多个图形,这项功能可以使块、填充图案和关联的尺寸标注从原来的整体化解为分离的对象,也可以把多段线、多线和草图线等分解成独立的、简单的直线段和圆弧。

1.2.4.10　编辑对象特性

通过"特性"面板修改图形属性。在"特性"面板中,不同的对象将显示不同的属性。"特性"面板对图形的属性进行了分类,每一项属性的右侧都有一个文本框,文本框内记录了当前选中的图形的相关信息,如果想要修改这些信息,可以单击文本框来修改。图 1-48为圆和多段线的特性面板。

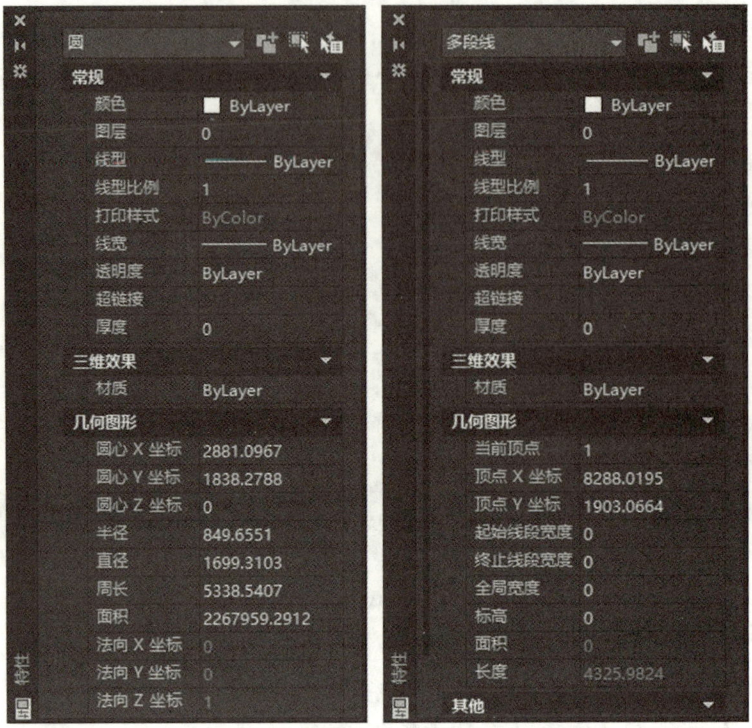

图 1-48　圆和多段线的特性面板

1.2.5　尺寸标注

在 AutoCAD 中，一个完整的尺寸标注一般由尺寸线、尺寸界线、尺寸数字和尺寸起止符号（尺寸箭头）四部分组成，如图 1-49 所示。

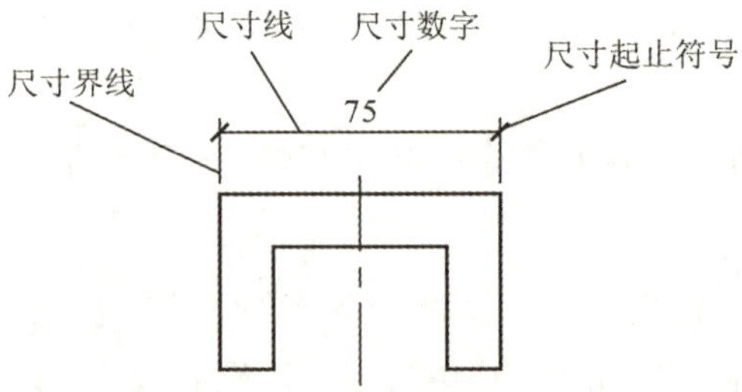

图 1-49　尺寸标注

AutoCAD 2022 将尺寸标注分为线性标注、对齐标注、半径标注、直径标注、弧长标注、折弯标注、角度标注、引线标注、基线标注、连续标注等多种类型，而线性标注又分为水平标注、垂直标注和旋转标注。

1.2.5.1　尺寸标注样式

尺寸标注样式（简称标注样式）用于设置尺寸标注的具体格式，如尺寸文字采用的样式，尺寸线、尺寸界线以及起止符号的标注设置等，以满足不同行业或不同国家的尺寸标注要求。

定义、管理标注样式的命令是 DIMSTYLE。执行 DIMSTYLE 命令，AutoCAD 弹出如图 1-50 所示的“标注样式管理器”对话框。

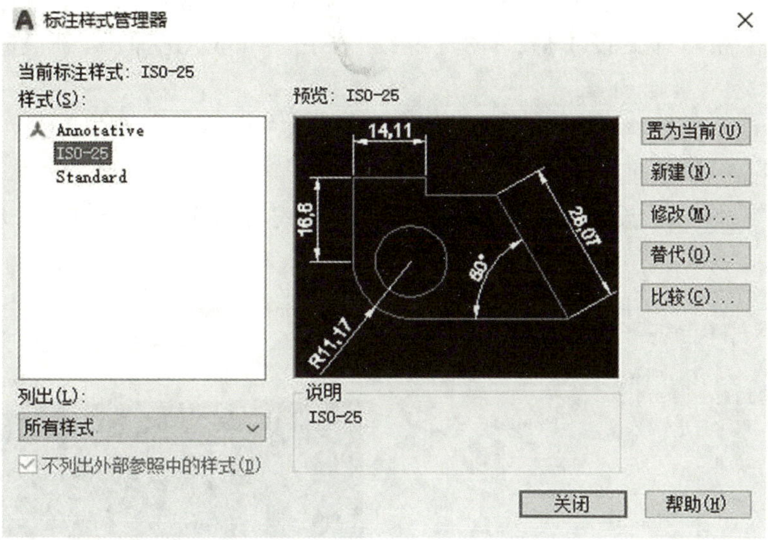

图 1-50　“标注样式管理器”对话框

其中，“当前标注样式”标签显示出当前标注样式的名称。“样式”列表框用于列出已有标注样式的名称。“列出”下拉列表框确定要在“样式”列表框中列出哪些标注样式。“预览”图片框用于预览在“样式”列表框中所选中标注样式的标注效果。“说明”标签框用于显示在“样式”列表框中所选定标注样式的说明。“置为当前”按钮把指定的标注样式置为当前样式。“新建”按钮用于创建新标注样式。“修改”按钮则用于修改已有标注样式。“替代”按钮用于设置当前样式的替代样式。“比较”按钮用于对两个标注样式进行比较，或了解某一样式的全部特性。

下面介绍如何新建标注样式。

在“标注样式管理器”对话框中单击“新建”按钮，AutoCAD 弹出如图 1-51 所示“创建新标注样式”对话框。

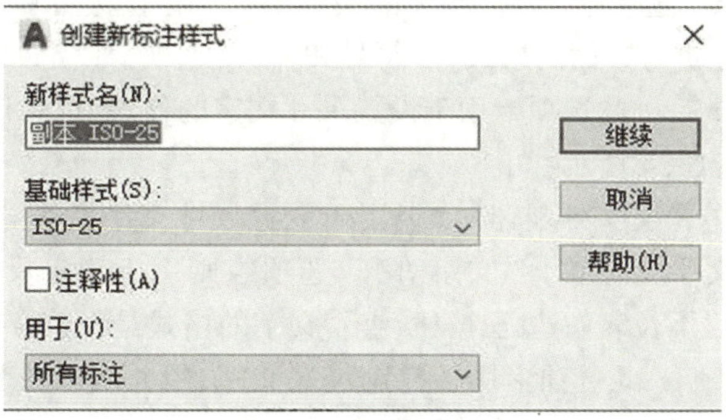

图 1-51　“创建新标注样式”对话框

可通过该对话框中的“新样式名”文本框指定新样式的名称;通过“基础样式”下拉列表框确定用来创建新样式的基础样式;通过“用于”下拉列表框,可确定新建标注样式的适用范围。下拉列表中有“所有标注”“线性标注”“角度标注”“半径标注”“直径标注”“坐标标注”和“引线和公差”等选择项,分别用于使新样式适于对应的标注。确定新样式的名称和有关设置后,单击“继续”按钮,AutoCAD 弹出“新建标注样式”对话框。

该对话框中有“线”“符号和箭头”“文字”“调整”“主单位”“换算单位”和“公差”7个选项卡,下面分别给予介绍。

(1)“线”选项卡　设置尺寸线和尺寸界线的格式与属性,“线”选项卡设定如图 1-52 所示。

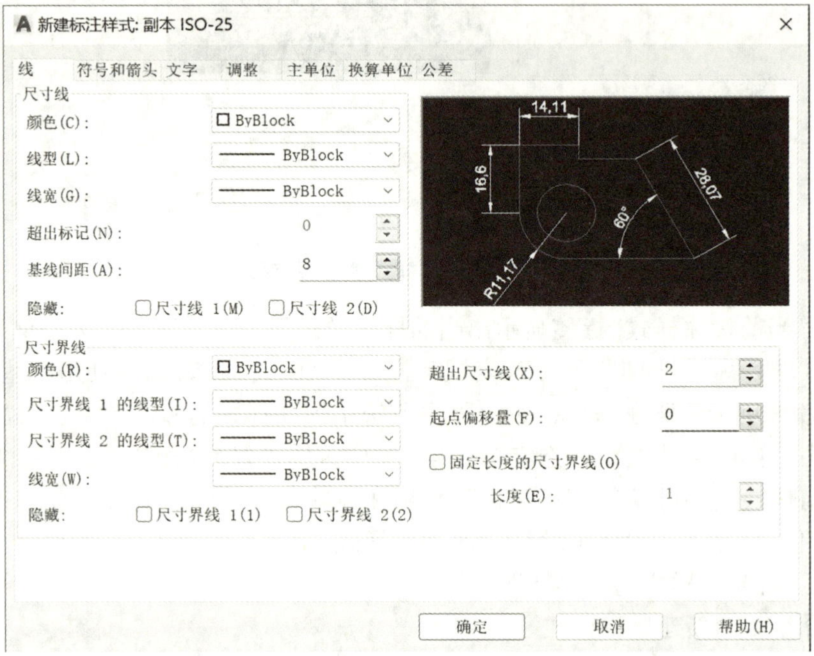

图 1-52　“线”选项卡设定

(2)“符号和箭头”选项卡　“符号和箭头”选项卡用于设置尺寸箭头、圆心标记、弧长符号以及半径标注折弯方面的格式。“符号和箭头”选项卡设定如图 1-53 所示。

(3)“文字”选项卡　此选项卡用于设置尺寸文字的外观、位置以及对齐方式等,“文字”选项卡设定如图 1-54 所示。

“文字”选项卡中,“文字外观”选项组用于设置尺寸文字的样式等。“文字位置”选项组用于设置尺寸文字的位置。“文字对齐”选项组则用于确定尺寸文字的对齐方式。可以单击“文字样式”下拉表右边[...]按钮,查看文字的格式是否符合要求。

(4)“调整”选项卡　此选项卡用于控制尺寸文字、尺寸线以及起止符号等的位置和其他一些特征。“调整”选项卡内的“使用全局比例”和出图比例应一致。出图比例为

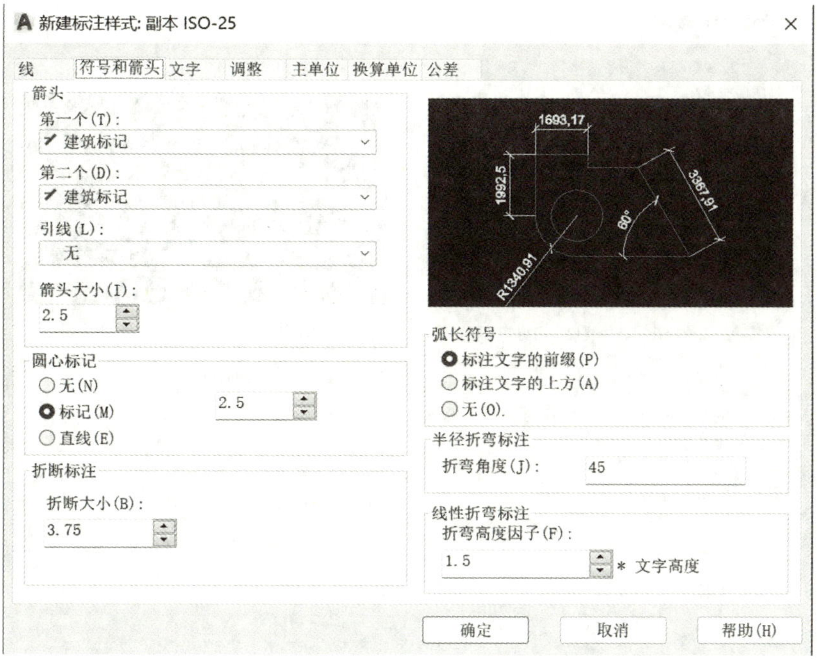

图 1-53　“符号和箭头”选项卡设定

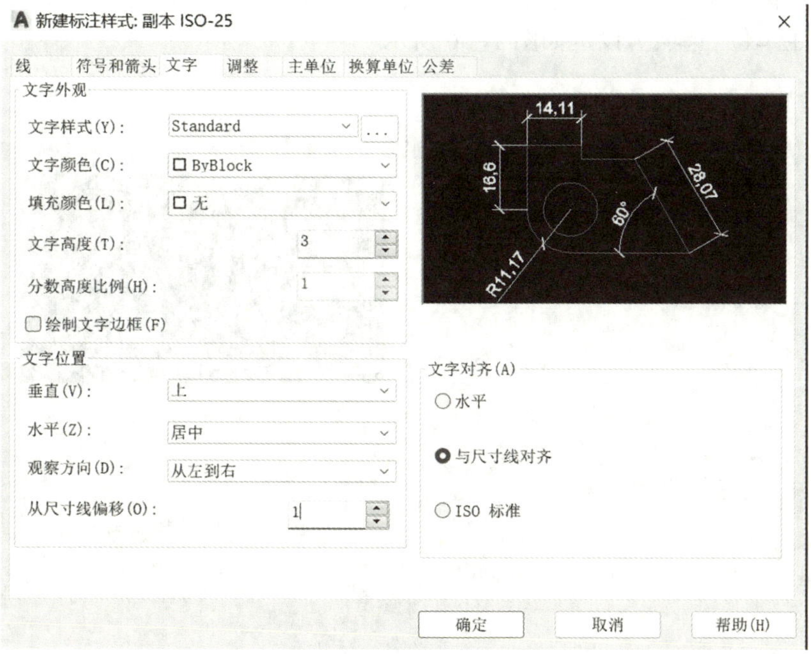

图 1-54　“文字”选项卡设定

1∶100时,“使用全局比例”设定为 100;出图比例为 1∶50 时,“使用全局比例”设定为 50,“调整”选项卡设定如图 1-55 所示。

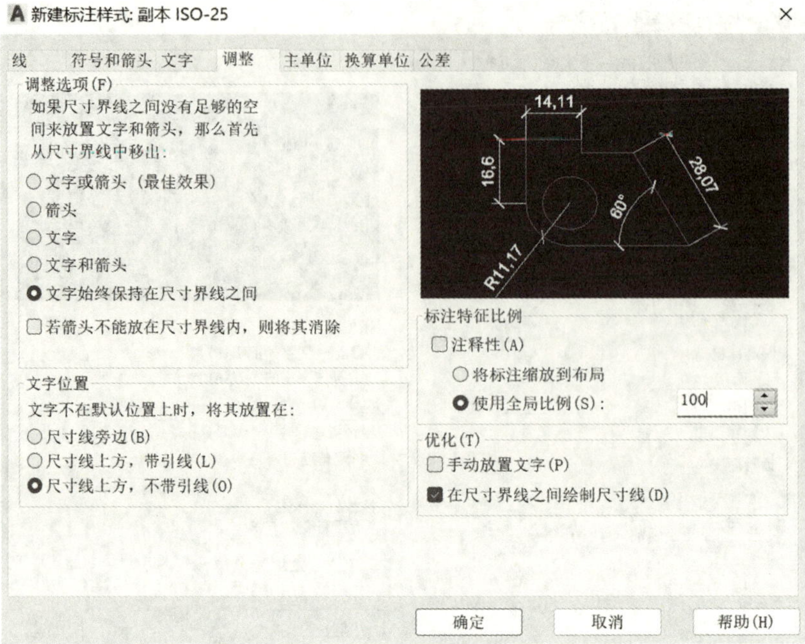

图 1-55 “调整”选项卡设定

(5)“主单位”选项卡　此选项卡用于设置主单位的格式、精度以及尺寸文字的前缀和后缀。“主单位”选项卡设定如图 1-56 所示。

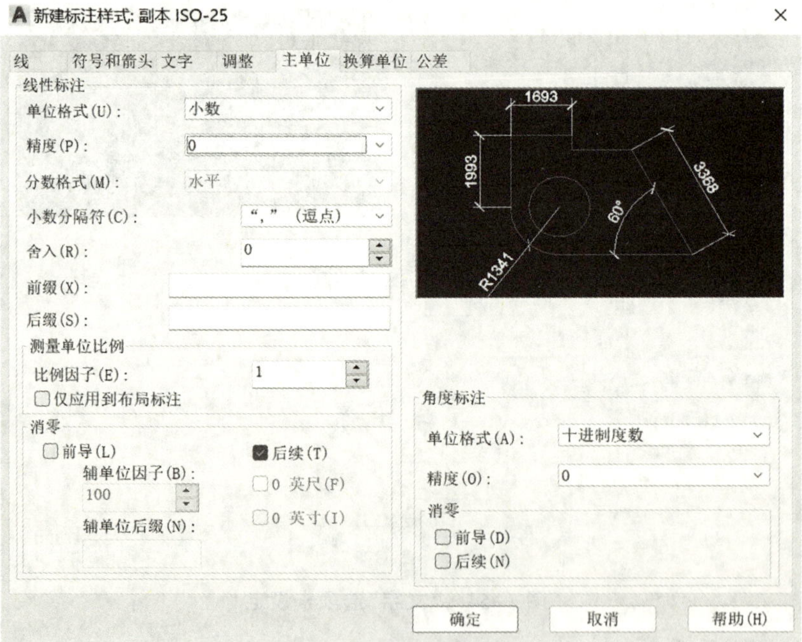

图 1-56 “主单位”选项卡设定

“主单位”选项卡中,“线性标注”选项组用于设置线性标注的格式与精度。“角度标注”选项组确定标注角度尺寸时的单位、精度以及消零否。

(6)“换算单位”选项卡 “换算单位”选项卡用于确定是否使用换算单位以及换算单位的格式，对应的选项卡如图 1-57 所示。

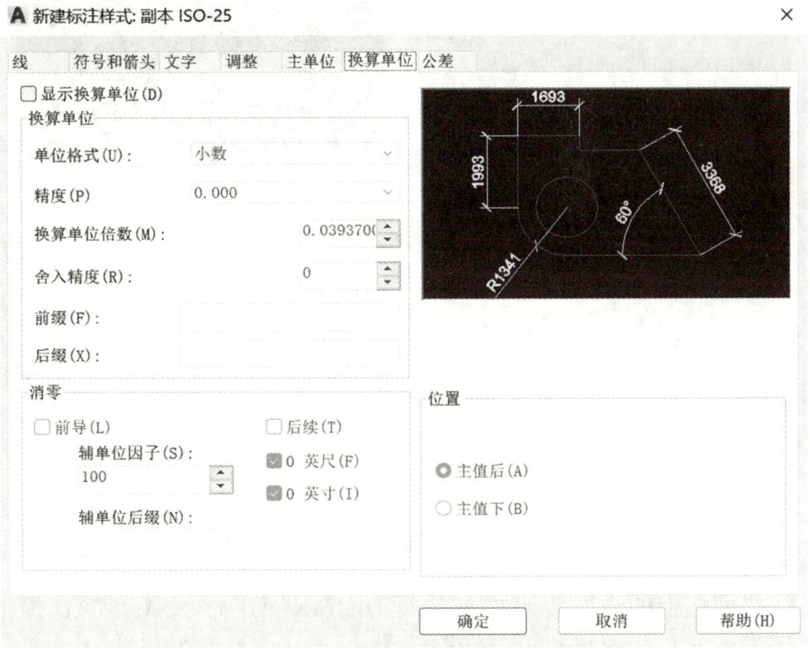

图 1-57 “换算单位”选项卡设定

“换算单位”选项卡中，“显示换算单位”复选框用于确定是否在标注的尺寸中显示换算单位。“换算单位”选项组确定换算单位的单位格式、精度等。“消零”选项组确定是否消除换算单位的前导或后续零。“位置”选项组则用于确定换算单位的位置。用户可在“主值后”与“主值下”之间选择。

(7)“公差”选项卡 “公差”选项卡用于确定是否标注公差，如果标注公差的话，以何种方式进行标注，图 1-58 为对应的选项卡。

“公差”选项卡中，“公差格式”选项组用于确定公差的标注格式。“换算单位公差”选项组确定当标注换算单位时换算单位公差的精度与消零否。

利用“新建标注样式”对话框设置样式后，单击对话框中的“确定”按钮，完成样式的设置，AutoCAD 返回到“标注样式管理器”对话框，单击对话框中的“关闭”按钮关闭对话框，完成尺寸标注样式的设置。

1.2.5.2 标注尺寸

(1)线性标注 线性标注指标注图形对象在水平方向、垂直方向或指定方向的尺寸，又分为水平标注、垂直标注和旋转标注三种类型。水平标注用于标注对象在水平方向的尺寸，即尺寸线沿水平方向放置；垂直标注用于标注对象在垂直方向的尺寸，即尺寸线沿垂直方向放置；旋转标注则标注对象沿指定方向的尺寸。

命令：DIMLINEAR。

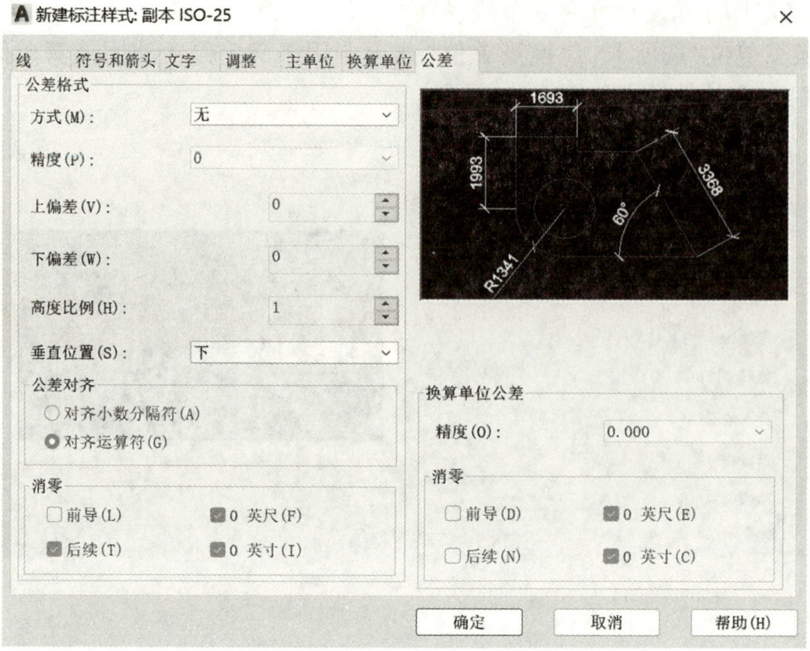

图 1-58 “公差”选项卡设定

单击“标注”面板上的线性按钮或执行 DIMLINEAR 命令，AutoCAD 提示：

指定第一条尺寸界线原点或<选择对象>。

在此提示下用户有两种选择，即确定一点作为第一条尺寸界线的起始点或直接按 Enter 键选择对象。

1）指定第一条尺寸界线原点。如果在“指定第一条尺寸界线原点或<选择对象>：”提示下指定第一条尺寸界线的起始点，AutoCAD 提示：

指定第二条尺寸界线原点：（确定另一条尺寸界线的起始点位置）

指定尺寸线位置或[多行文字(M)/文字(T)/角度(A)/水平(H)/垂直(V)/旋转(R)]

其中，“指定尺寸线位置”选项用于确定尺寸线的位置。通过拖动鼠标的方式确定尺寸线的位置后，单击拾取键，AutoCAD 根据自动测量出的两尺寸界线起始点间的对应距离值标注出尺寸。

“多行文字(M)”选项用于根据文字编辑器输入尺寸文字。“文字(T)”选项用于输入尺寸文字。“角度(A)”选项用于确定尺寸文字的旋转角度。“水平(H)”选项用于标注水平尺寸，即沿水平方向的尺寸。“垂直(V)”选项用于标注垂直尺寸，即沿垂直方向的尺寸。“旋转(R)”选项用于旋转标注，即标注沿指定方向的尺寸。

2）<选择对象>。如果在“指定第一条尺寸界线原点或<选择对象>：”提示下直接按 Enter 键，即执行“<选择对象>”选项，AutoCAD 提示：

选择标注对象

此提示要求用户选择要标注尺寸的对象。用户选择后，AutoCAD 将该对象的两端点作为两条尺寸界线的起始点，并提示：

指定尺寸线位置或[多行文字(M)/文字(T)/角度(A)/水平(H)/垂直(V)/旋转(R)]

对此提示的操作与前面介绍的操作相同，用户响应即可。

(2)对齐标注　对齐标注指所标注尺寸的尺寸线与两条尺寸界线起始点间的连线平行。

命令：DIMALIGNED。

单击“标注”面板上的对齐按钮或执行 DIMALIGNED 命令，AutoCAD 提示：

指定第一条尺寸界线原点或<选择对象>

在此提示下的操作与标注线性尺寸类似，不再介绍。

(3)角度标注　标注角度尺寸。

命令：DIMANGULAR。

单击“标注”面板上的角度按钮或执行 DIMANGULAR 命令，AutoCAD 提示：

选择圆弧、圆、直线或<指定顶点>

其中，选择所需标注圆弧，提示“标注弧线位置”选项用于标注圆弧的角度。选择所需标注圆，顶点为第一次所选圆上点，根据提示“指定角的第二个端点”选项标注圆上某段圆弧的包含角。“标注两条不平行直线之间的夹角”选项标注两条直线之间的夹角。“根据三个点标注角度”选项则根据给定的三点标注出角度。

(4)直径标注　为圆或圆弧标注直径尺寸。

命令：DIMDIAMETER。

单击“标注”面板上的直径按钮或执行 DIMDIAMETER，AutoCAD 提示：

选择圆弧或圆：(选择要标注直径的圆或圆弧)

指定尺寸线位置或[多行文字(M)/文字(T)/角度(A)]

如果在该提示下直接确定尺寸线的位置，AutoCAD 按实际测量值标注出圆或圆弧的直径。也可以通过“多行文字(M)”“文字(T)”及“角度(A)”选项确定尺寸文字和尺寸文字的旋转角度。

(5)半径标注　为圆或圆弧标注半径尺寸。

命令：DIMRADIUS。

单击“标注”面板上的半径按钮或执行 DIMRADIUS 命令，AutoCAD 提示：

选择圆弧或圆：(选择要标注半径的圆弧或圆)

指定尺寸线位置或[多行文字(M)/文字(T)/角度(A)]

根据需要响应即可。

(6)弧长标注　为圆弧标注长度尺寸。

命令：DIMARC。

单击“标注”面板上的弧长按钮或执行 DIMARC 命令，AutoCAD 提示：

选择弧线段或多段线弧线段：(选择圆弧段)

指定弧长标注位置或[多行文字(M)/文字(T)/角度(A)/部分(P)/引线(L)]

根据需要响应即可。

(7)折弯标注　为圆或圆弧创建折弯标注。

命令:DIMJOGGED。

单击“标注”面板上的折弯按钮或执行 DIMJOGGED 命令,AutoCAD 提示:

选择圆弧或圆:(选择要标注尺寸的圆弧或圆)

指定中心位置替代:(指定折弯半径标注的新中心点,以替代圆弧或圆的实际中心点)

指定尺寸线位置或[多行文字(M)/文字(T)/角度(A)]:(确定尺寸线的位置,或进行其他设置)

指定折弯位置:(指定折弯位置)

(8)连续标注　连续标注指在标注出的尺寸中,相邻两尺寸线共用同一条尺寸界线(图 1-59)。

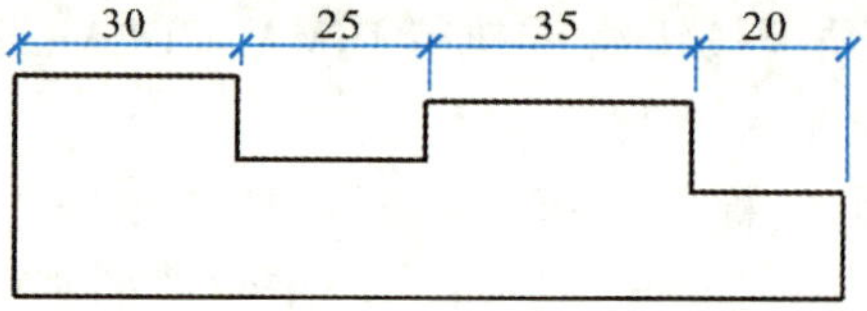

图 1-59　连续标注

命令:DIMCONTINUE。

单击“标注”面板上的连续按钮或执行 DIMCONTINUE 命令,AutoCAD 提示:

指定第二条尺寸界线原点或[放弃(U)/选择(S)]<选择>

1)指定第二条尺寸界线原点。确定下一个尺寸的第二条尺寸界线的起始点。用户响应后,AutoCAD 按连续标注方式标注出尺寸,即把上一个尺寸的第二条尺寸界线作为新尺寸标注的第一条尺寸界线标注尺寸,而后 AutoCAD 继续提示:

指定第二条尺寸界线原点或[放弃(U)/选择(S)]<选择>

此时可再确定下一个尺寸的第二条尺寸界线的起点位置。当用此方式标注出全部尺寸后,在上述同样的提示下按 Enter 键或 Space 键,结束命令的执行。

2)选择(S)。该选项用于指定连续标注将从哪一个尺寸的尺寸界线引出。执行该选项,AutoCAD 提示:

选择连续标注

在该提示下选择尺寸界线后,AutoCAD 会继续提示:

指定第二条尺寸界线原点或[放弃(U)/选择(S)]<选择>

在该提示下标注出的下一个尺寸会以指定的尺寸界线作为其第一条尺寸界线。执行连续尺寸标注时,有时需要先执行“选择(S)”选项来指定引出连续尺寸的尺寸界线。

(9)基线标注　基线标注指各尺寸线从同一条尺寸界线处引出。

命令:DIMBASELINE。

单击“标注”面板上的基线按钮或执行 DIMBASELINE 命令,AutoCAD 提示:

指定第二条尺寸界线原点或[放弃(U)/选择(S)]<选择>

1)指定第二条尺寸界线原点。确定下一个尺寸的第二条尺寸界线的起始点。确定后 AutoCAD 按基线标注方式标注出尺寸,而后继续提示:

指定第二条尺寸界线原点或[放弃(U)/选择(S)]<选择>

此时可再确定下一个尺寸的第二条尺寸界线起点位置。用此方式标注出全部尺寸后,在同样的提示下按 Enter 键或 Space 键,结束命令的执行。

2)选择(S)。该选项用于指定基线标注时作为基线的尺寸界线。执行该选项,AutoCAD 提示:

选择基准标注

在该提示下选择尺寸界线后,AutoCAD 继续提示:

指定第二条尺寸界线原点或[放弃(U)/选择(S)]<选择>

在该提示下标注出的各尺寸均从指定的基线引出。执行基线尺寸标注时,有时需要先执行"选择(S)"选项来指定引出基线尺寸的尺寸界线。

(10)绘圆心标记　为圆或圆弧绘圆心标记或中心线。

命令:DIMCENTER。

单击"标注"面板上的圆心标记按钮⊙或执行 DIMCENTER 命令,AutoCAD 提示:

选择圆弧或圆

在该提示下选择圆弧或圆即可。

1.2.6 图层设置

AutoCAD 中的图层就如同在手工绘图中使用的重叠透明图纸,可以用来组织不同类型的信息,如图 1-60 所示。在 AutoCAD 中,图形的每个对象都位于一个图层上,所有图形对象都具有图层、颜色、线型和线宽这 4 个基本属性。在绘制时,图形对象将创建在当前的图层上。每个 CAD 文档中图层的数量是不受限制的,每个图层都有自己的名称。

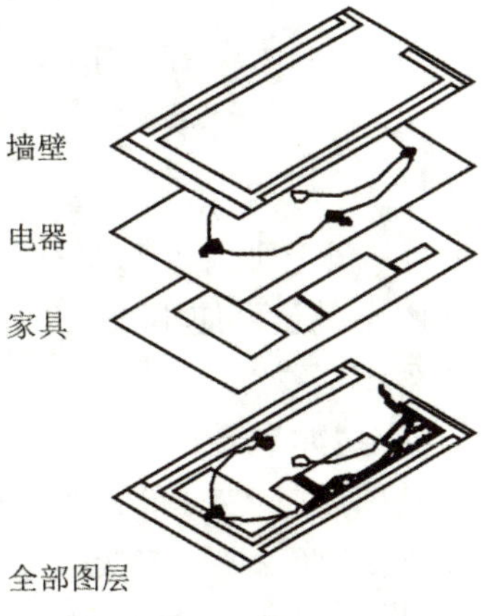

图 1-60　图层示意图

1.2.6.1 建立新图层

新建的 CAD 文档中只能自动创建一个名为 0 的特殊图层。默认情况下,图层 0 将被指定使用 7 号颜色、Continuous 线型、"默认"线宽以及 NORMAL 打印样式。不能删除或重命名图层 0。通过创建新的图层,可以将类型相似的对象指定给同一个图层使其相关联。例如,可以将构造线、文字、标注和标题栏置于不同的图层上,并为这些图层指定通用特性。通过将对象分类放到各自的图层中,可以快速、有效地控制对象的显示以及对其进行更改。

(1)执行方式

1)命令行:LAYER。

2)面板:"图层"|"图层特性管理器"(图 1-61)。

3)功能区:“常用”|“图层”|“图层特性管理器”。

图 1-61 “图层”面板

(2)操作步骤 执行上述命令后,系统打开“图层特性管理器”对话框,如图 1-62 所示。在“图层特性管理器”对话框中单击“新建”按钮,可建立新图层。默认的图层名为“图层 1”,可以根据绘图需要为其重命名,例如改为实体层、中心线层或标准层等。

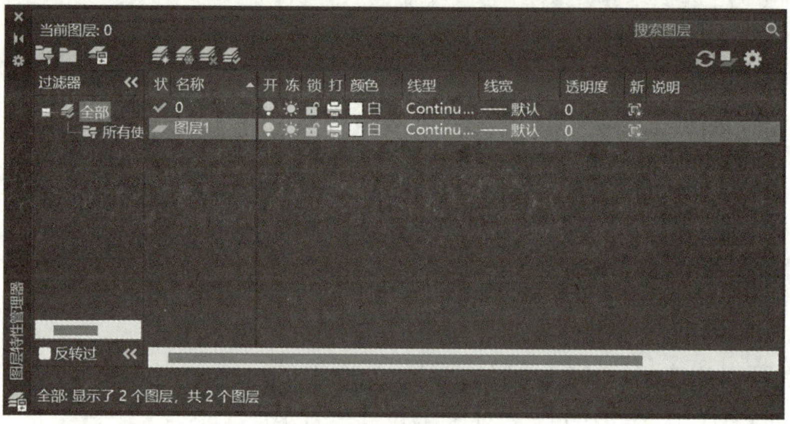

图 1-62 “图层特性管理器”对话框

在一个图形中可以创建的图层数以及在每个图层中可以创建的对象数实际上是无限的。图层最长可使用 255 个字符(字母或数字)命名,图层特性管理器按其名称的字母顺序排列图层。

注意:如果要建立不止一个图层,无须重复单击“新建”按钮,更有效的方法是在建立一个新图层“图层 1”后,改变图层名,在其后输入一个逗号“,”,这样就又会自动建立一个新图层“图层 1”;改变图层名,再输入一个逗号“,”,又一个新的图层建立了……依此类推,即可建立多个图层。另外,按两次 Enter 键,也可建立另一个新的图层。图层的名称也可以更改,直接双击图层名称,输入新的名称即可。

在图层属性设置中,主要涉及图层名称、关闭/打开图层、冻结/解冻图层、锁定/解锁图层、图层线条颜色、图层线型、图层线宽、图层打印样式以及图层是否打印等 9 个参数。下面讲述如何设置这些图层参数。

1)设置图层线条颜色。在工程制图中,整个图形包含多种不同功能的图形对象,如实体、剖面线与尺寸标注等。为了便于直观地区分它们,就有必要针对不同的图形对象使用不同的颜色,例如实体层使用白色,剖面线层使用青色等。

要改变图层的颜色时,单击图层所对应的颜色图标,弹出“选择颜色”对话框,如

图 1-63所示。这是一个标准的颜色设置对话框,其中包括“索引颜色”“真彩色”和“配色系统”3 个选项卡。选择不同的选项卡,即可针对颜色进行相应的设置。

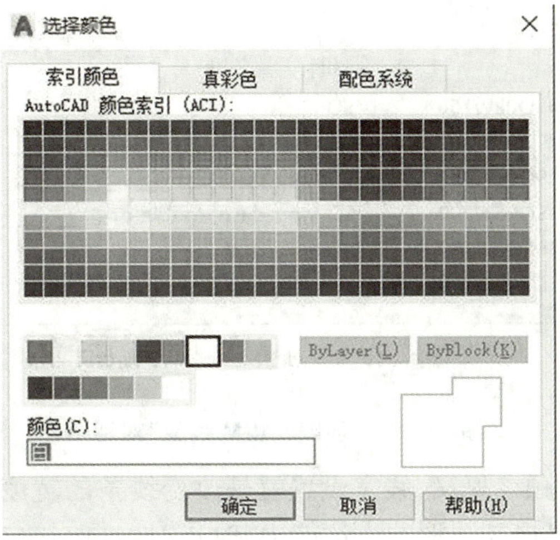

图 1-63 “选择颜色”对话框

2)设置图层线型。线型是指作为图形基本元素的线条的组成和显示方式,如实线、点画线等。在绘图工作中,常常以线型划分图层。为某一个图层设置适合的线型后,在绘图时只需将该图层设为当前工作层,即可绘制出符合线型要求的图形对象,极大地提高了绘图的效率。

单击图层所对应的线型图标,弹出“选择线型”对话框,如图 1-64 所示。默认情况下,在“已加载的线型”列表框中,系统只列出了 Continuous 线型。单击“加载”按钮,打开如图 1-65 所示的“加载或重载线型”对话框,可以看到 AutoCAD 还提供许多其他的线型,用鼠标选择所需线型,然后单击“确定”按钮,即可把该线型加载到“选择线型”对话框的“已加载的线型”列表框中。

提示:按住 Ctrl 键可以选择几种线型同时加载。

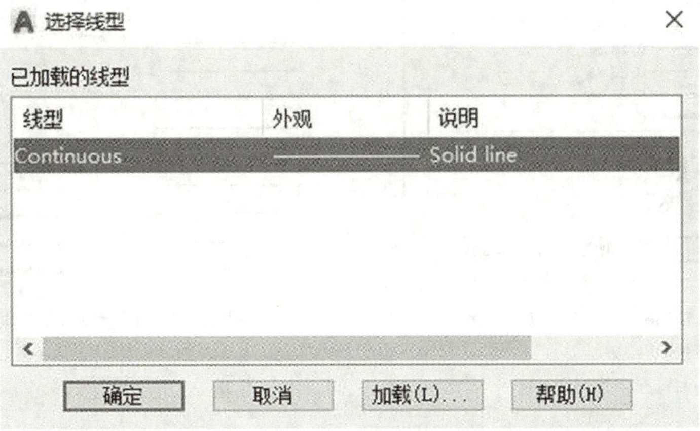

图 1-64 “选择线型”对话框

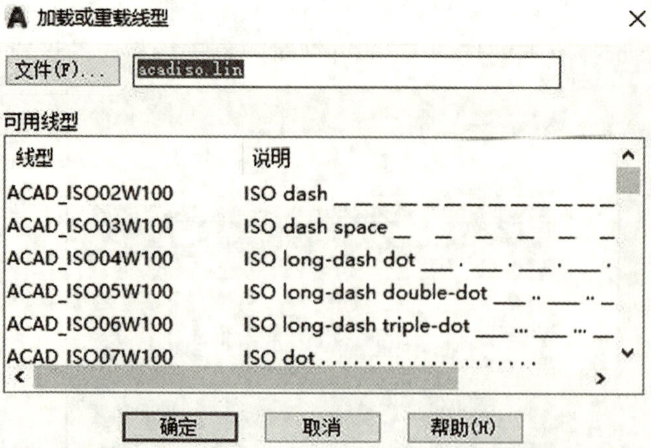

图 1-65　“加载或重载线型”对话框

3)设置图层线宽。顾名思义,线宽设置就是改变线条的宽度。用不同宽度的线条表现图形对象的类型,可以提高图形的表达能力和可读性。例如,在建筑平面图中,被剖到的墙线使用粗实线,门窗等使用细实线。

单击图层所对应的线宽图标,弹出“线宽”对话框,如图 1-66 所示。选择一种线宽,单击“确定”按钮,即可完成对图层线宽的设置。

线宽的默认值为 0.25 mm。单击状态栏中的“线宽”按钮,屏幕上显示的图形线宽与实际线宽成一定比例,但线宽不随着图形的放大和缩小而变化,如图 1-67 所示。当“线宽”功能关闭时,将不显示图形的线宽,而以默认的宽度值显示。用户可以在“线宽”对话框中选择需要的线宽。

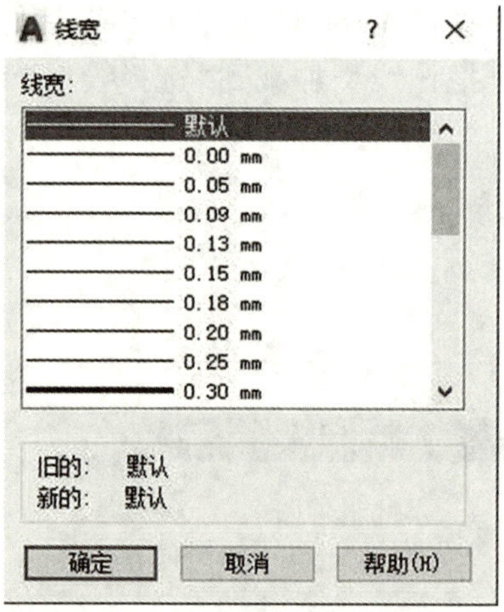

图 1-66　“线宽”对话框

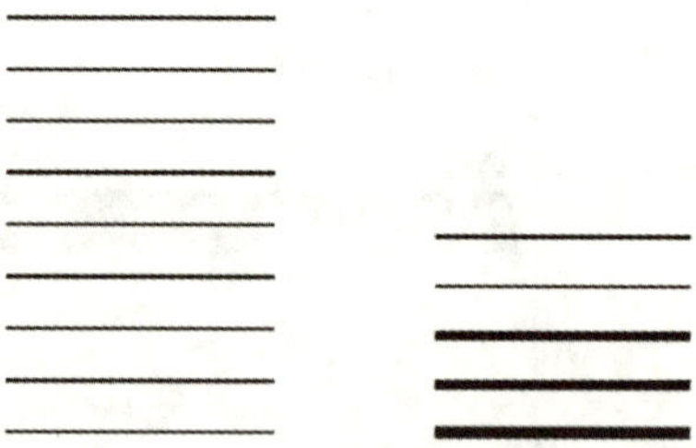

图 1-67　线宽显示效果图

1.2.6.2　设置图层

除了上述的通过图层特性管理器设置图层的方法外,还有几种更为简便的方法可以设置图层的颜色、线型、线宽等参数。

(1)直接设置图层　可以直接通过命令行或菜单设置图层的颜色、线型、线宽。

1)设置图层颜色。

①执行方式：

命令行：COLOR 或 COLOUR。

功能区：“常用”|“特性”|“颜色”。

②操作步骤：执行上述命令后，系统打开“选择颜色”对话框，如图 1-68 所示。

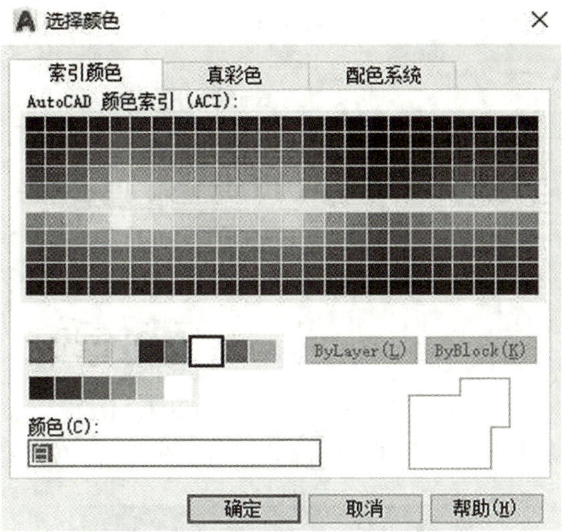

图 1-68　“选择颜色”对话框

2)设置图层线型。

①执行方式：

命令行：LINETYPE。

功能区：“常用”|“特性”|“线型”。

②操作步骤：执行上述命令后，系统打开“线型管理器”对话框，如图 1-69 所示。

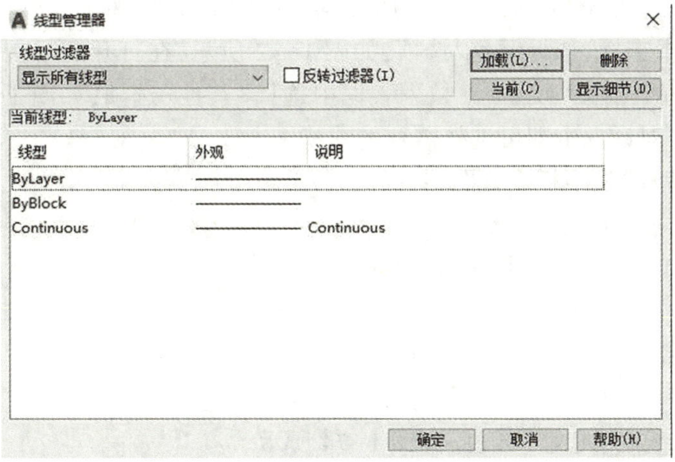

图 1-69　“线型管理器”对话框

3)设置图层线宽。

①执行方式:

命令行:LINEWEIGHT 或 LWEIGHT。

功能区:“常用”|“特性”|“线宽”。

②操作步骤:执行上述命令后,系统打开“线宽设置”对话框,如图 1-70 所示。

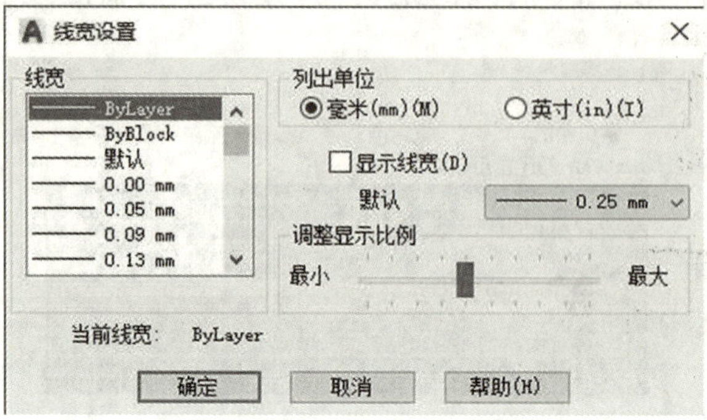

图 1-70 “线宽设置”对话框

(2)利用“对象特性”工具栏设置图层 通过 AutoCAD 2022 提供的“对象特性”面板(图 1-71),用户能够快速地查看和修改所选对象的图层、颜色、线型和线宽等特性。

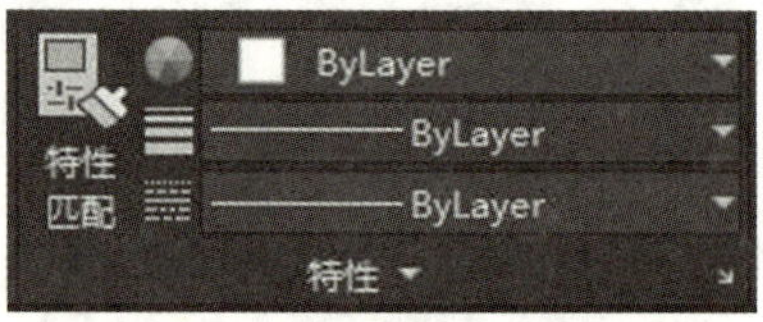

图 1-71 “对象特性”工具栏

在绘图窗口中选择任何对象,都会在此工具栏上自动显示其所在图层、颜色、线型及打印样式等属性。如需修改,打开相应的下拉列表框,从中选择需要的选项即可。如果其中没有列出所需选项,还可通过选择相应选项打开相应对话框进行设置。例如,在“颜色”下拉列表框中选择“选择颜色”选项,如图 1-72 所示,在打开的“选择颜色”对话框中即可选择需要的颜色;在“线型”下拉列表框中选择“其他”选项,如图 1-73 所示,在打开的“线型管理器”对话框中即可选择需要的线型。

(3)利用“特性”选项板设置图层

1)执行方式:

命令行:DDMODIFY 或 PROPERTIES。

面板:“标准”|“特性”。

功能区:“视图”|“选项板”|“特性”。

2)操作步骤。执行上述命令后,系统打开“特性”选项板。在其中可以方便地设置或修改颜色、图层、线型、线宽等属性,如图 1-74 所示。

图 1-72　“选择颜色”选项

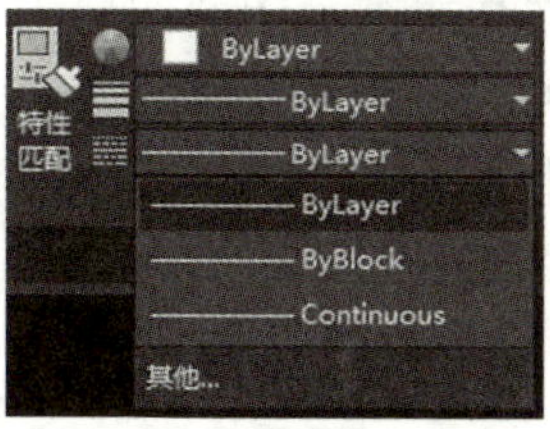

图 1-73　“其他”选项

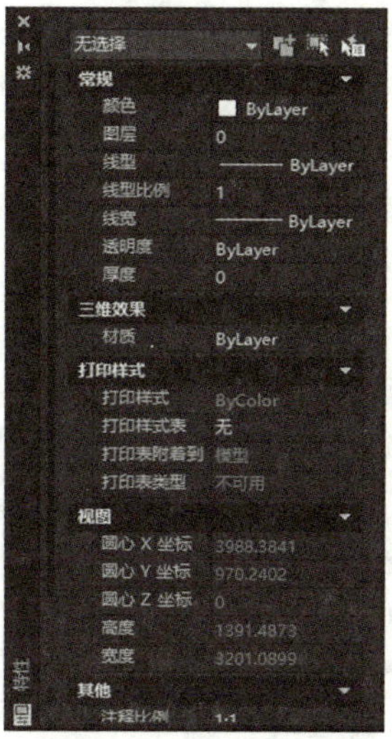

图 1-74　“特性”选项板

1.2.6.3　控制图层

(1)切换当前图层　不同的图形对象需要绘制在不同的图层中。这就要求在绘制前先要将工作图层切换到所需的图层。打开“图层特性管理器”对话框，从中选择需要的图层，然后单击“当前”按钮即可。

(2)删除图层　在“图层特性管理器”对话框的图层列表框中选择要删除的图层，单击“删除”按钮，即可删除该图层。从图形文件定义中删除选定的图层，只能删除未参照的图层。参照图层包括图层 0 及 DEFPOINTS。包含对象(包括块定义中的对象)的图层、当前图层和依赖外部参照的图层，不包含对象(包括块定义中的对象)的图层、非当前图层和不依赖外部参照的图层都可以删除。

(3)关闭/打开图层　在“图层特性管理器”对话框中单击图标，可以控制图层的可见性。图层打开时，图标呈鲜艳的颜色，该图层上的图形可以显示在屏幕上或绘制在绘图仪上。单击该图标，使其呈灰暗色时，该图层上的图形将不显示在屏幕上，而且不能被打印输出，但仍然作为图形的一部分保留在文件中。

(4)冻结/解冻图层　在“图层特性管理器”对话框中单击图标，可以冻结图层或将图层解冻。图标呈雪花灰暗色时，表示该图层是处于冻结状态；图标呈太阳鲜艳色时，表示该图处于解冻状态。冻结图层上的对象不能显示，也不能打印，同时也不能编辑、修改该图层上的图形对象。在冻结图层后，该图层上的对象不影响其他图层上对象的显示和打印。

(5)锁定/解锁图层　在“图层特性管理器”对话框中单击图标，可以锁定图层或将图层解锁。锁定图层后，该图层上的图形依然显示在屏幕上并可打印输出，同时可以在该图层上绘制新的图形对象，但用户不能对该图层上的图形进行编辑、修改操作。由此可以看出，其目的就是防止对图形的意外修改。可以对当前层进行锁定，也可以对锁定图层上的图形进行查询和对象捕捉。

(6)打印样式　在 AutoCAD 2022 中,可以使用一个称为“打印样式”的新的对象特性。打印样式主要用于控制对象的打印特性,包括颜色、抖动、灰度、笔号、虚拟笔、淡显、线型、线宽、线条端点样式、线条连接样式和填充样式等。打印样式为用户提供了很大的灵活性,因为用户可以设置打印样式来替代其他对象特性。当然,也可以根据用户需要关闭这些替代设置。

(7)打印/不打印　在“图层特性管理器”对话框中单击🖨图标,可以设定打印时该图层是否打印,以在保证图形显示可见不变的条件下控制图形的打印特征。打印功能只对可见的图层起作用,对于已经被冻结或被关闭的图层不起作用。

(8)新视口冻结　在新布局视口中可冻结选定图层。例如,在所有新视口中冻结 DIMENSIONS 图层,将在所有新创建的布局视口中限制该图层上的标注显示,但不会影响现有视口中的 DIMENSIONS 图层。如果以后创建了需要标注的视口,则可以通过更改当前视口设置来替代默认设置。

【课堂讨论】

1.手工绘图图板与丁字尺如何配合使用,各有什么作用?

2.AutoCAD 工作界面由哪些部分组成?

【能力训练】

1.用 2B 铅笔绘制实线(粗线、中粗线、细线)与虚线(粗线、中粗线、细线)。

2.用直线命令绘制下面图形。

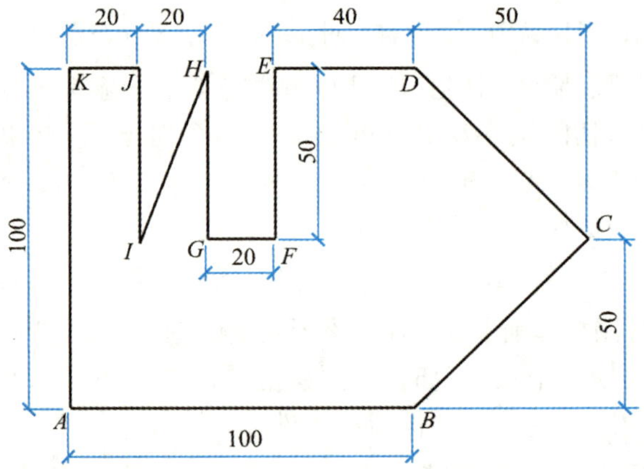

3.使用圆弧命令绘制下面图形。

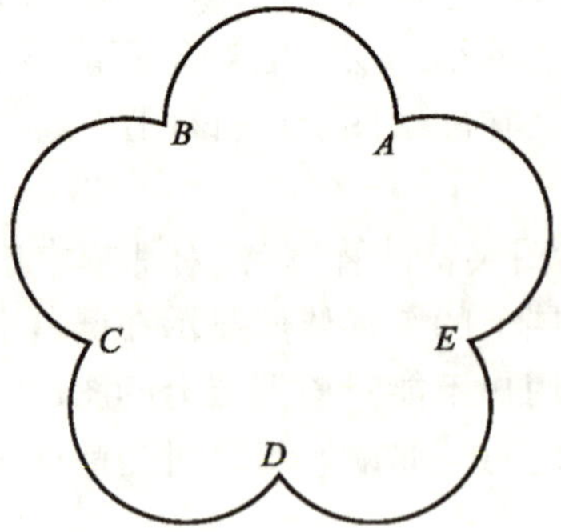

4.使用倒角命令绘制下面图形。

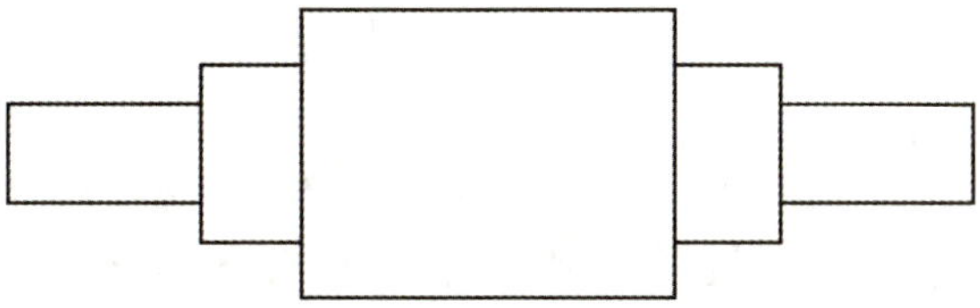

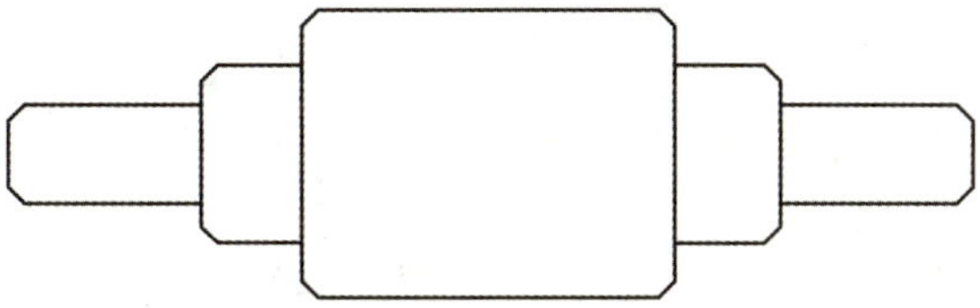

任务 1.3　投影基础知识

【学习任务】

1.熟悉正投影的投影规律。

2.熟悉三面正投影的画法。

3.正确识读建筑形体的三面投影。

4.注重细节的习惯养成,引导学生认真学习,锐意进取,树立正确的人生观。

1.3.1　投影形成与分类

当光线照射物体时,物体在地面上会产生影子,当照射方式和位置发生改变时,影子的位置、形状也会发生改变。从这些现象我们发现,光线、物体、影子之间存在一定的对应关系,人们将这种关系加以抽象分析和科学总结产生了投影原理,并由此产生用某种平面图形来表达空间形体的概念。而在平面上绘出投影图以表示其形状大小的方法,称为投影法,如图 1-75 所示。

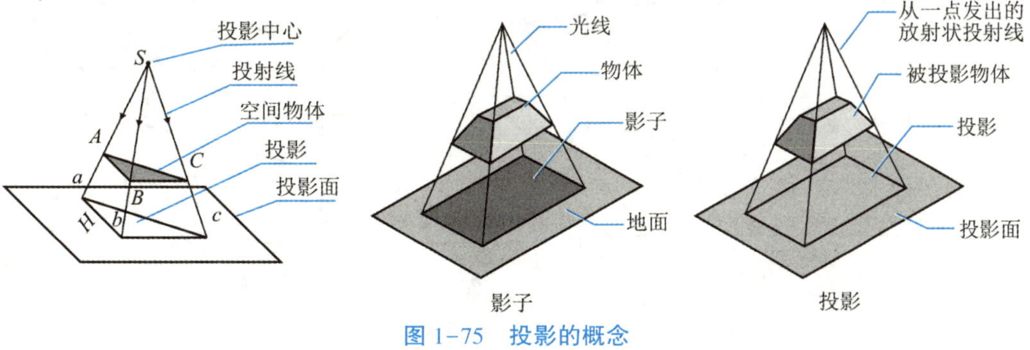

图 1-75　投影的概念

投影法可依据投影中心的位置及投射线与投影面的关系不同分为中心投影法和平行投影法。

1.3.1.1 中心投影法

光源由一点发出，光线光芒四射照射到物体上产生投影的方法称为中心投影法，如图 1-76 所示。此投影法产生的投影直观性较强，富有真实感，主要用于建筑透视图，如图 1-77 所示。

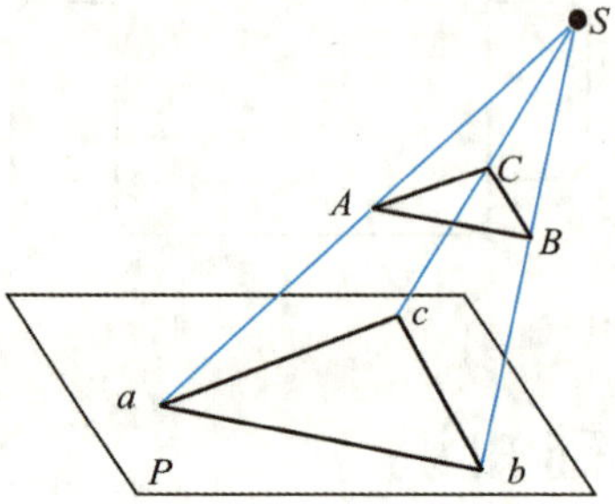

图 1-76　中心投影法

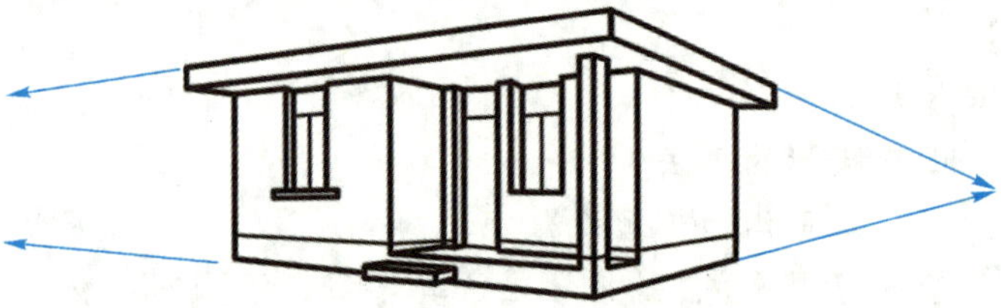

图 1-77　透视图

1.3.1.2 平行投影法

平行投影法是指当投影中心点移到无限远处时，投射线即可看成相互平行的一组射线。投射线互相平行照射到物体上产生的投影称为平行投影，根据投射线与投影面的位置关系，平行投影又可分为斜投影和正投影，见图 1-78。

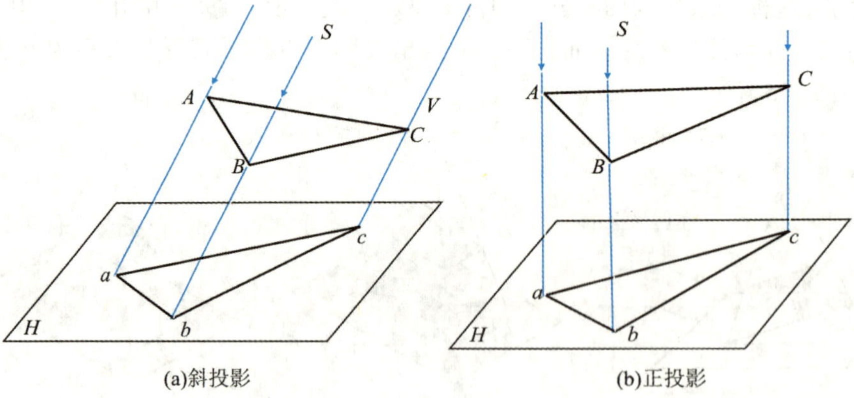

图 1-78　平行投影

一般的施工图都是按照正投影的概念绘制的。正投影即假设投射线与投影面是垂直关系，能真实表达空间物体的形状和大小。其中标高投影是带有数字的正投影图，在测量工程和建筑工程中常用标高投影表示高低起伏不平的地面，如图 1-79 所示。

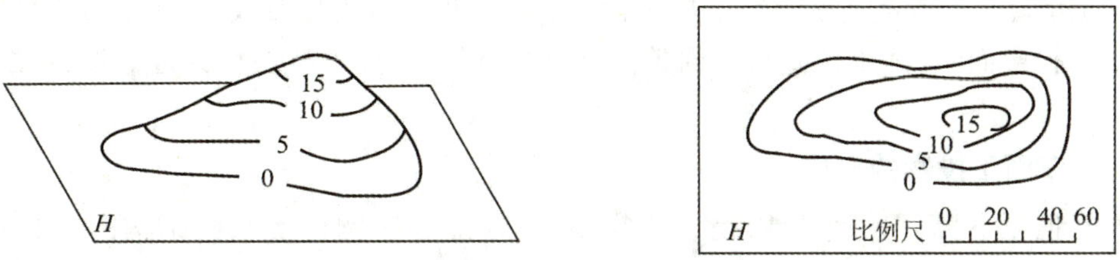

(a)立体图　　(b)投影图

图 1-79　标高投影

斜投影是指投射线与投影面倾斜的平行投影，主要用于绘制有立体感的图形、轴测图等，见图 1-80。

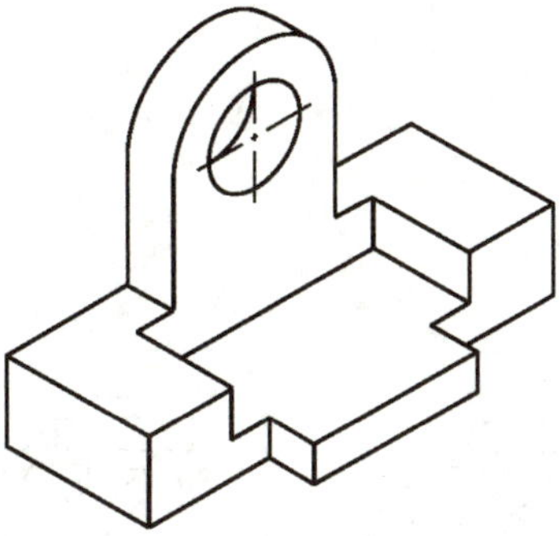

图 1-80　轴测图

1.3.2　三面正投影图

由于正投影有反映实长、实形的特性，便于用来表示形体的真实形状和大小。因此，大多数的工程图样都采用三面正投影法来绘制。

1.3.2.1　投影的特性

正投影是平行投影的一种，由于空间直线和平面对投影面所处的位置不同，其投影有以下几种性质。

(1)真实性　当直线段平行于投影面时，其投影与直线段等长；当平面平行于投影面时，其投影与平面全等，即直线段的长度和平面的大小可以从投影面中直接度量出来，这种特性称为真实性，见图 1-81(a)。

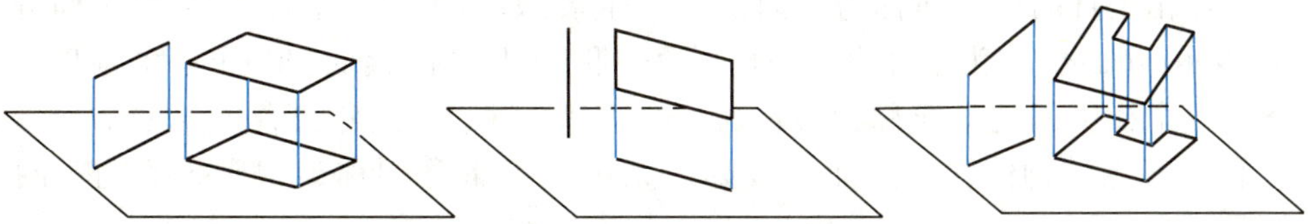

(a)　　(b)　　(c)

图 1-81　正投影法的基本特性

(2)积聚性　当直线段垂直于投影面时,其正投影积聚成一点。当平面垂直于投影面时,其正投影积聚成一条直线。这种特性称为积聚性,这种投影称为积聚投影,见图 1-81(b)。

(3)近似性　当直线段倾斜于投影面时,其正投影仍然是直线段,但比实长短;当平面倾斜于投影面时,其正投影与平面类似,但比实形小。这种特性称为近似性,见图 1-81(c)。

1.3.2.2　三面正投影的形成

通常情况下,只用一个投影是无法完整、清晰地表达物体形状和结构的,如图 1-82 所示四个不同形状的物体,在某个投影方向的投影完全相同,但是四个物体的空间结构却不相同。如图 1-83 所示,即使两面投影,也会出现投影相同但物体空间结构却不相同的情况。因此一个或两个投影都不能确定物体的形状,必须建立一个投影体系,将物体同时向几个投影面投影,用多个投影图来表达物体的形状。

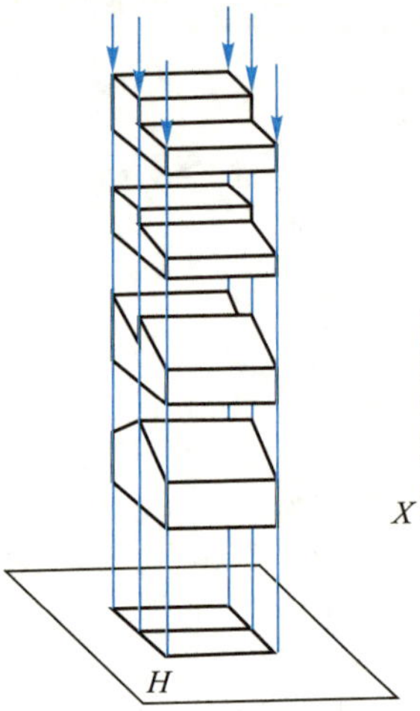

图 1-82　单面投影

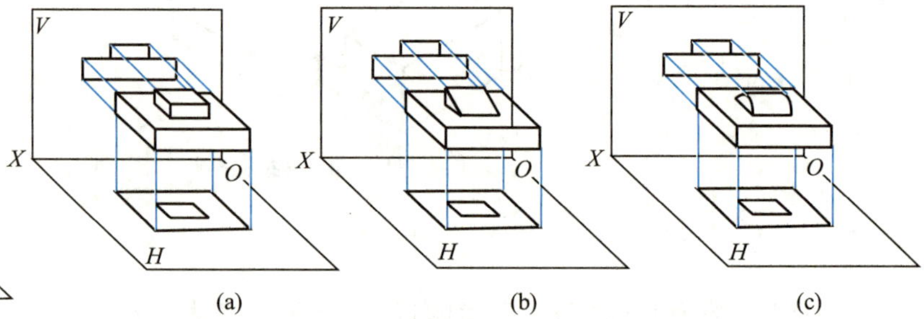

图 1-83　两面投影

一般来说,用三个互相垂直的平面作投影面,用物体在这三个投影面上的三个投影,就能充分地表示出这个物体的空间形状。这三个投影图之间既有联系,又有区别,从图 1-84可以看出三面正投影图具有以下特征:俯视图(*H* 面)能反映出物体的上面形状,物体的长度、宽度以及前后、左右的位置关系。主视图(*V* 面)能反映出物体的前面形状,物体的高度、长度以及上下、左右的位置关系。左视图(*W* 面)能反映出物体的左侧面形状,物体的高度、宽度以及上下、前后的位置关系。

三个互相垂直的投影面称为三面正投影体系,如图 1-85 所示,三个投影面分别用 *H*、*V*、*W* 表示,*H* 面也称为水平投影面,*V* 面也称为正立投影面,*W* 面也称为侧立投影面。任意两个投影面的交线称为投影轴,分别用 *X* 轴、*Y* 轴、*Z* 轴表示。三个投影轴的交点 *O* 称为原点。物体在这三面正投影体系中的投影分别称为水平投影、正面投影、侧面投影。

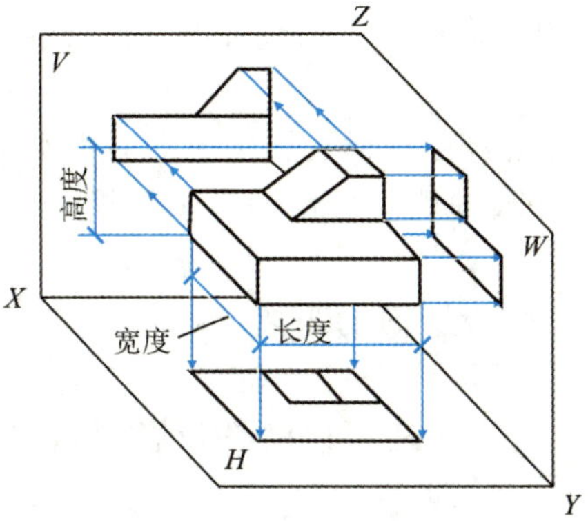

图 1-84　三面正投影图的形成

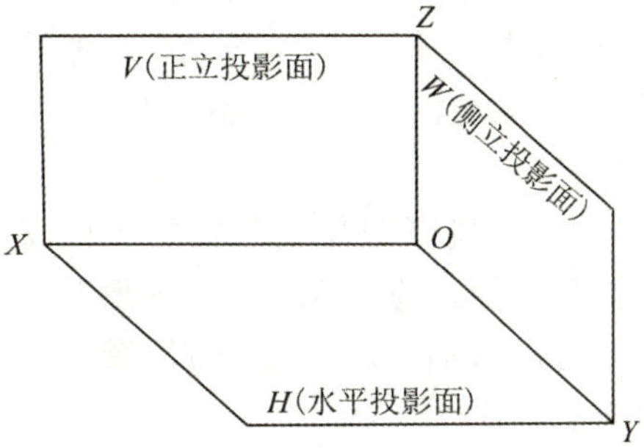

图 1-85　三面正投影体系

1.3.2.3　三面正投影的展开

为保证三个投影面在同一平面，现将投影面进行旋转，规定如下：V 面保持不动，H 面向下旋转 90°，W 面向右旋转 90°，如图 1-86 所示，将三个投影面展开，三个投影轴成了两条相交的直线；原 X、Z 轴位置不变，原 Y 轴则分成 Y_H 和 Y_W 两条轴线，这样，就得到了位于同一平面上的三个正投影图，形成了在同一平面上的三面投影，如图 1-87 所示，因为投影面的边框及投影轴与表示物体的形状无关，所以在绘制工程图样时可不予绘出。在画物体的三面正投影图时，物体的可见轮廓线用实线绘制，不可见轮廓线用虚线绘制。

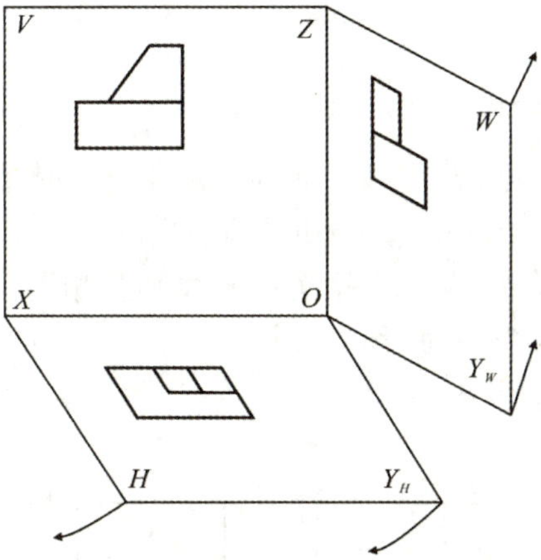

图 1-86　投影体系展开方法

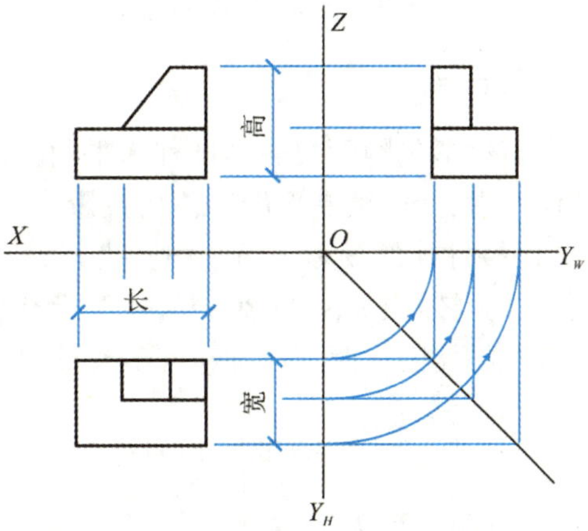

图 1-87　投影体系展开结果

1.3.2.4　三面正投影图的投影规律

从以上三面正投影图中分析可知，V 面、H 面投影左右对齐，并同时反映形体的长度（长对正）。V 面、W 面上下对齐，并同时反映形体的高度（高平齐）。H 面、W 面前后对齐，并同时反映形体宽度（宽相等），如图 1-87 所示。

1.3.2.5　三面正投影图的画图方法

熟练掌握物体三面正投影图画法是绘制和识读工程图的重要基础，如图 1-88 所示。

（1）先画出水平和垂直相交线，表示投影面。

(2)根据“三等”关系，正立投影图和水平投影图作铅垂线——长对正，正立投影图和侧立投影图作水平线——高平齐。

(3)作图时先从 O 点作一条向右下斜的 45°线，然后在水平投影图上向右引水平线，交到 45°线后再向上引铅垂线，把水平投影图的宽反映到侧立投影中。水平投影和侧面投影宽相等。

(4)三个投影图与投影轴的距离反映物体的三个投影面的距离，制图时，只要求各投影图之间的相应关系正确，图形与轴线的距离可以灵活安排。在实际工程图中，一般不画出投影轴，各投影图的位置也可以灵活安排，有时还可以将各投影图画在不同的图纸上。

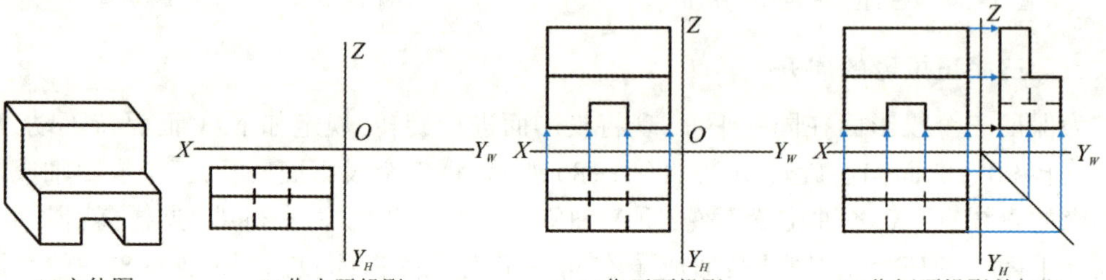

(a)立体图　(b)作水平投影　(c)作正面投影　(d)作侧面投影并加深

图 1-88　三面正投影图的绘图步骤

1.3.3　基本体的三面正投影图

1.3.3.1　平面立体

组合体投影

由多边形包围而成的立体称为平面立体。由于点、直线和平面为构成平面立体表面的几何元素，因此绘制平面立体的投影，归根结底是绘制点、直线和平面的投影。

(1)棱柱体的投影　两个相互平行且全等，其余每两个相邻面的交线都互相平行的平面体称为棱柱，如图 1-89所示。平行且全等的两个平面，称为棱柱的底面；其余的面，称为棱柱的棱面。两个相邻棱面的交线，称为棱线。

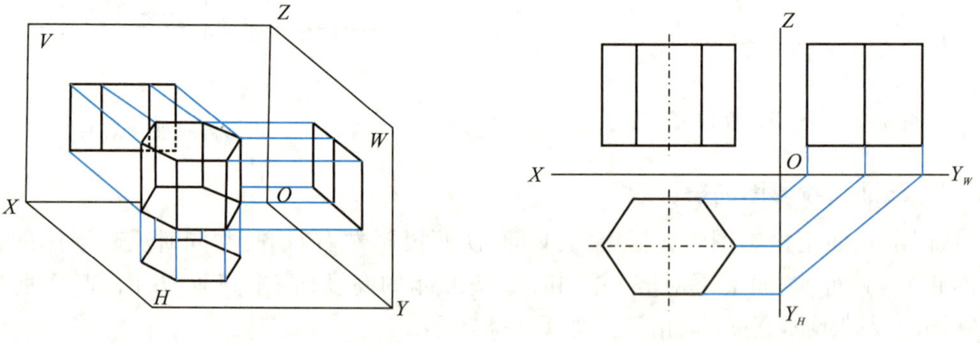

(a)　(b)

图 1-89　六棱柱的投影图

图 1-89(a)是一个正六棱柱向三个投影面上投影的空间情况。为了画图方便直观，

常使六棱柱的底面平行于 H 面，前后两棱面平行于 V 面，则其他棱面均为铅垂面。

图 1-89(b)是六棱柱的三面投影图。由投影面平行面的平行特性可知：上下底面的水平投影反映实形(正六边形)，顶面投影可见，底面投影不可见，正面投影、侧面投影积聚成一条直线；前后两棱面是正平面，正面投影反映实形，前棱面投影可见，水平投影、侧面投影积聚成直线；六棱柱的另外四个棱面均为铅垂线，水平投影积聚，正面投影、侧面投影都是其类似形，正面投影前面的三个棱面可见，侧面投影左面的两棱面可见。

六棱柱的六条棱线为铅垂线，在 H 面积聚；顶面和底面的四条边为侧垂线，另外八条边为水平线。

(2)棱锥的投影　图 1-90 是一个正三棱锥的直观图和投影图。该三棱锥底面为一水平面，左、右两棱面为一般位置平面，后棱面是侧垂面，还应注意到中间棱线是侧平线。

在 H 面投影中，外围三角形反映底面实形，三个小三角形分别是三个棱面的近似形；在 V 面投影中，外围三角形是后棱面的近似形，后棱面被前两个棱面遮挡住；在 W 面投影中，后棱面是侧垂面，其投影积聚为一条直线。

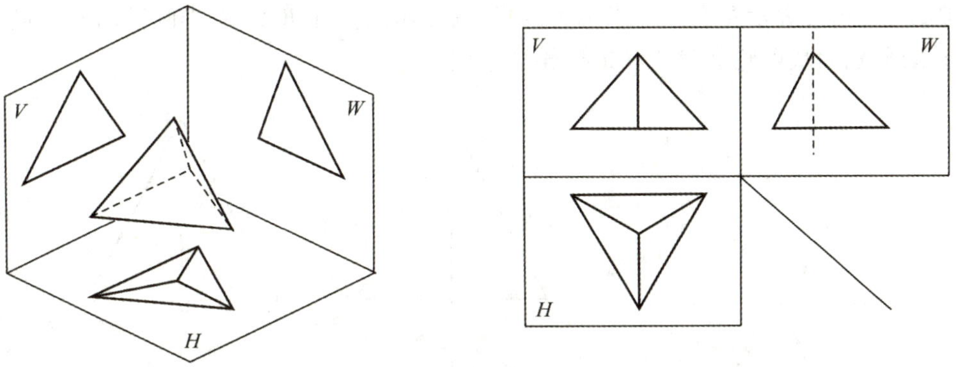

(a)直观图　(b)投影图

图 1-90　三棱锥的投影

1.3.3.2　曲面体的投影

在建筑工程中，常常遇到各类圆形柱子、球形屋顶等，因此，掌握曲面体的投影作图，在建筑制图中十分必要。

(1)圆柱的投影　两条相互平行的直线，以一条为轴线，另一条为母线，母线绕轴线回转一周即可得到圆柱面。由圆柱面和上下底面围成的形体就是圆柱体。图 1-91 给出了圆柱体的三面投影，在 H 面投影中，圆平面表示上下两底面的实形，圆周曲线是圆柱曲面的积聚投影。在 V 面投影中，矩形表示前后两个半圆柱面的投影，前半圆柱面可见，后半柱面不可见，左右两条直线分别称为最左轮廓素线和最右轮廓素线。在 W 面投影中，矩形表示左右两个半圆柱面的投影，左半柱面可见，右半柱面不可见，前后两条直线分别称为最前轮廓素线和最后轮廓素线。

(2)圆锥的投影　两条相交的直线，以一条为轴线，一条为母线，母线绕轴线回转一周即可得到圆锥面。由圆锥面和底面组成的形体就是圆锥体。图 1-92 给出了圆锥体的三面投影，在 H 面投影中，圆平面表示圆锥面和底面的投影，由此可见，圆锥面无积聚性，

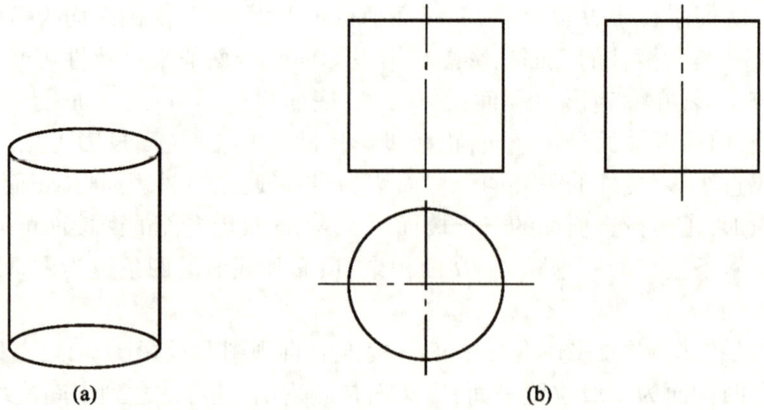

图 1-91 圆柱体的投影

圆锥面可见,底面不可见。在 *V* 面投影中,三角形表示前后两个半圆锥面的投影,前半圆锥面可见,后半圆锥面不可见;左右两条直线分别为最左轮廓素线和最右轮廓素线。在 *W* 面投影中,三角形表示左右两个半圆锥的投影,左半圆锥面可见,右半圆锥面不可见,前后两条直线分别为最前轮廓素线和最后轮廓素线。

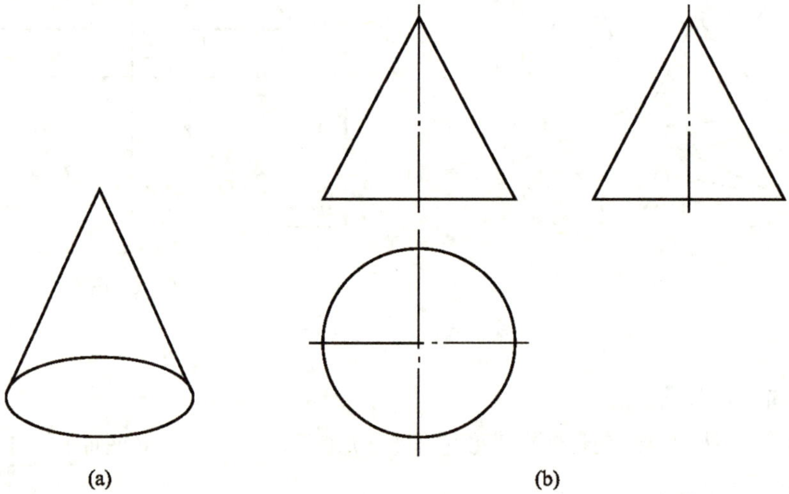

图 1-92 圆锥的投影

(3)球的投影　球的表面可看作是一个圆绕着圆本身的一条直径旋转而成的。图 1-93给出了球的三面投影,三个投影的轮廓均为同样大小的圆。但要注意,它们不是同一个圆的投影。在 *H* 面投影中,平面表示上下两个半球面的投影,上半球可见,下半球不可见,圆周曲线为平行于 *H* 面轮廓素线的显实投影。在 *V* 面投影中,圆平面表示前后两个半球的投影,前半球面可见,后半球面不可见,圆周曲线为平行于 *V* 面轮廓素线的显实投影。在 *W* 面投影中,圆平面表示左右两个半球的投影,左半球面可见,右半球面不可见,圆周曲线为平行于 *W* 面轮廓素线的显实投影。

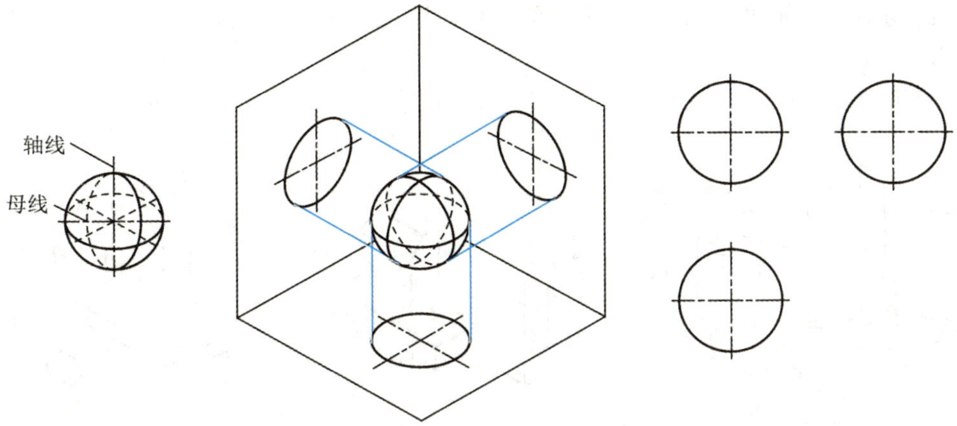

(a)球面的形成　　(b)直观图　　(c)投影图

图 1-93　球的投影

1.3.4　组合体的投影

组合体是指该物体由两个及两个以上的基本形体组合而成。我们日常见到的建筑物或其他工程形体,都是由简单的基本形体所组成的。如图 1-94 所示的现代风格的高层建筑,是由四棱台、圆柱体、长方体、球体等组合而成的。下面主要介绍组合体投影图的画法及识图。

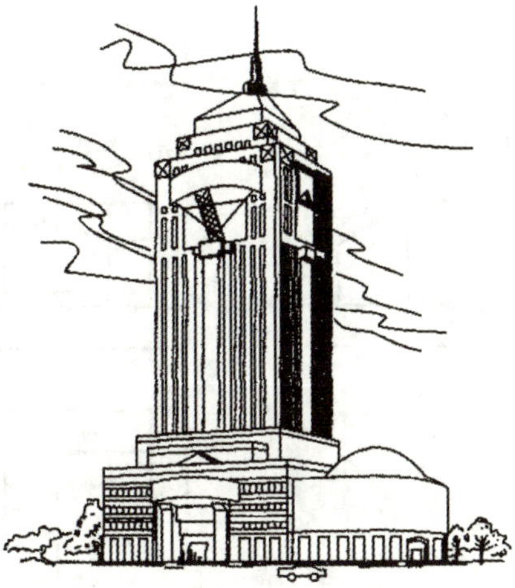

图 1-94　某高层建筑

1.3.4.1　组合体投影图的画法

组合体从空间形态上看,要比前面所学的基本形体复杂。但是,经过观察也能发现它们的组成规律,它们一般由三种组合方式组合而成。作组合体的投影图,首先要熟悉组合体的组合方式,然后再根据组合方式来作投影图。

(1)叠加式　如图 1-95(a)所示,该组合体由三个长方体叠加而成。

(2)切割式　如图 1-95(b)所示,该形体是由大的四棱柱体,再经过切割掉两个小四棱柱体而形成的切割体。

(3)混合式　如图 1-95(c)所示,该组合体既有叠加又有切割。

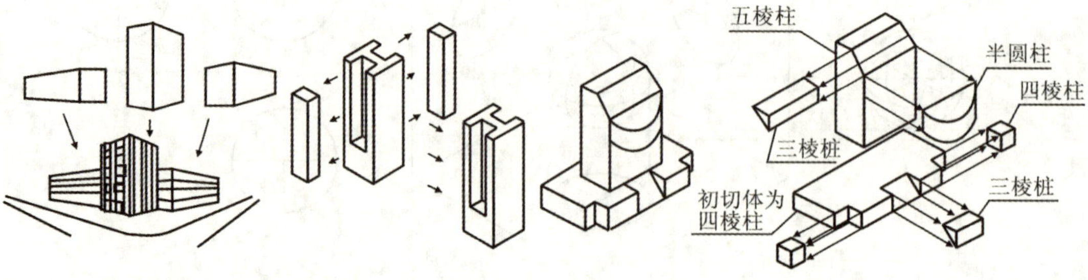

(a)叠加式　(b)切割式　(c)混合式

图 1-95　组合方式

例:建筑形体投影图的画法步骤,如图 1-96 所示。

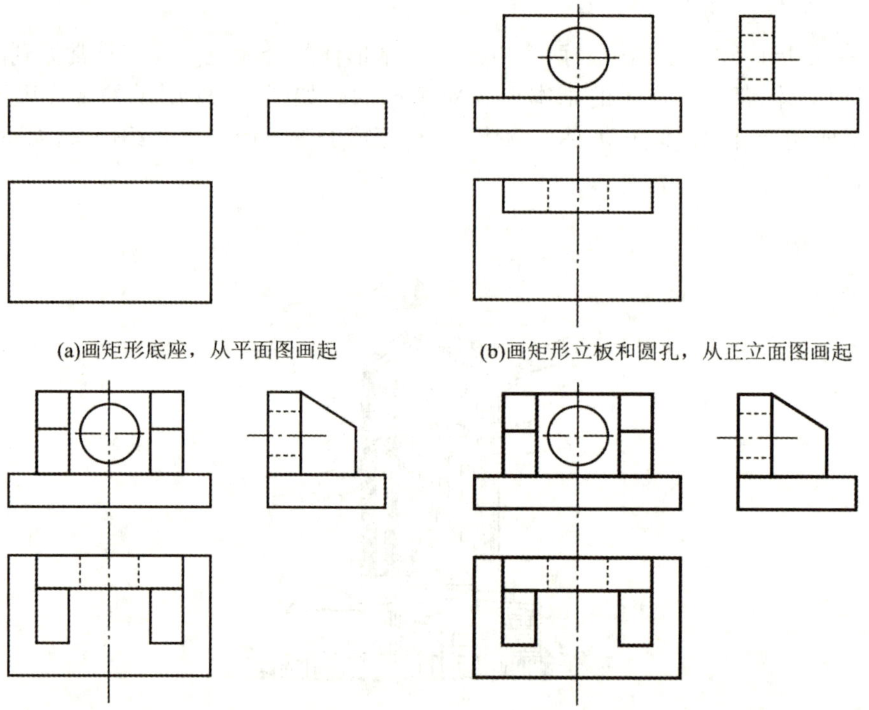

(a)画矩形底座,从平面图画起　(b)画矩形立板和圆孔,从正立面图画起

(c)画两块梯形侧板,从左侧立面图画起　(d)检查底稿,加深图线

图 1-96　建筑形体投影图的画法

1.3.4.2　形体的尺寸标注

(1)平面体的尺寸标注　集中标注在一至两个投影图上,长宽一般标注在平面图上,高度尺寸标注在正立面图上,如图 1-97(a)、(b)、(d)所示。

(2)曲面体的尺寸标注　曲面体的尺寸标注和平面体的尺寸标注相同,只要标注出

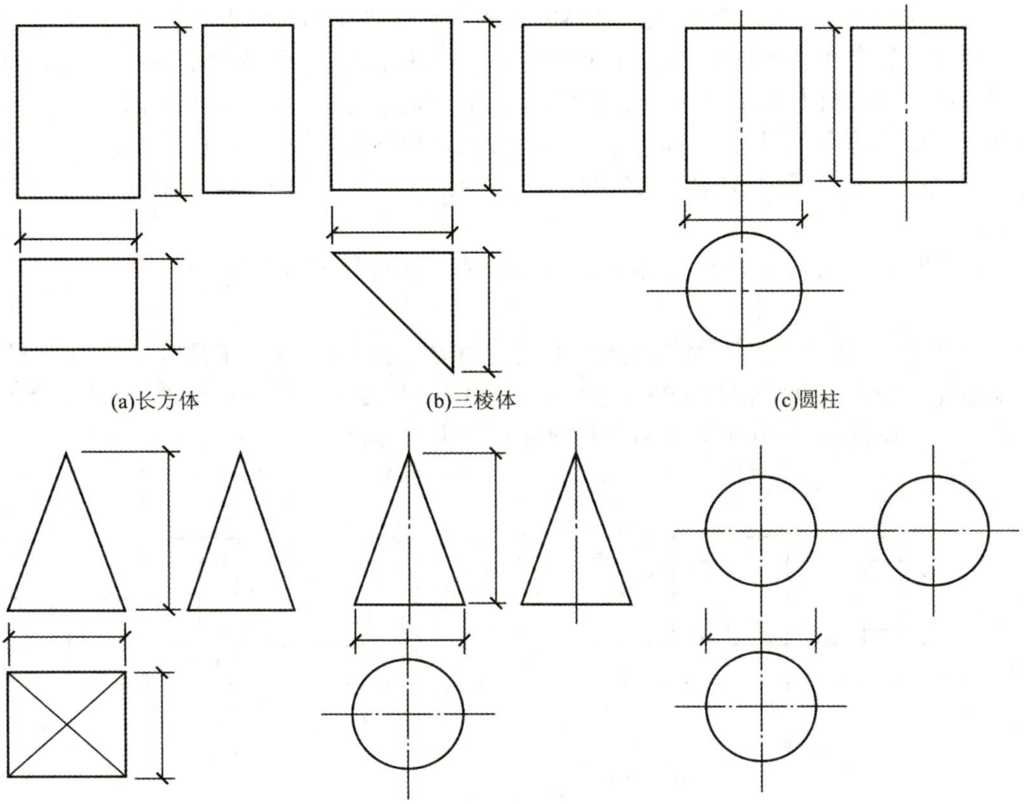

(a)长方体　(b)三棱体　(c)圆柱

(d)四棱锥　(e)圆锥　(f)球体

图 1-97　基本几何体的尺寸标注

直径和高即可，如图 1-97(c)、(e)、(f)所示。

(3)组合体的尺寸标注　标注组合体投影图的尺寸，首先要熟悉组合体尺寸的组成及其标注方法，如图 1-98所示。

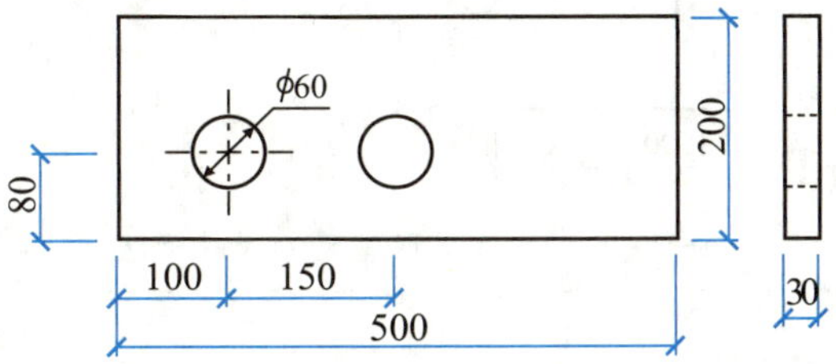

图 1-98　组合体的尺寸标注

组合体的尺寸一般由定型尺寸、定位尺寸和总尺寸三部分组成。下面举例介绍尺寸的组成。

1)定型尺寸。用以确定构成组合体的各基本几何体大小的尺寸称为定型尺寸。

如图 1-98 所示，钢板上的两个圆孔的定型尺寸是 $\phi60$，钢板的定型尺寸是 500 mm、30 mm、200 mm。

2)定位尺寸。用以确定构成组合体的各基本形体之间相对位置的尺寸,称为定位尺寸。标注定位尺寸要有基准,如图 1-98 所示,左边圆孔以左端面为基准,X 向的定位尺寸为 100 mm,以底面为基准,Z 向的定位尺寸为 80 mm;右边圆孔以左边圆孔垂直中心线为基准,X 向的定位尺寸为 150 mm,以底面为基准,Z 向的定位尺寸为 80 mm。

在此应注意,一般回转体的定位尺寸应标注到回转体的轴线上,不能标注到孔的边缘。

3)总尺寸。用以确定组合体的总长、总宽和总高的尺寸称为总尺寸,如图 1-99 所示。

当基本几何体的定型尺寸与组合体的总尺寸数字相同时,两者的尺寸合二为一,不必重复标注。如图 1-98 所示,500 mm、30 mm、200 mm 既是钢板的定型尺寸,也是组合体的总尺寸。试识读图 1-99 中肋式杯形基础尺寸标注的组成。

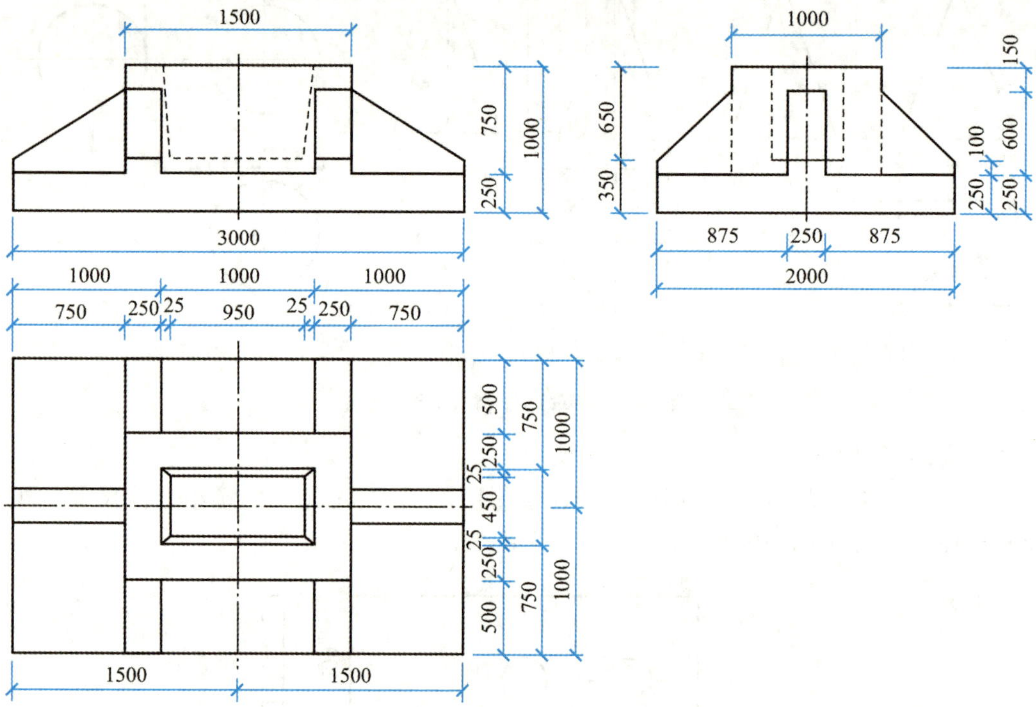

图 1-99　肋式杯形基础的尺寸标注

1.3.5　轴测图

1.3.5.1　轴测图的形成

基本体的正投影一般要用两个或两个以上的正投影图来表达其形状,每个投影图只反映两个尺度,识读时,须把两个或两个以上的正投影图联系起来才能想象出空间形状。所以,正投影虽然具有能够完整、准确地表达形体形状的特点,但其图形的直观性差,识读较难。为了便于读图,在工程图中常用一种富有立体感的投影图来表示形体,作为辅助图样,如图 1-100 所示。

如图 1-101 所示,在作形体投影图时,选取适当的投影方向将物体连同确定物体长、宽、高三个尺度的直角坐标轴用平行投影的方法一起投影到一个投影面(轴测投影面)上所得到的投影,称为轴测投影。应用轴测投影的方法绘制的投影图叫作轴测图。

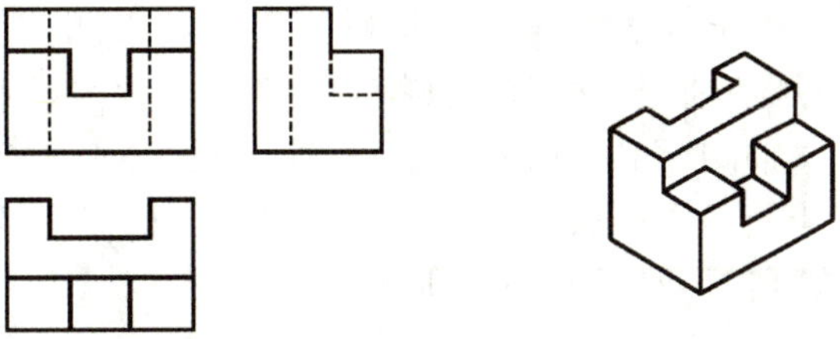

(a)正投影图　　　　(b)轴测图

图 1-100　形体的正投影图和轴测图

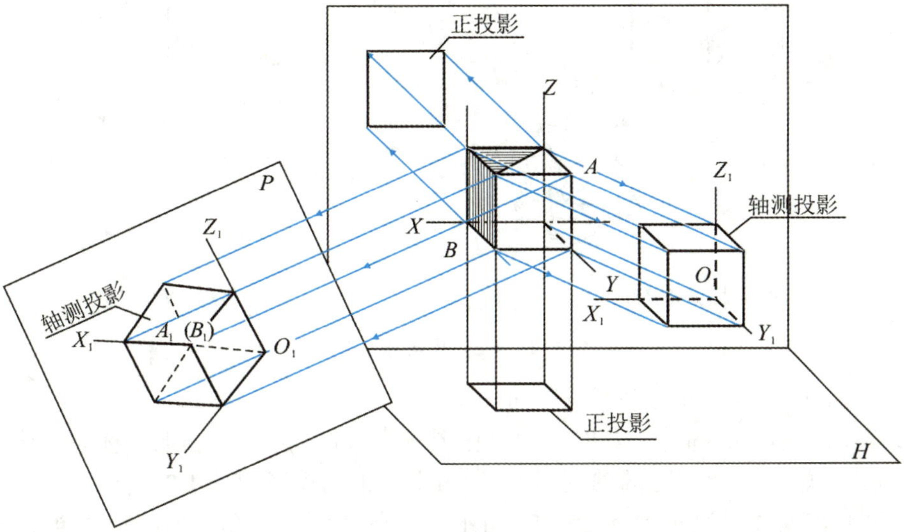

图 1-101　正方体的正投影和轴测投影

1.3.5.2　轴测投影的基本性质

(1)空间相互平行的直线,它们的轴测投影依然互相平行。

(2)空间相互平行的直线段长度之比等于其轴测投影长度之比。

1.3.5.3　轴测投影的术语

确定物体长、宽、高三个尺度的直角坐标轴 OX、OY、OZ 在轴测投影面上的投影分别用 O_1X_1、O_1Y_1、O_1Z_1 来表示,叫作轴测轴。轴测轴之间的夹角 $\angle X_1O_1Y_1$、$\angle X_1O_1Z_1$、$\angle Y_1O_1Z_1$ 称为轴间角,且三个轴间角之和为 360°。

在轴测投影中,平行于空间坐标轴方向的线段,其投影长度之比与其空间长度之比相同。

轴向伸缩系数,分别用 p、q、r 表示,指直角坐标的轴测投影的单位长度与相应直角坐标轴上单位长度的比值。

$$p=\frac{O_1X_1}{OX}\qquad q=\frac{O_1Y_1}{OY}\qquad r=\frac{O_1Z_1}{OZ}$$

1.3.5.4 轴测投影的分类

轴测投影属于平行投影，当形体斜放，投射线与轴测投影面垂直时的投影为正轴测投影；当形体正放，即当物体两个坐标轴与轴测投影面平行，投射线与轴测投影面倾斜时的投影为斜轴测投影。其中，正等轴测、斜二测轴测（简称斜二测）投影是工程上常用的轴测投影。工程上常用的几种轴测投影都有其特有的轴向伸缩系数和轴间角。轴测投影必须沿着轴测轴来测量。"轴测"两字的命名就是从这里来的，表示沿轴测量的意思。

（1）正等轴测图　当三条坐标轴与轴测投影面夹角相等时，所作的正轴测投影图称为正等轴测图，简称正等测图，如图 1-102 所示。

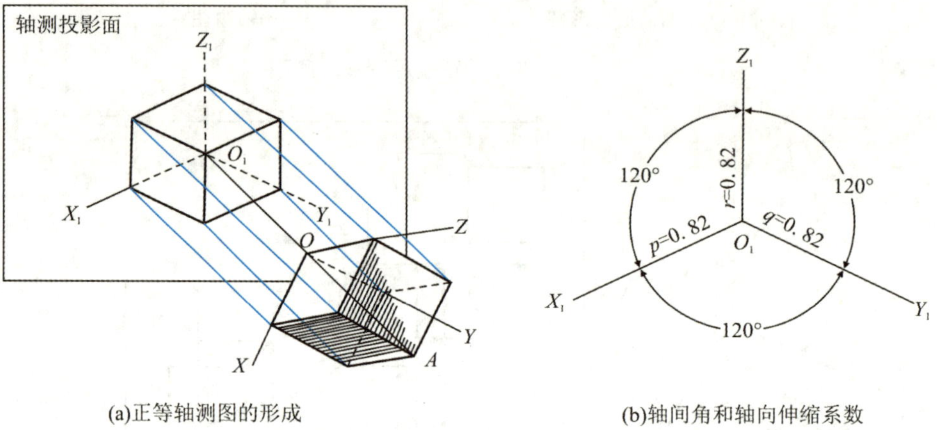

(a)正等轴测图的形成　　(b)轴间角和轴向伸缩系数

图 1-102　正等轴测图

由于三个直角坐标轴与轴测投影面夹角相等，所以正等测图的三个轴间角相等，即为 120°，其轴向变形系数约等于 0.82。为了作图方便，常用 $p = q = r = 1$，称为简化系数，用简化系数作的轴测图比实际的轴测图大，约为实际轴测投影图的 1.22 倍。

作图时，经常将轴测轴 O_1X_1、O_1Y_1 与水平线各成 30° 夹角，O_1Z_1 轴则为铅垂线，如图 1-103 所示。

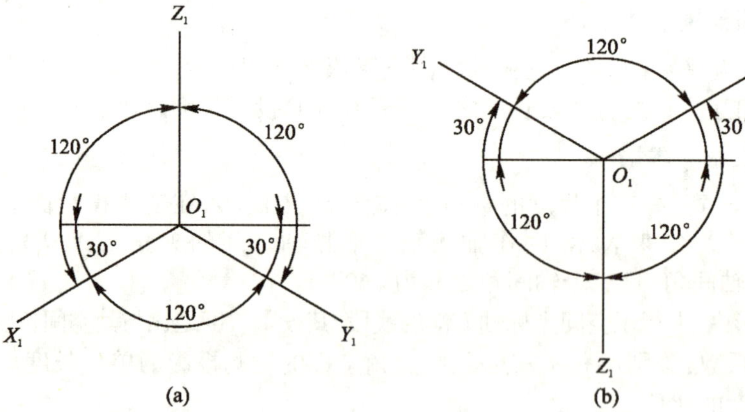

图 1-103　正等测图轴测轴的画法

(2)斜二测图　斜二测图也叫作正面斜轴测图。当形体的 OX 轴和 OZ 轴所确定的平面平行于轴测投影面,投影线方向与轴测投影面倾斜成一定角度时,所得到的轴测投影称为斜二测图,如图 1-104 所示。斜二测的轴测轴与水平线的夹角为 135°,它既可以向右画,也可以向左画,如图 1-105 所示。

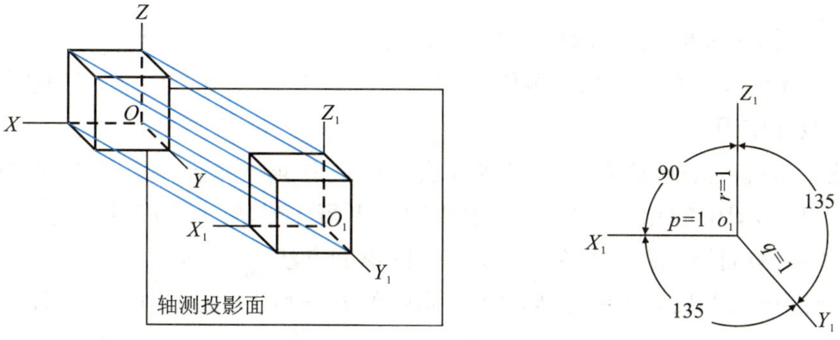

(a)斜二测轴测投影的形成　(b)斜二测轴测投影的轴间角和轴向伸缩系数

图 1-104　斜二测轴测投影

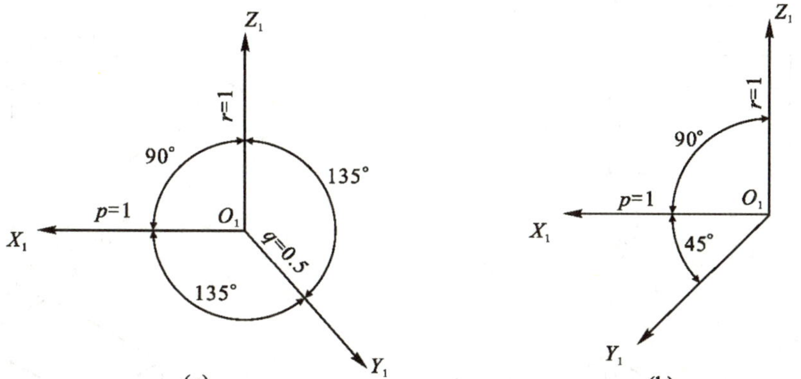

(a)　(b)

图 1-105　斜二测图轴测轴的画法

斜二测图的轴间角,$\angle X_1O_1Y_1 = \angle Y_1O_1Z_1 = 135°$、$\angle X_1O_1Z_1 = 90°$。由于 OX 与 OZ 轴平行于轴测投影面,所以其轴测投影 O_1X_1 与 O_1Z_1 的长度不发生变化,即 $p = r = 1$, $q = 0.5$。

1.3.5.5　轴测图的画法

(1)基本作图步骤

1)作轴测投影图之前,首先应了解所画物体的实际形状和特征。

2)要观看实物,研究从哪个角度才能把物体表现清楚,可以根据实际需要选择俯视、正视、从左看或从右看等。观看角度选好后,将物体置于一空间直角坐标系中,即选定物体的空间直角坐标原点 O 的位置和确定坐标轴 OX、OY、OZ 的方向,这些方向通常应与物体的长、宽、高三个主要方向一致。

3）选择轴测轴。为了作图简便，对于正、平直的物体宜采用正轴测投影法；对于形状复杂或带有曲线的物体宜采用斜轴测投影法。

4）选择合适的比例尺，沿轴按比例量取物体的尺寸。

5）根据空间平行线的轴测投影仍平行的特性，确定图线的方向，连接所作的平行线，得轴测图底稿。

6）检查底稿，擦去辅助线，加深轮廓线，完成轴测图。

（2）几种常用的作图方法　画轴测图常用的方法有坐标法、叠加法和切割法等，但往往是几种方法混合使用。

1）坐标法。坐标法是画轴测图的基本方法。它是根据物体表面上各点的空间位置（或物体三面正投影图中的点的坐标），沿轴测轴或平行于轴测轴的直线上进行量度，画出各点的轴测图，然后按位置连接各点画出整个图形的方法。

例：利用坐标法画出长方体的正等测图。画图的方法和步骤如图 1-106 所示。

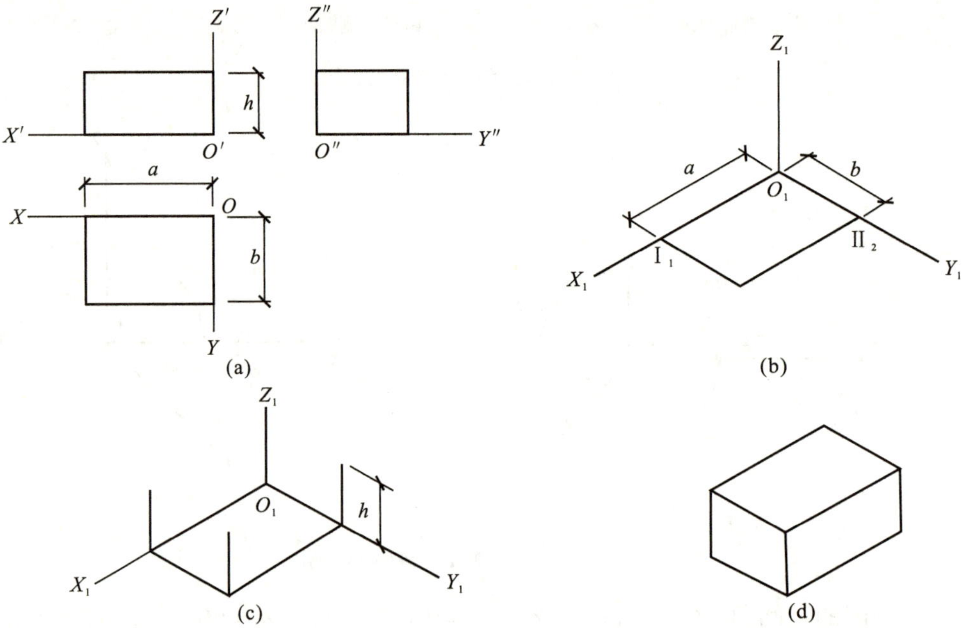

图 1-106　用坐标法作长方体的正等测图

例：利用坐标法画出垫块的斜二测图。画图的方法和步骤如图 1-107 所示。

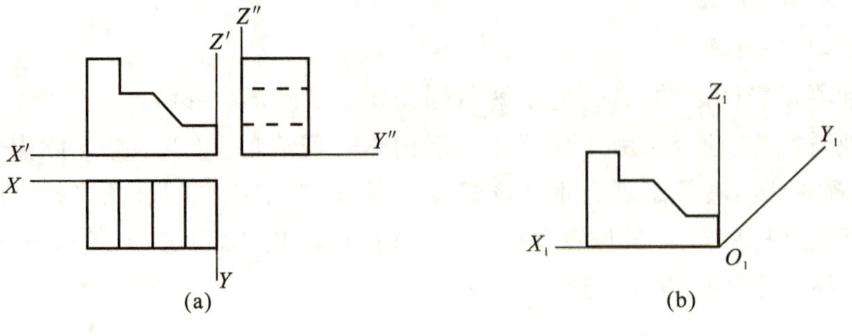

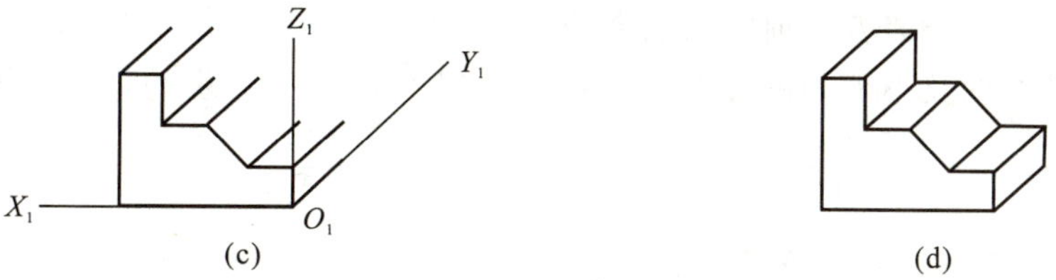

图 1-107　用坐标法作垫块的斜二测图

2)叠加法。一些物体往往是由若干个简单几何体叠加组合而成的,因此在画这类物体的轴测图时,可采用自下而上逐个叠加添画的方法,即先画底部形体,然后以此为基础,在其顶面上画出上部形体的形状,依次逐个叠加,从而完成物体的轴测图。

3)切割法。切割法是将切割式的组合体,视为一个完整的简单几何体,先作它的轴测图,然后将多余的部分切割掉,最后得到组合体的轴测图。

例:已知台阶的正投影图,完成其正等测图。画图的方法和步骤,如图 1-108 所示。

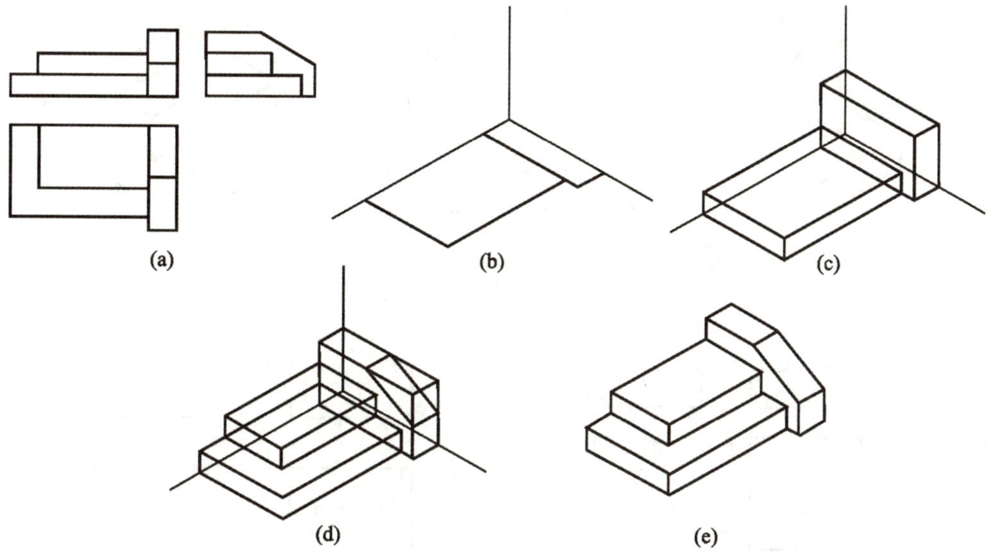

图 1-108　叠加法和切割法作组合体的轴测投影图

①首先分析形体,由正投影图可以看出,该台阶由两个踏步和右侧的挡墙组成,踏步可看作由两个扁平的长方体叠加而成,挡墙则可看作是一个长方体被切去一块三棱柱而形成。因此,画踏步部分的轴测图时,可先画下部一个踏步,再把上面的踏步画上去,这种画法称为叠加法。画挡墙时,可先画出完整长方体,再切去一部分而成,这种画法称为切割法。

②在正投影图上确定空间坐标的位置,本例可将坐标原点放在立体的右、后、下角,见图 1-108(a)。

③按要求或经选择确定绘制轴测图类别,如画正等测图则按正等测轴间角画出轴测轴,并按坐标关系利用简化变形系数画出该台阶水平正投影的轴测图,见图 1-108(b)。

④根据正投影图的高度,画出左侧的第一个踏步及右侧完整挡墙的轴测图,见图 1-108(c)。

⑤在左侧第一个踏步上画出第二个踏步，并切去右挡墙的一部分，见图 1-108(d)。

⑥擦去不可见及不需要的图线，加深需要的图线，完成台阶的正等测图，见图 1-108(e)。

【课堂讨论】

1.正投影图的基本规律和特性是什么？

2.三面正投影是如何展开的？

3.在三面正投影图中，形体的长、宽、高是如何规定的？作三面正投影图时，长对正、宽相等、高平齐关系的含义是什么？

4.什么是定型尺寸和定位尺寸？

【能力训练】

1.画出下列形体的三面正投影。

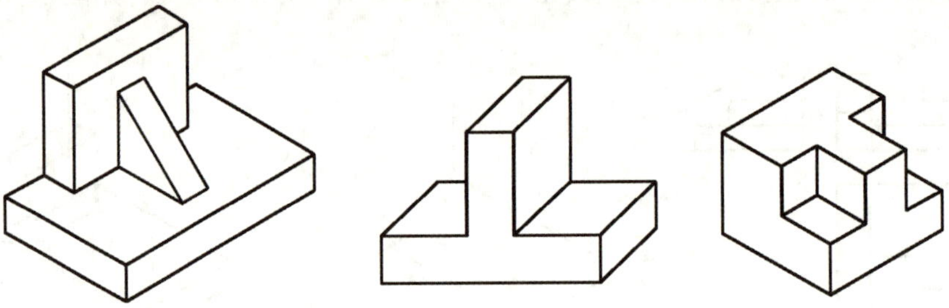

2.画出下面图形的正等轴测图。

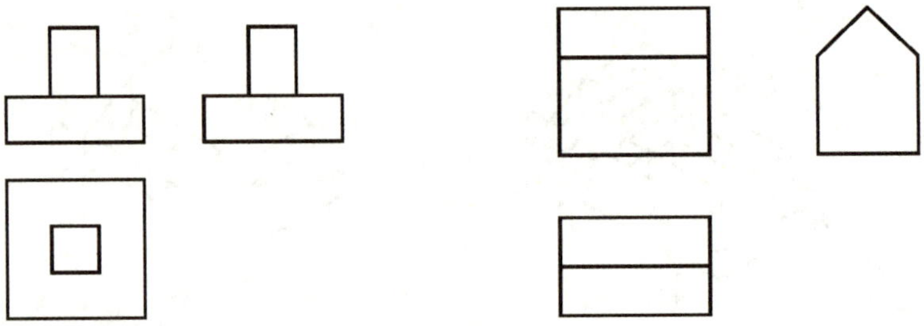

3.画出下面图形正面斜二测图。

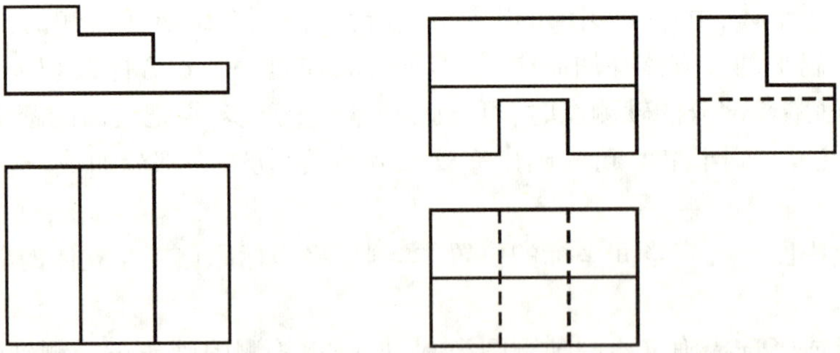

任务1.4　绘制剖面图与断面图

剖面图与断面图

【学习任务】

1.理解剖切符号的含义。

2.能正确绘制剖面图与断面图。

3.剖面图识读内容要具体，明确图例的选择，从而解决实际问题。

1.4.1　概述

在画物体的正投影图时，虽然能表达清楚物体的外部形状和大小，但物体内部的孔洞以及被外部遮挡的轮廓线则需要用虚线来表示。当物体内部的形状较复杂时，在投影中就会出现很多虚线，且虚线相互重叠或交叉，既不便看图，又不利于标注尺寸，而且难以表达出物体的材料。

钢筋混凝土杯形基础，其 *V* 面投影中就出现了表达其杯形空洞的虚线。为此，我们假想用一个剖切平面 *P* 沿前后对称平面将其剖开，如图 1-109 所示，把位于观察者和剖切平面之间的部分移去，而将剩余部分向与 *P* 所平行的投影面进行投影，所得的图就称为剖面图，如图 1-110 所示。

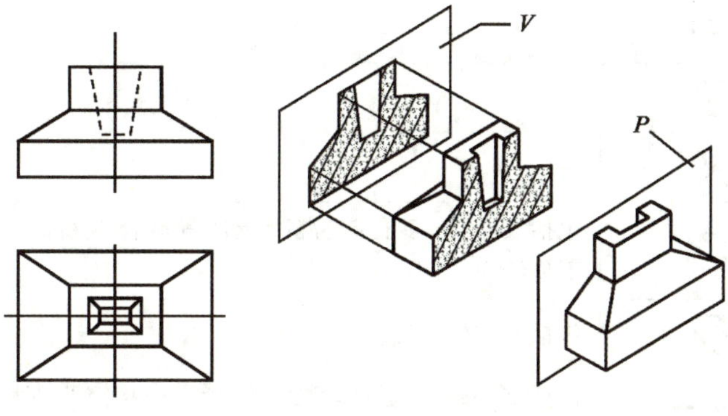

图 1-109　杯形基础的投影图

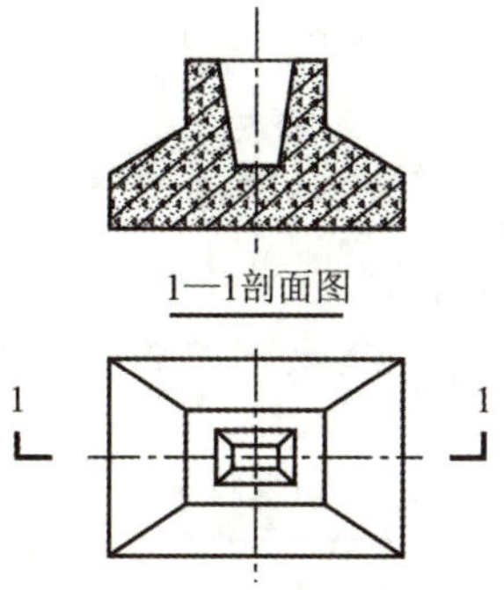

图 1-110　杯形基础的剖面图

1.4.2　剖面图的画法

1.4.2.1　确定剖切平面的位置和投射方向

剖切平面的位置和投射方向应根据需要来确定，一般情况下，剖切平面应平行于基本投影面，使断面的投影反映实形。

剖切平面应通过物体的孔、洞、槽等不可见部分的轴线或中心线，使内部形状得以表达清楚，如图 1-109 所示。如要将 *V* 面投影画成剖面图，则剖切平面应平行于 *V* 面；如果

要将 H 面投影或 W 面投影画成剖面图时，则剖切平面应分别平行于 H 面或 W 面。如果物体具有对称平面，一般将剖切平面选择在对称平面处，剖面图的投射方向基本与视图的投射方向相同。

1.4.2.2 剖面图的图线及图例

为了将形体中被剖切平面切到的部分和未切到部分区分开，《房屋建筑制图统一标准》(GB/T 50001—2017) 规定，形体剖面图中，被剖切平面剖切到的轮廓线用粗实线 (0.7b 线宽) 绘制，未被剖切平面剖切到但可见部分的轮廓线用中粗实线 (0.5b 线宽) 绘制，不可见的部分可以不画，如图 1-110 所示。

为使物体被剖到部分与未剖到部分区别开来，使图形清晰可辨，应在断面轮廓范围内画上表示其材料种类的图例。

在钢筋混凝土构件投影图中，当剖面图主要用于表达钢筋的布置时，可不画混凝土的材料图例。常用的建筑材料图例见表 1-5。

表 1-5　常用的建筑材料图例

序号	名称	图例	备注
1	自然土壤		包括各种自然土壤
2	夯实土壤		—
3	砂、灰土		靠近轮廓线绘制较密的点
4	砂砾石、碎砖三合土	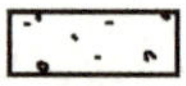	—
5	石材		—
6	毛石		—
7	实心砖、多孔砖		包括实心砖、多孔砖、混凝土砖等砌体。断面较窄不易绘出图例线时，可涂红
8	耐火砖		包括耐酸砖等砌体
9	空心砖、空心砌块		包括空心砖、普通或轻骨料混凝土小型空心砌块等砌体
10	饰面砖		包括铺地砖、玻璃马赛克、陶瓷锦砖、人造大理石等
11	焦渣、矿渣	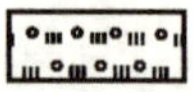	包括与水泥、石灰等混合而成的材料
12	混凝土		①本图例指能承重的混凝土及钢筋混凝土；②包括各种强度等级、骨料、添加剂的混凝土；③在剖面图上绘制表达钢筋时，则不需绘制图例线；④断面图形较小，不易绘制表达图例线时，可填黑或深灰(灰度宜 70%)
13	钢筋混凝土		

续表 1-5

序号	名称	图例	备注
14	多孔材料		包括水泥珍珠岩、沥青珍珠岩、泡沫混凝土、软木、蛭石制品等
15	纤维材料		包括矿棉、岩棉、玻璃棉、麻丝、木丝板、纤维板等
16	泡沫塑料材料	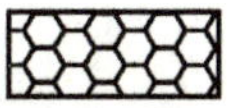	包括聚苯乙烯、聚乙烯、聚氨酯等多孔聚合物类材料
17	木材	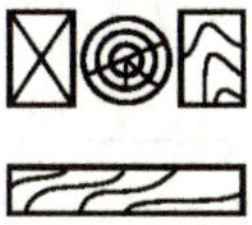	①上图为横断面，上左图为垫木、木砖或木龙骨； ②下图为纵断面
18	胶合板		应注明为×层胶合板
19	石膏板	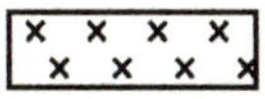	包括圆孔或方孔石膏板、防水石膏板、硅钙板、防火石膏板等
20	金属	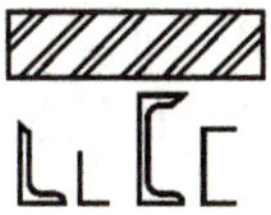	①包括各种金属； ②图形小时，可填黑或深灰（灰度宜 70%）
21	网状材料		①包括金属、塑料网状材料； ②应注明具体材料名称
22	液体		应注明具体液体名称
23	玻璃		包括平板玻璃、磨砂玻璃、夹丝玻璃、钢化玻璃、中空玻璃、夹层玻璃、镀膜玻璃等
24	橡胶		—
25	塑料		包括各种软、硬塑料及有机玻璃等
26	防水材料		构造层次多或绘制比例大时，采用上面的图例
27	粉刷		本图例采用较稀的点

当不必指明材料种类时，应在断面轮廓范围内用细实线画上 45°的剖面线，同一物体的剖面线应方向一致，间距相等。

1.4.3　剖面图的标注

为了看图时便于了解剖切位置和投影方向，寻找投影的对应关系，还应对剖面图进行以下的剖面标注。

1.4.3.1 剖切符号

剖面的剖切符号应由剖切位置线及剖视方向线组成，均应以粗实线绘制。剖切位置线的长度为 6~10 mm；剖视方向线应垂直于剖切位置线，长度为 4~6 mm。绘图时，剖切符号不宜与图面上的图线相接触，如图 1-111 所示。

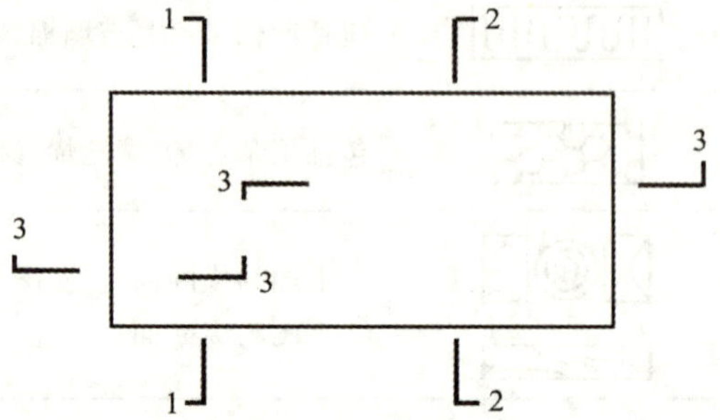

图 1-111　剖面图的标注

1.4.3.2 剖面剖切符号的编号

在剖视方向线的端部宜按顺序由左至右、由下至上用阿拉伯数字编排注写剖面编号，并在剖面图的下方正中分别注写 1—1 剖面图、2—2 剖面图、3—3 剖面图……以表示图名。图名下方还应画上粗实线，粗实线的长度与图名字体的长度相等。

1.4.4 画剖面图时应注意的问题

(1) 剖切只是一种为表达物体内部结构而假想剖开的图示方法，并不是真正把物体切开后，移走一部分，因此，在画同一物体的一组视图时，不论需要从几个方向做多少次剖切进行表达，对每个视图都应仍按完整形体考虑。

(2) 应尽量首先采用投影面的平行面作剖切平面，这样才有利于使画出的剖面图形直接在基本视图位置上反映内部实形，同时也便于作图。

(3) 在剖面图中一般不画虚线，只有当被省略的虚线所表达意义不能在其他视图中表示或造成看图困难时，才可继续画出。

(4) 在画剖面图时，要特别注意画全处于剖切平面后边可见部分物体的投影，切不可疏忽漏画。

1.4.5 剖面图的分类

由于形体的内部与外部形状的不同，在画剖面图时，应根据形体的特点和图示的要求选用不同种类的剖面图。常用的剖面图有全剖面图、半剖面图、阶梯剖面图、旋转剖面图、局部剖面图与分层剖面图。

1.4.5.1 全剖面图

用一个剖切平面将形体完整地剖切开得到的剖面图，叫作全剖面图。全剖面图一般应用于不对称的建筑形体或对称但较简单的建筑构件中。

如图 1-112 所示，该形体虽然对称，但比较简单，分别用正平面、侧平面和水平面剖切,得到 1—1 剖面图、2—2 剖面图和 3—3 剖面图。全剖面图在工程上的应用如图 1-113 所示。

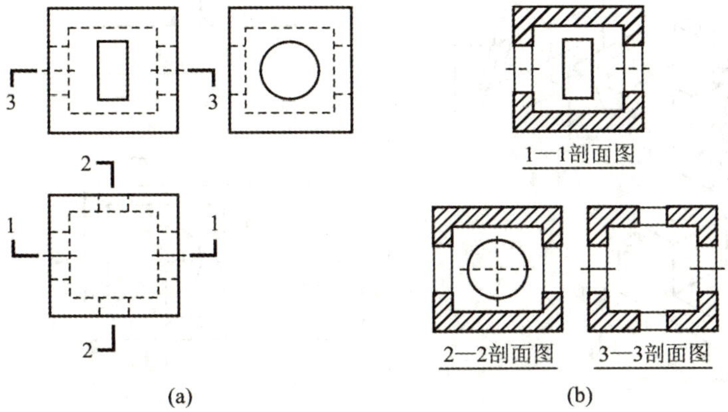

图 1-112　形体的全剖面图

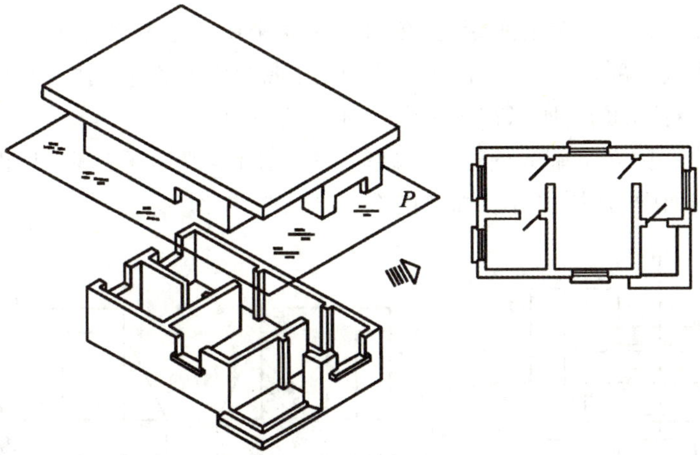

图 1-113　全剖面图在工程上的应用

1.4.5.2　半剖面图

用两个相互垂直的剖切平面把物体剖开一半(剖至对称面止,拿去物体的 1/4)。当物体具有对称面时,可在垂直于该物体对称面的那个投影(其投影为对称图形)上,以中心线(对称线)为界,将一半画成剖面,以表达物体的内部形状,另一半画成视图,以表达物体的外形,这种由半个剖面和半个视图所组成的图形即称为半剖面图,如图 1-114 所示。

这种内外兼顾的半剖面图多用于内、外形状皆需表达的对称物体。在画半剖面图时,一般多是把半个剖面图画在垂直对称线的右侧或画在水平对称线的下方。必须注意:半个剖面图与半个视图间的分界线规定必须画成点画线。此外,由于内部形状对称,其内形的一半已在半个剖面图中表示清楚,所以在半个视图中,表示内部形状的虚线就不必再画出。

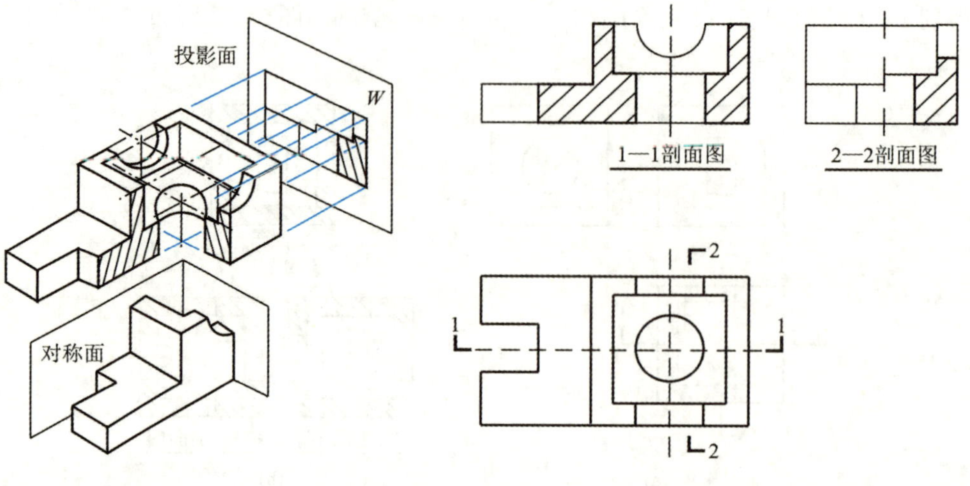

(a)形成　　(b)画法

图 1-114　半剖面图

半剖面的标注方法与全剖面相同，在图 1-114 中由于左视图中的半剖面都是通过物体前后的对称面进行剖切的，故画出半剖面；而主视图中所作的剖面，其剖切平面的位置不在物体的左右对称面上，所以在主视图中画全剖面图。

图 1-115 为一独立基础的施工图，该图中平面图是普通正投影图，正面投影和侧面投影都采用半剖面图，将形体外表面和内部全部反映出来。

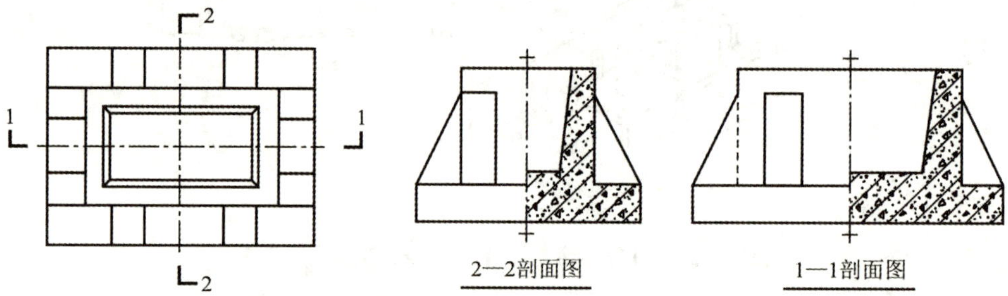

图 1-115　独立基础的半剖面图

1.4.5.3　阶梯剖面图

当用一个剖切平面不能将物体需要表达的内部都剖到时，可以将剖切平面直角转折成相互平行的两个或两个以上的剖切平面，由此得到的图就称为阶梯剖面图。

如图 1-116 所示，图中 1—1 剖面图就是假想用两个相互平行且平行于 V 面的平面 P 剖开后，在 V 面上得到的阶梯剖面图。

当物体上有多层的内部孔、槽时，不能用一个既平行于基本投影面，又能通过孔、槽的轴线的剖切平面把孔、槽都剖切到时，采用阶梯剖的方法就可以解决上述问题。

画阶梯剖面图时必须注意：在剖切平面的起始及转折处，均要用粗短线表示剖切位置和投影方向，为防止剖切位置线与其他图线混淆时，应在转折处加注与剖面符号相同的编号,如图 1-116 所示。如不与其他图线混淆时,直角转折处可以不注写编号。另外,由于剖切面是假想的,因此,两个剖切面的转折处不应划分界线。

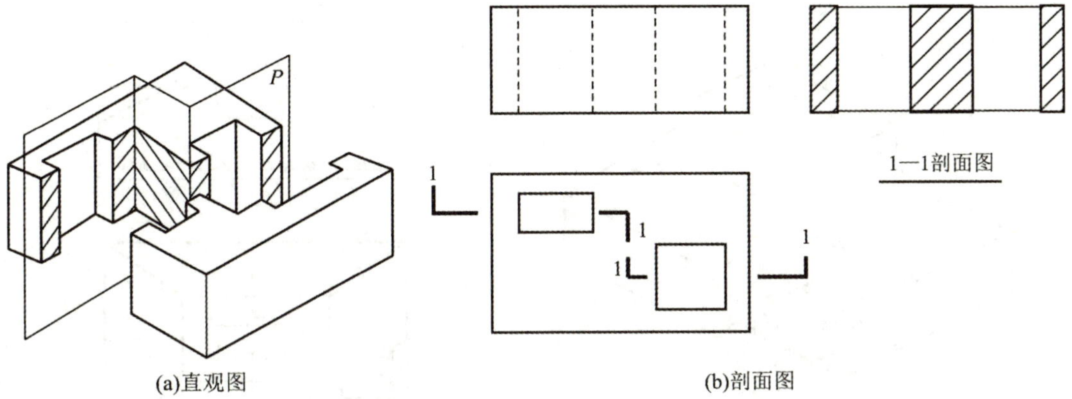

图 1-116　阶梯剖面图

1.4.5.4　旋转剖面图

用两个或两个以上相交的剖切面(剖切面的交线应垂直于某投影面)剖切物体后,将倾斜于投影面的剖面绕其交线旋转展开到与投影面平行的位置,这样所得的剖面图就称为旋转剖面图(或展开剖面图)。用此法剖切时,应在剖面图的图名后加注“展开”字样,如图 1-117 所示楼梯的展开剖面图。

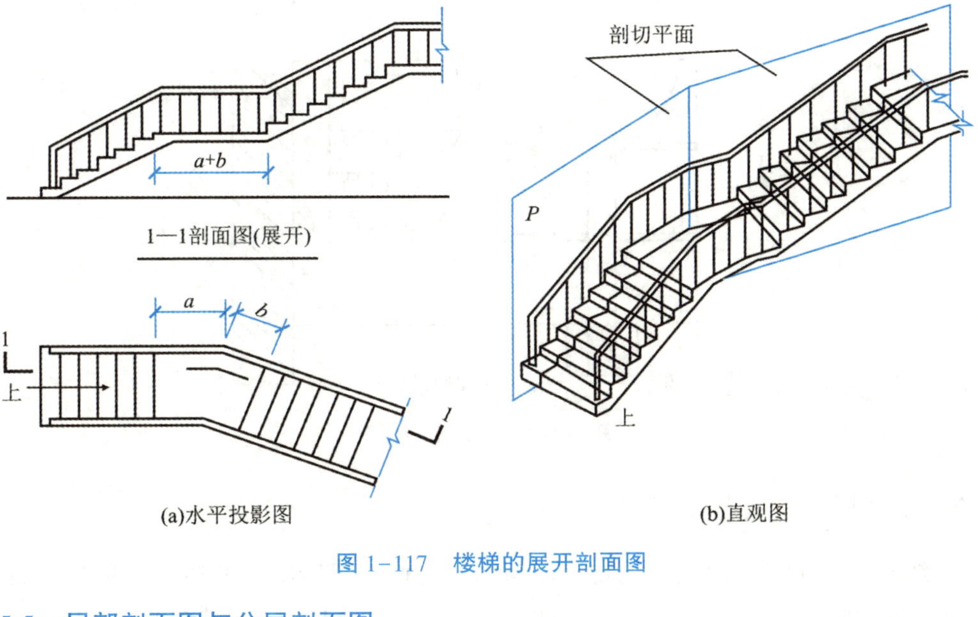

图 1-117　楼梯的展开剖面图

1.4.5.5　局部剖面图与分层剖面图

当仅仅需要表达形体的某局部内部构造时,可以只将该局部剖切开,只作该部分的剖面图,称为局部剖面图。

如图 1-118 所示,将杯形基础的 H 面投影局部剖开画成剖面图,以显示基础内部的钢筋配置情况。画这种剖面图时，其外形与剖面图之间，应用波浪线分界，剖切范围根据需要而定。

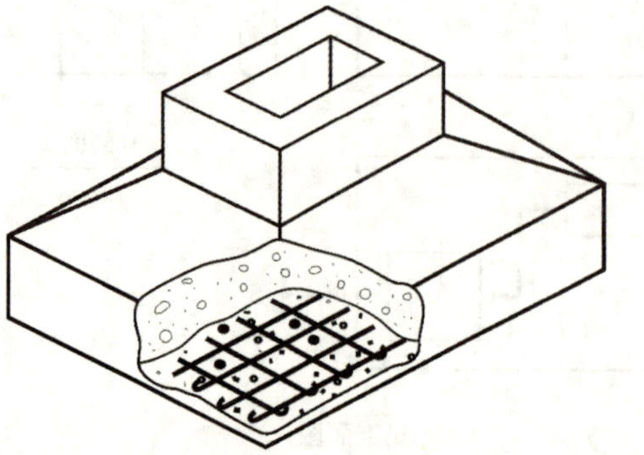

(a)直观图

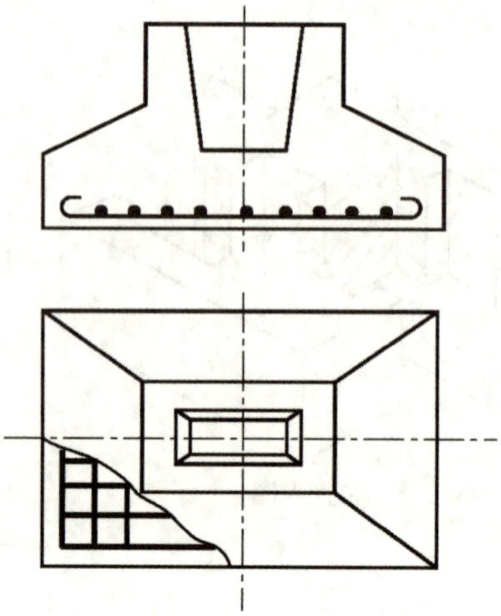

(b)投影图

图 1-118　基础的局部剖面图

为了表示建筑物局部的构造层次，并保留其部分外形时，可局部分层剖切，由此而得的图称为分层剖切剖面图。图 1-119 是用分层剖面图表达地面的构造图。

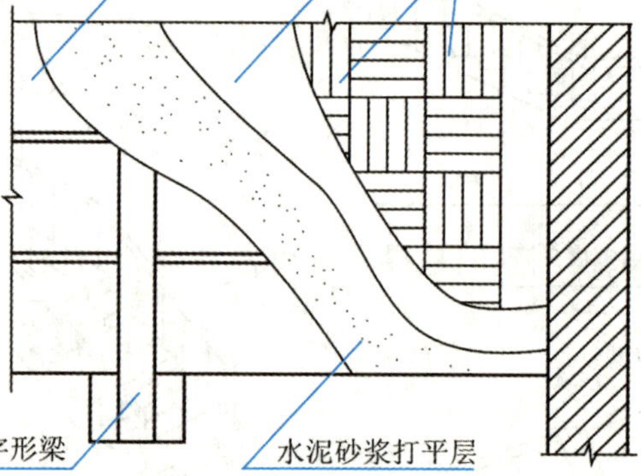

图 1-119　木地面构造图

1.4.6　断面图

当剖切平面剖开物体后，其剖切平面与物体的截交线所围成的截断面称为断面。如果只画出该断面的实形投影，则称为断面图。钢筋混凝土柱的断面图如图 1-120 所示。

1.4.6.1　断面图的画法

(1)断面的剖切符号，只用剖切位置线表示，并以粗实线绘制，长度为 6~10 mm。

(2)断面剖切符号的编号，宜采用阿拉伯数字，按顺序连续编排，并注写在剖切位置

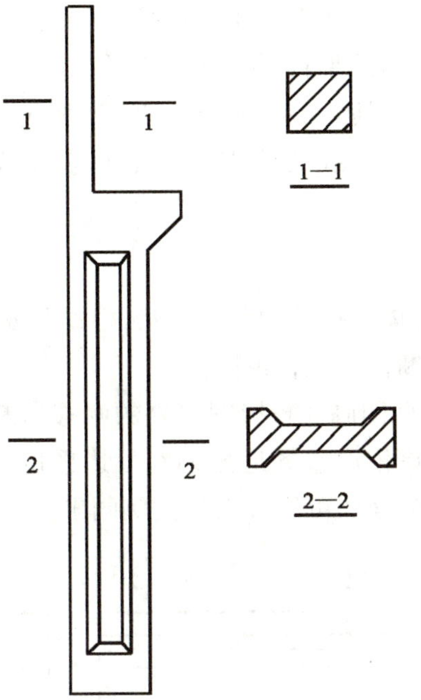

图 1-120　断面图

线的一侧，编号所在的一侧即为该断面的剖视方向。

(3)断面图的正下方只注写断面编号以表示图名，如 1—1，2—2，…，并在编号数字下面画一粗短线，而省去“断面图”三个字。

(4)断面图的剖面线及材料图例的画法与剖面图相同。

1.4.6.2　剖面图与断面图在表达上的异同点

(1)异同点　相同之处：在剖切平面所经过的截面上都应画出图例线。不同之处：断面图只画出被切断处的截面形状，如图 1-121(b)所示；而剖面图则不仅要画出被切断处的截面形状，还要画出未被剖到但是投影中可看到部分的投影，如图 1-121(a)中的 1—1 剖面图。所以，两者实质上的区别是：断面图本身只是一个平面(截面图形)的投影，而剖面图则是部分形体的投影，剖面图中包含有断面图。

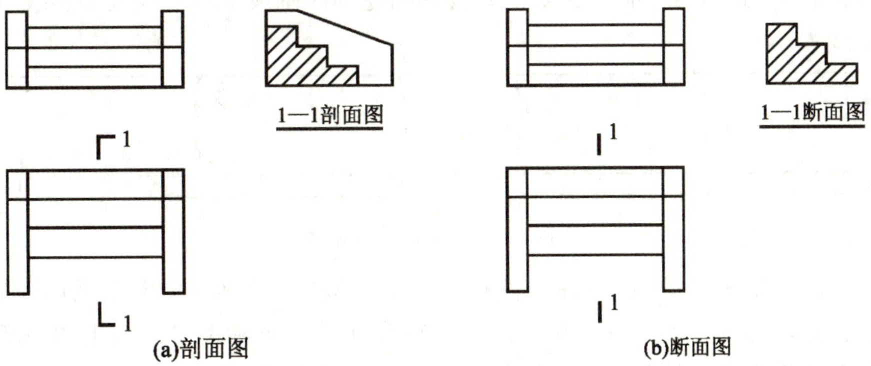

图 1-121　台阶的剖面图与断面图的区别

（2）在标注方法上的不同　断面图用剖切位置线（两段短粗线）表明剖切平面的位置，而剖切后的投视方向只是用剖面编号的注写位置予以表明：编号注写在剖切位置线的左侧表示投视方向朝左，注写在右侧则说明投视方向向右；而剖面图的标注除了用编号注写外，还须在剖切位置线的两端部加上垂直短线即剖视方向线，以表明投视方向。

1.4.6.3　断面图的种类

断面图主要用于表达形体或构件的断面形状，根据其安放位置不同，一般可分为移出断面图、重合断面图和中断断面图三种形式。

（1）移出断面图　将断面图画在投影图之外的叫移出断面图。当一个物体有多个断面图时，应将各断面图按顺序依次整齐地排列在投影图的附近，如图 1-122 所示梁移出断面图的画法。根据需要，断面图可用较大的比例画出。

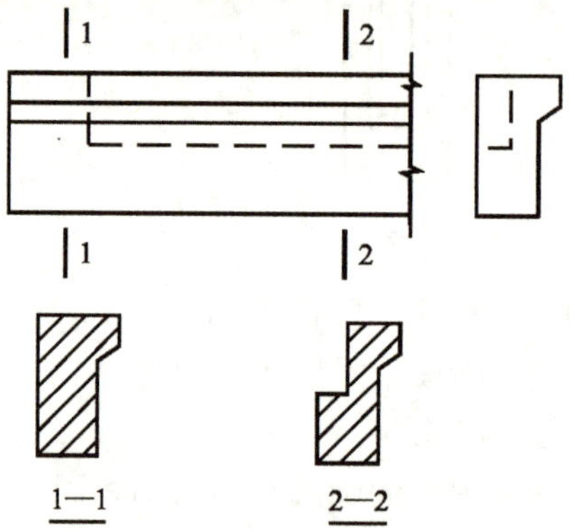

图 1-122　梁移出断面图的画法

（2）重合断面图　将断面图直接画于投影图中，使断面图与投影图重合在一起称为重合断面图。如图 1-123所示的角钢和倒 T 形钢的重合断面图。

重合断面图通常在整个构件的形状基本相同时采用，断面图的比例必须和原投影图的比例一致。其轮廓线可能闭合，也可能不闭合，如图 1-123 和图 1-124 所示。

在施工图中的重合断面图，通常把原投影的轮廓线画成中粗实线或细实线，而断面图画成粗实线。

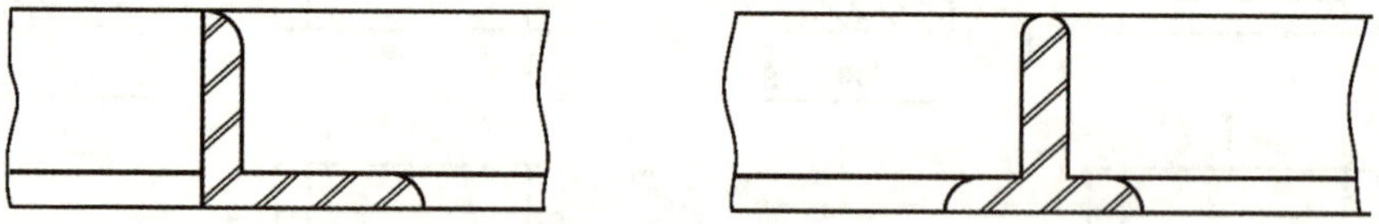

图 1-123　重合断面图的画法

（3）中断断面图　断面图画在构件投影图的中断处，就称为中断断面图。它主要用于一些较长且均匀变化的单一构件。图 1-125 所示为角钢和倒 T 形型钢的中断断面图，其画法是在构件投影图的某一处用折断线断开，然后将断面图画在当中。

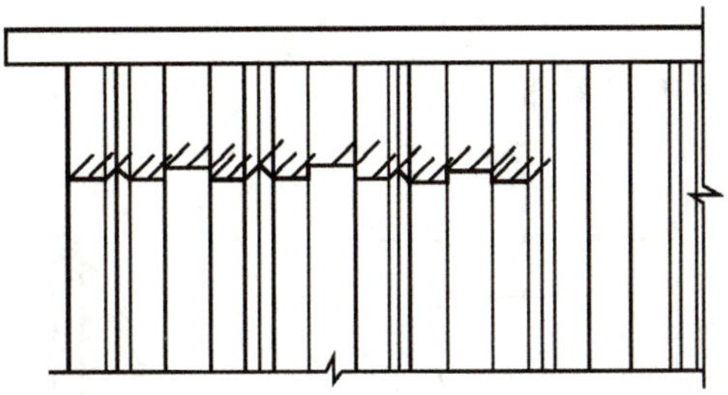

图 1-124　墙面装饰线脚的重合断面图

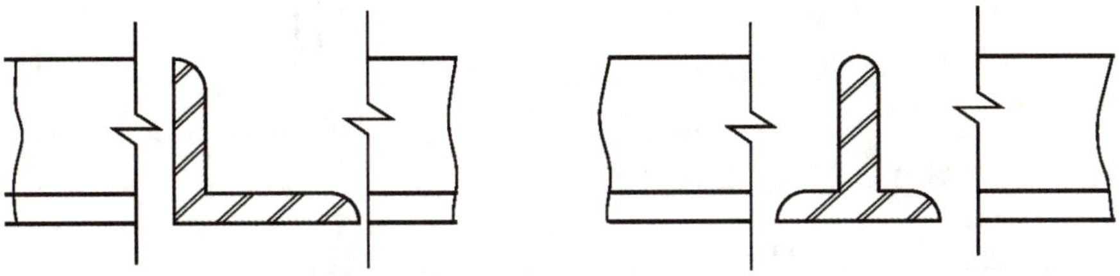

图 1-125　角钢的中断断面图

画中断断面图时,原投影长度可缩短,但尺寸应完整地标注。画图的比例、线型与重合断面图相同,也无须标注剖切位置线和编号。

中断断面在钢屋架施工图中的应用如图 1-126 所示。

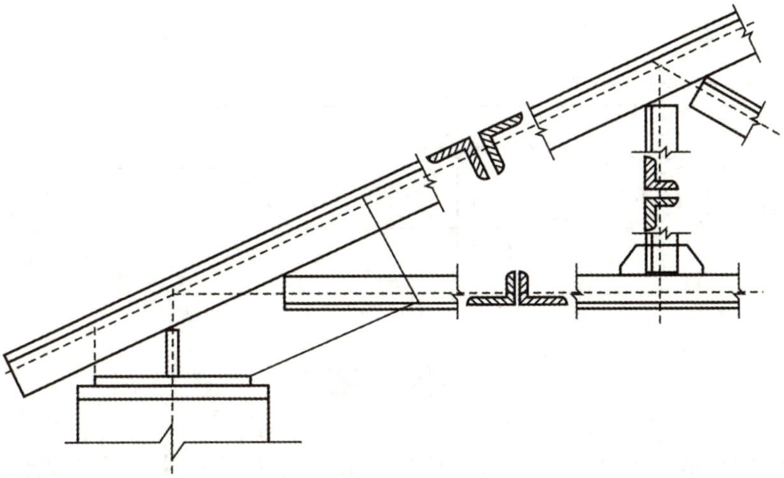

图 1-126　中断断面在钢屋架施工图中的应用

【课堂讨论】

1.剖面图是怎样形成的？为什么要作形体的剖面图？

2.剖面图的种类有哪些？分别适用于哪些形体？怎样进行标注？

3.断面图是怎样形成的？在什么情况下作形体的断面图？

4.断面图的种类有哪些？分别适用于哪些形体？怎样进行标注？

5.剖面图与断面图有哪些区别与联系？

【能力训练】

1.画出下列图形的 1—1 剖面图。

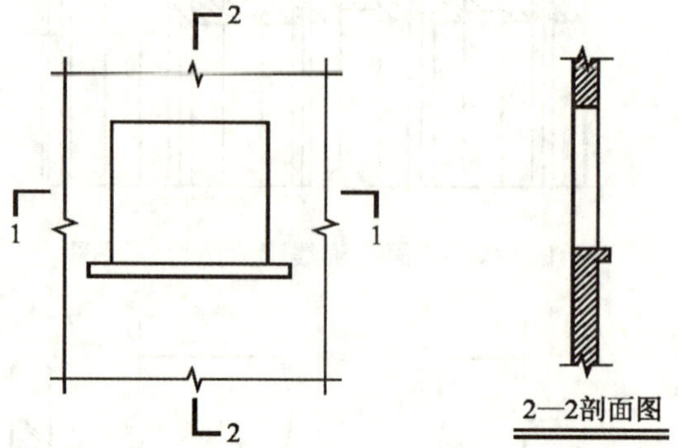

2.画出下列图形的 1—1,2—2 断面图。

(1)

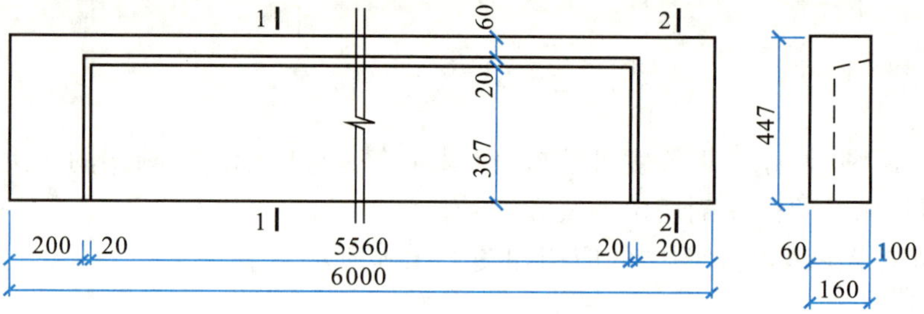

(2)

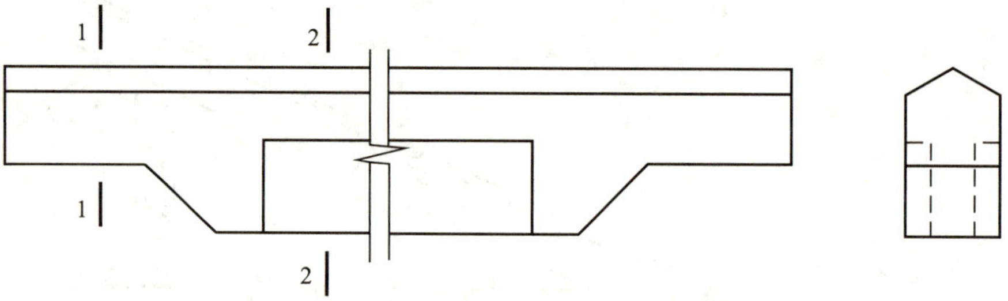

小　结

1.常见的图线线型有实线、虚线、点画线和折断线,图中的文字要写成长仿宋字,数字要用阿拉伯数字。

2.尺寸由尺寸界线、尺寸线、尺寸起止符号及尺寸数字四部分构成,在建筑总平面图和标高中的尺寸以米为单位,其余均以毫米为单位。

3.三面正投影的投影规律:长对正,宽相等,高平齐。

4.组合体的尺寸标注有定型尺寸、定位尺寸和总尺寸。通常组合体构形有叠加形、切割形和混合形三种方式。

5.剖面图的种类有全剖面图、半剖面图、阶梯剖面图、局部剖面图。

6.断面图的种类有移出断面图、重合断面图和中断断面图。

项目二 建筑施工图识图与CAD绘制

知识目标

1.掌握建筑施工图的制图基本规定、图示内容和图示方法以及识图的一般方法步骤。
2.掌握建筑施工总说明和总平面图的制图规则和绘制方法。
3.掌握建筑施工平面图的制图规则和绘制方法。
4.掌握建筑施工立面图的制图规则和绘制方法。
5.掌握建筑施工剖面图的制图规则和绘制方法。
6.掌握建筑施工详图的制图规则和绘制方法。

能力目标

1.熟悉建筑施工图中各种符号、图例的含义。
2.能正确识读和绘制建筑施工图。

任务2.1 建筑工程施工图概述

【学习任务】
1.熟悉建筑工程施工图的设计程序和种类。
2.熟悉建筑工程施工图的有关规定和常用符号。
3.熟悉建筑工程施工图的识图方法和步骤。
4.培养优良的专业素养、职业操守和道德品质。

2.1.1 建筑工程施工图的设计程序及种类

2.1.1.1 房屋施工图的设计程序

房屋的建造一般需经过设计和施工两个过程,建筑工程施工图是由设计单位根据设计任务书的要求和有关设计资料由各专业的设计人员分工合作完成的。其设计工作一般分为两个阶段,即初步设计阶段和施工图设计阶段。

(1)初步设计阶段　初步设计的主要任务是根据建设单位提出的设计任务和要求,进行调查研究、搜集资料,提出设计方案。其内容包括:简略的总平面布置图及房屋的平、立、剖面图;设计方案的技术经济指标;设计概算和设计说明等。

初步设计的工程图和有关文件只是在提供研究方案和报上级审批时用,不能作为施工的依据,所以初步设计图也称为方案图。

(2)施工图设计阶段　施工图设计的主要任务是满足工程施工各项具体技术要求,提供一切准确可靠的施工依据,其内容包括指导工程施工的所有专业施工图、详图、说明书、计算书及整个工程的施工预算书等。全套施工图将为施工安装、编制预算、安排材料、设备和非标准构配件的制作提供完整、准确的图纸依据。

对于大型的、技术复杂的工程项目也有采用三个设计阶段的,即在初步设计基础上,增加一个技术设计阶段,以初步统一协调建筑、结构、设备和各工种间的主要技术问题,为施工图设计提供更为详细的资料。

2.1.1.2　建筑工程施工图的种类

一套施工图按专业分工不同,可分为建筑施工图、结构施工图和设备施工图。

(1)建筑施工图(简称建施,J 或 JS)　主要表达建筑物的总体规划布局、外部造型、内部各房间的布置、细部构造、内外装修、固定设施和施工要求的图样,是指导建筑施工的指导性文件之一。

建筑施工图主要包括建筑施工图首页、建筑总平面图、建筑平面图、建筑立面图、建筑剖面图及建筑详图。

(2)结构施工图(简称结施,G 或 GS)　主要表达建筑物承重结构的结构类型、结构布置、构件形状、尺寸、数量、大小及相互间的连接等情况。

结构施工图主要包括结构设计说明,基础平面图、基础详图,楼层结构布置图,屋盖结构布置图,柱、梁、板配筋图,楼梯结构图,各结构构件图或表以及必要的详图。

(3)设备施工图(简称设施,SS)　主要表达建筑物的给水排水(水施)、暖通空调(暖施)、供电照明(电施)、燃气等设备的布置、走向、施工要求等。主要包括采暖、电气、通风和给水排水等专业的平面图、系统图和详图。

一幢房屋的全套施工图的编排顺序一般为图纸目录、施工设计总说明、总平面图、建筑施工图、结构施工图、设备施工图。一般中小型工程,通常把图纸目录、施工设计总说明等内容放在同一张图纸上,称为首页图。各专业的施工图应按图纸内容的主次关系系统地排列。例如基本图在前,详图在后;全局性的图在前,局部性的图在后;布置图在前,构件图在后;先施工的图在前,后施工的图在后等。本项目主要讲述建筑施工图的内容。

2.1.1.3　读取建筑工程施工图的步骤和方法

读图的一般步骤:对于全套图纸来说,先看施工图首页,后看专业图;对于各专业施工图来说,依次顺序为"建施""结施""水施""暖施""电施"。

"建施"读图步骤:先总图、设计说明,后平、立、剖面图,再详图。"结施"读图步骤:先结构设计说明,基础图,柱(墙)平法施工图、梁平法施工图、板平法施工图,再楼梯结构详图和其他构件详图。

具体到每张图纸来说，一看图纸标题栏，了解本张图纸的类别及主要内容；二看文字说明；三看图样；四看尺寸。

读图时，应把各类图纸联系起来，反复多遍进行识读。切忌把某一张图纸独立识读，应将所有图纸作为一个整体进行识读。

在识读整套图纸时，应按照“总体了解、顺序识读、前后对照、重点细读”的读图方法。

(1)总体了解　一般是先看图纸目录、总平面图和施工说明，以大致了解工程的概况，如设计单位、建设单位、新建房屋的位置、周围环境、施工技术的要求等。对照目录检查图纸是否齐全，采用了哪些标准图并备齐这些标准图。然后开始阅读建筑平、立、剖面图等基本图样，大体上想象一下建筑物的立体形象及内部布置。

(2)顺序识读　在总体了解建筑物情况以后，根据施工的先后顺序，按基础、墙体(或柱)、结构平面布置、建筑构造及装修的顺序，仔细阅读有关图纸。

(3)前后对照　读图时，要注意对照，如平、立、剖面的对照，建筑施工图与结构施工图的对照，土建施工图与设备施工图的对照，做到对整个工程施工情况及技术要求心中有数。

(4)重点细读　根据工种的不同，将有关专业施工图再有重点地仔细读一遍，并将遇到的问题记录下来，及时向设计部门反映。

2.1.1.4　房屋施工图的特点和设计依据

施工图是根据投影原理绘制的，用图纸表明房屋建筑的设计及构造做法，所以看懂施工图，应掌握投影原理和熟悉房屋建筑的基本构造。

(1)按正投影原理绘制　房屋施工图一般按三面正投影图的形成原理绘制。通常在水平投影面上绘制建筑平面图，在正立投影面上绘制建筑立面图，在侧立投影面上绘制建筑剖面图或侧立面图。在同一张图纸上绘制时要符合正投影的特征和相互间的投影对应关系。

(2)绘制房屋施工图采用的比例　建筑施工图一般采用缩小的比例绘制，同一图纸上的图形最好采用相同的比例。绘制构件或局部构造详图时，允许采用与基本图不同的比例，但在图样下方，图名的右侧应注明比例大小，以便对照阅读。

(3)房屋施工图图例、符号应严格按照国家标准绘制　房屋施工图中，除符合一般的投影原理及视图、剖面、断面等的基本图示方法外，为了保证制图质量，提高效率，表达统一，符合设计和施工的要求以及便于识读工程图，国家发展和改革委员会颁布了有关建筑制图的国家标准 6 种，包括总纲性质的《房屋建筑制图统一标准》(GB 50001—2017)和专业部分的《总图制图标准》(GB/T 50103—2010)、《建筑制图标准》(GB/T 50104—2010)、《建筑结构制图标准》(GB/T 50105—2010)、《给水排水制图标准》(GB/T 50106—2010)、《采暖通风与空气调节制图标准》(GB/T 50114—2010)以及相应的条文说明。无论绘图与读图，都必须熟悉有关的国家标准。

由于房屋建筑是由多种建筑材料和构配件组成的，为了作图简便，方便识图，制定了《房屋建筑制图统一标准》《建筑制图标准》等多种标准。在这些标准中规定了一系列图例、符号以表示建筑材料(表 1-5)、建筑构配件等。

2.1.2 建筑工程施工图的有关规定和常用符号

绘制和阅读房屋的建筑施工图,应依据正投影原理和遵守《房屋建筑制图统一标准》(GB/T 50001—2017)、《总图制图标准》(GB/T 50103—2010)、《建筑制图标准》(GB/T 50104—2010)。在本书项目一任务 1.1 中叙述了制图的基本规定,现进一步说明房屋建筑制图中的几项规定和表示方法。

2.1.2.1 定位轴线

在建筑平面图中,定位轴线是确定建筑结构构件平面布置及标志尺寸的基线,是设计和施工中定位放线的重要依据。凡主要的墙、柱、梁、屋架等主要承重构件,都应画上轴线并用该轴线编号来确定其位置。对于非承重的分隔墙、次要构件等,有时用附加轴线(分轴线)表示其位置,也可注明它们与附近轴线的相关尺寸以确定其位置。

(1)定位轴线的画法　定位轴线用细点画线绘制,且标上编号,编号应注写在其端部细实线的圆内,圆的直径为 8~10 mm,圆心在定位轴线的延长线或延长线的折线上,如图 2-1 所示。

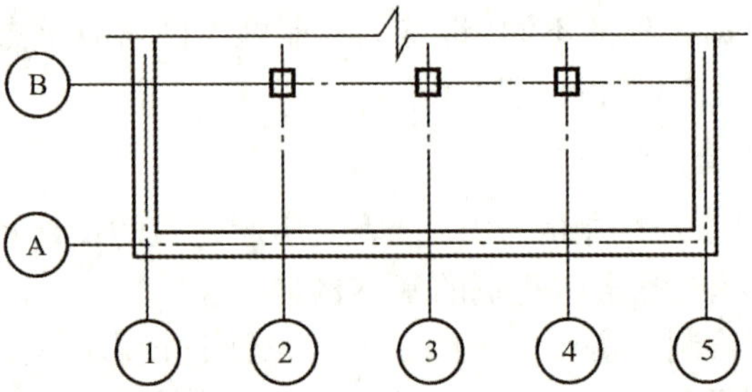

图 2-1　定位轴线

(2)定位轴线的编号　平面图上定位轴线的编号,宜标注在图的下方与左侧(有时上、下、左、右均标注)。横向(与建筑宽度方向一致的定位轴线)编号用阿拉伯数字从左至右顺序编写,纵向(与建筑长度方向一致的定位轴线)编号用大写英文字母(I、O、Z 除外,以免和数字混淆)从下至上顺序编写,如图 2-1 所示。

在标注非承重墙或次要承重构件时,可用在两根轴线之间的附加定位轴线表示,附加轴线的编号应按图 2-2 中规定的分数表示,分母表示前一主轴线的编号,分子以阿拉伯数字表示附加轴线的编号;1 号轴线或 A 号轴线之前的附加轴线的分母应以 01 或 0A 表示 。

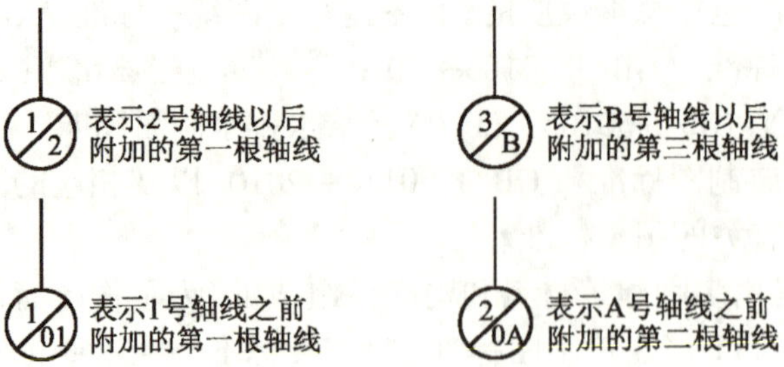

图 2-2　附加定位轴线的各种标注

对于详图上的轴线编号,通用详图的定位轴线,只画圆不注写编号。若该详图同时适用多根定位轴线,则应同时注明各有关轴线的编号,如图 2-3 所示。如果工程较为复杂,可采用分区编号的形式,详见图 2-4 定位轴线的分区编号。

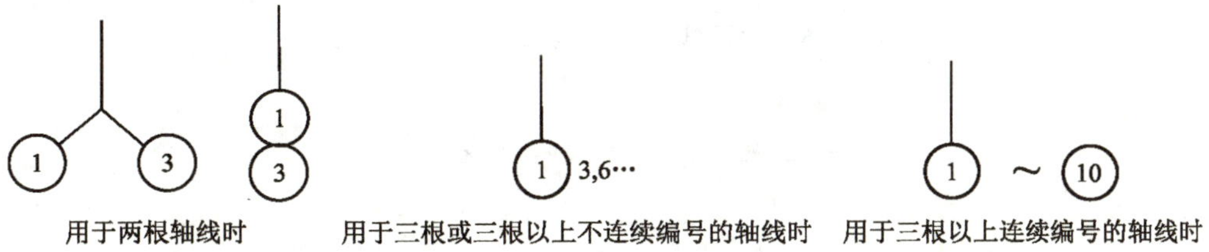

图 2-3　详图轴线的编号

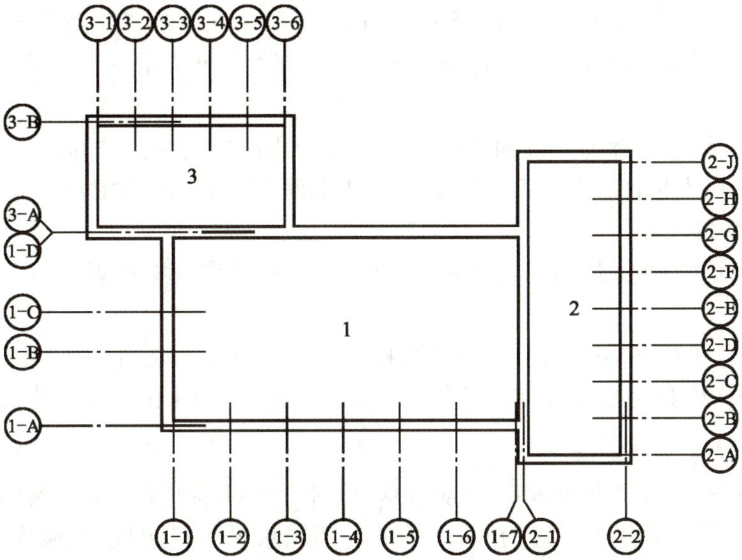

图 2-4　定位轴线的分区编号

2.1.2.2　标高

标高用来表示建筑物各部位的高度。

(1)标高符号　标高符号形式用细实线画出,如图 2-5 所示。短横线是需标注高度的界线,长横线之上或之下注出标高数字,如图 2-6(a)、(b)、(c)所示。标高符号的尖端,可以向上也可以向下,但均应指到被标注高度平面。同一张图样上的标高符号应大小相等,并尽量对齐。总平面图上的室外地坪标高符号,宜用涂黑的三角形表示,具体画法如图 2-7(a)所示。

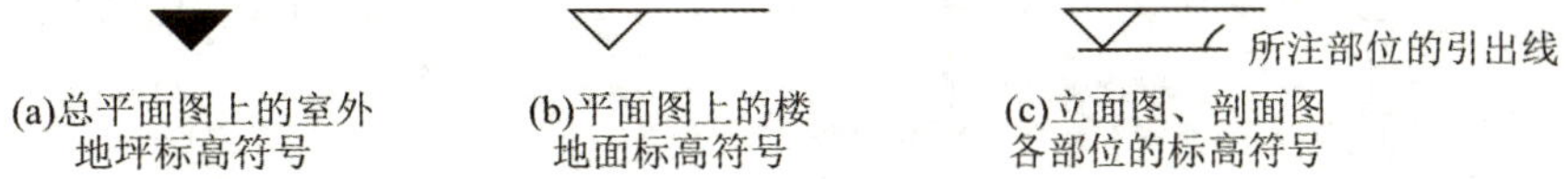

图 2-5　标高符号

(2)标高数字　标高数字应以“m”为单位,注写到小数点后第三位。在总平面图中,

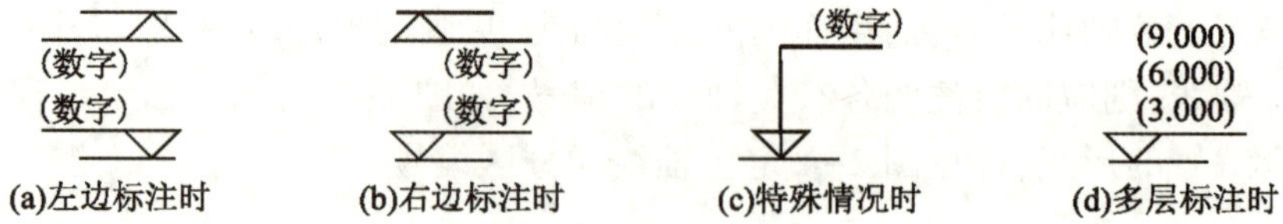

图 2-6　立面图与剖面图上标高符号标注法

图 2-7　标高的具体画法

可注写到小数点后第二位。在数字后面不注写单位,例如 66.20。零点标高应注写成±0.000,低于零点的负数标高前应加注"-"号,高于零点的正数标高前不注"+"。例如 3.000、-0.600。当图样的同一位置需表示几个不同的标高时,标高数字可按图 2-6(d)的形式注写。

(3)标高分类　按标高基准面的选定情况分为相对标高、绝对标高。

1)凡标高的基准面是根据工程需要自行选定而引出的,称为相对标高。大都取底层室内地面作为相对标高的基准面。

2)根据我国的规定,凡是以青岛的黄海平均海平面作为标高基准面而引出的标高,称为绝对标高。

按标高所注的部位分为建筑标高和结构标高。建筑标高是指标注在建筑物装饰面层处的标高。结构标高是指标注在建筑物结构部位(例如注在梁底、板底处)的标高。

2.1.2.3　索引符号与详图符号

(1)索引符号　建筑物的某一局部或构件,如需要另见详图,应以索引符号索引(详见表 2-1)。索引符号是由直径为 8~10 mm 的圆和水平直径组成的,圆及水平直径应以细实线绘制。索引符号应按下列规定编写。

表 2-1　详图索引符号的表示方法

名称	符号	说明
详图的索引符号	2/— 详图的编号；详图在本张图纸上 2/— 局部剖面详图的编号；剖面详图在本张图纸上	细实线单圆圈直径应为 8~10 mm; 详图在本张图纸上; 剖开后从上往下投影 (粗实线表示剖切位置线,引出线所在一侧为剖视方向)
	2/4 详图的编号；详图所在的图纸编号 2/4 局部剖面详图的编号；剖面详图所在的图纸编号	详图不在本张图纸上; 剖开后从下往上投影
	J103 2/4 标准图册编号；标准详图编号；详图所在的图纸编号	标准详图

续表 2-1

名称	符号	说明
详图的符号		粗实线单圆圈直径应为 14 mm； 被索引的在本张图纸上
	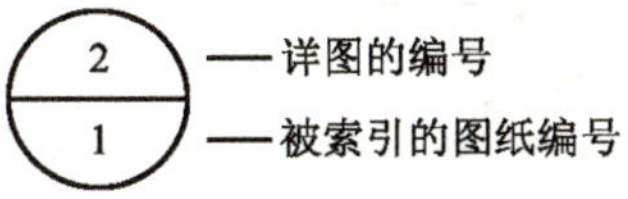	被索引的不在本张图纸上

1)索引出的详图，如与被索引的详图同在一张图纸内，应在索引符号的上半圆中用阿拉伯数字注明该详图的编号，并在下半圆中间画一段水平细实线。

2)索引出的详图，如与被索引的详图不在同一张图纸内，应在索引符号的上半圆中用阿拉伯数字注明该详图的编号，在索引符号的下半圆中用阿拉伯数字注明该详图所在图纸的编号。数字较多时，可加文字标注。

3)索引出的详图，如采用标准图，应在索引符号水平直径的延长线上加注该标准图册的编号。

索引符号如用于索引剖视详图，应在被剖切的部位绘制剖切位置线，并以引出线引出索引符号，引出线所在一侧应为剖视方向。

(2)详图符号　详图的位置和编号，应以详图符号表示。详图符号的圆应以直径为 14 mm 粗实线绘制，详见表 2-1。详图应按下列规定编号。

1)详图与被索引的图样同在一张图纸内时，应在详图符号内用阿拉伯数字注明详图的编号。

2)详图与被索引的图样不在同一张图纸内，应用细实线在详图符号内画一水平直径，在上半圆中注明详图编号，在下半圆中注明被索引的图纸的编号。

2.1.2.4　引出线

建筑物的某些部位需要用文字或详图加以说明时，可用引出线(细实线)从该部位引出。宜用与水平方向成 30°、45°、60°、90°的直线或经过上述角度再折为水平的折线。文字说明宜注写在水平线的上方或端部。索引详图的引出线，与水平直径相连，如图 2-8 所示。

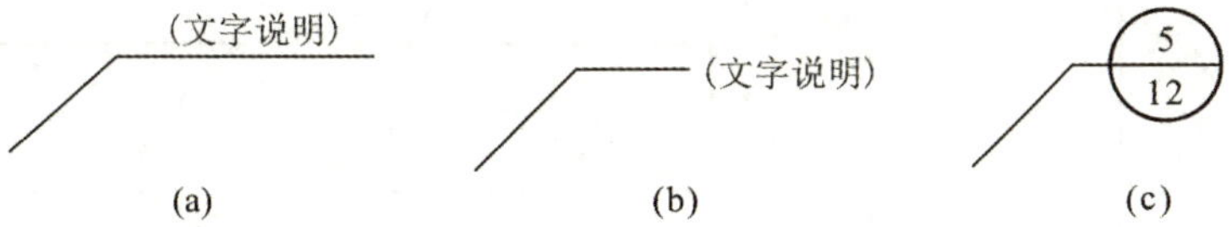

图 2-8　引出线

同时引出几个相同部分的引出线，宜相互平行，也可画成集中于点的放射线，如图 2-9所示。

房屋建筑中，有些部位是由多层材料或多层做法构成的，如屋面、地面、楼面以及墙体等。为了对多层构造部位加以说明，可以用引出线表示。引出线必须通过被引出的各层，并用圆点示意对应各层次。其文字说明编排次序应与构造层次保持一致（即垂直引出时，是由上而下注写；水平引出时，则由上至下的说明顺序应与由左至右的层次对应一致），文字说明应注写在引出横线的上方或一侧，如图 2-10 所示。

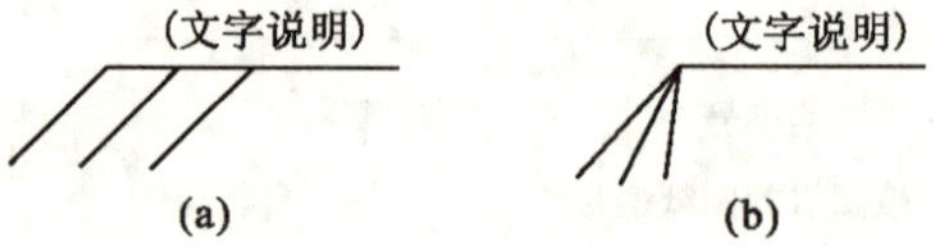

图 2-9　共同引出线

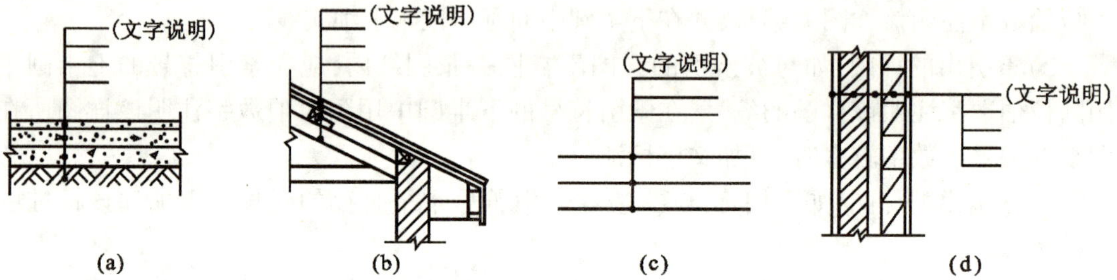

图 2-10　多层构造引出线

2.1.2.5　连接符号与对称符号

（1）对称符号　当房屋施工图的图形完全对称时，可只画该图形的一半，并画出对称符号，以节省图纸篇幅。对称符号即是在对称中心线（细单点长画线）的两端画出两段平行线（细实线）。平行线长度为 6~10 mm，间距为 2~3 mm，且对称线两侧长度对应相等，如图 2-11 对称符号所示。

（2）连接符号　对于较长的构件，当其长度方向的形状相同或按一定规律变化时，可分成几个部分绘制，断开处应用连接符号表示。连接符号为折断线（细实线），并在折断线两端靠图样一侧用大写英文字母表示连接编号，如图 2-12 所示。

图 2-11　对称符号

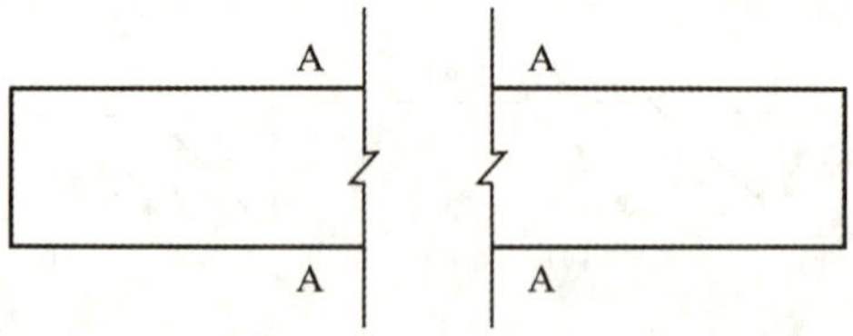

图 2-12　连接符号

2.1.2.6　指北针与风向频率玫瑰图

（1）指北针　在总平面图及底层建筑平面图上，一般用指北针表明建筑物的朝向。

指北针形状如图 2-13 所示。指北针外圆的直径为 24 mm,采用细实线绘制,指针尾端的宽度为 3 mm,指针头部应注明“北”或“N”字。需用较大直径绘制指北针时,指针尾部宽度宜为圆的直径的 1/8,指针涂成黑色,针尖指向北方,并注“北”或“N”字。

(2)风向频率玫瑰图　风向频率玫瑰图是根据某一地区气象台观测的风向资料绘制出的图形,因图形似玫瑰花朵而得名。风向玫瑰图表示风向的频率。风向频率是在一定时间内各种风向出现的次数占所有观察次数的百分比。根据各个方向风的出现频率,以相应的比例长度按风向向中心吹,描在用 8 个或 16 个方位所表示的图上,然后将各相邻方向的端点用直线连接起来,绘成一个宛如玫瑰的闭合折线,就是风向频率玫瑰图,如图 2-14 所示。

风向频率玫瑰图可直观地表示建筑场地范围内的风向,其中实线表示常年主导风向,虚线表示夏季(6、7、8 三个月)的主导风向,图中线段最长者即为当地主导风向。为城市规划、建筑设计和气候研究所常用。在建筑工程施工图中,被标注在建筑总平面图上,用来表达建筑在所处场地范围内所受风向的影响。

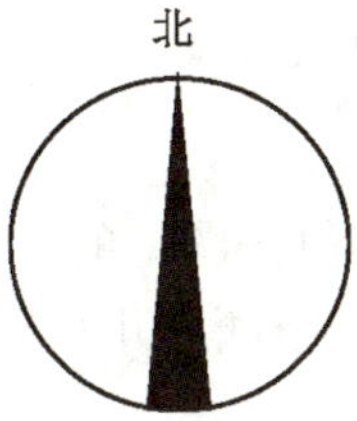

图 2-13　指北针

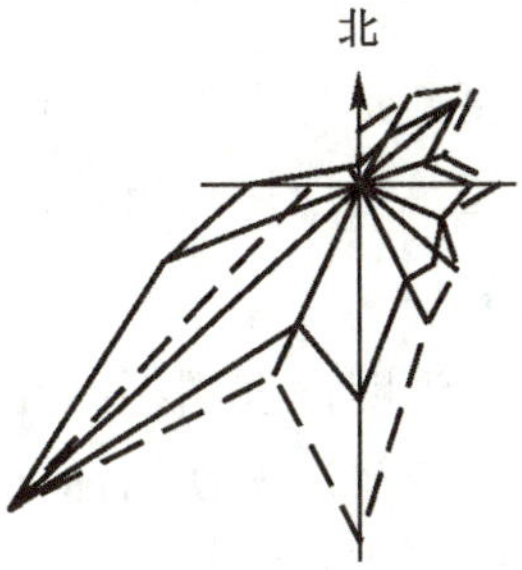

图 2-14　风向频率玫瑰图

【课堂讨论】

1.一套建筑工程施工图包括哪些部分?

2.阅读一套施工图的顺序是什么?

3.什么是绝对标高和相对标高?什么是建筑标高和结构标高?

4.指北针标注在哪些图纸上?

【能力训练】

1.建筑物的定位轴线需要编号,在__________采用阿拉伯数字由______到______依次注写,在________采用大写英文字母从______到______顺序注写,其中英文字母____、____、____不得用为轴线编号。

2.风向玫瑰图表示________________________,其中实线表示________________________,虚线表示________________________。

3.轴线 A 之前附加的第一道轴线表示方法为____________。

4.索引符号由____________和____________组成。

任务 2.2 识读建筑施工图首页与建筑总平面图

【学习任务】

1.了解建筑施工图首页与建筑总平面图有关规定和常用符号。

2.能根据图纸目录查阅相应的施工图纸。

3.能确定建筑总平面图中新建建筑的位置、层数、尺寸、标高、与周围地物的关系和风向。

4.掌握建筑施工图的识图方法和步骤。

5.增强学生的规范意识,提升专业素养。

2.2.1 建筑施工图首页

建筑施工首页通常是由建筑设计说明、图纸目录、主要工程做法表和门窗表组成的。采取节能措施的建筑还应该在设计说明中对节能构造措施进行说明。

2.2.1.1 图纸目录

图纸目录主要说明该套图纸有几类,各类图纸有几张,每张图纸的图号、图名、图幅大小;如采用标准图,应写出所使用标准图的名称、所在的标准图集和图号或页次。编制图纸目录的目的是便于查找图纸。

2.2.1.2 建筑设计说明

建筑设计说明主要用来阐述建筑工程的名称、层数、结构类型、抗震设防烈度等总的工程概况,以及建筑工程中细部,如地面、楼面、室内装修、室外装修、屋面、顶棚等的构造做法。这些构造做法如果选自建筑施工图集,应在建筑设计说明中标注清楚所选图集的图册号、页码及图样编号。

2.2.1.3 门窗表

门窗表主要用来表达工程中所有的门窗类型、尺寸、数量、所选用的材料、图集及开启方式等,为施工进料及编制预算等提供依据。

2.2.1.4 建筑节能措施

为了降低能耗,大多数工程都通过采用节能型的建筑材料和产品,执行建筑节能标准,合理设计建筑围护结构的热工性能,以及利用可再生能源,在保证建筑物使用功能和室内热环境质量的前提下,降低建筑能源消耗,合理、有效地利用能源。在设计说明中应对采取的节能构造措施进行说明,包括节能设计的依据、节能的措施和节能计算等。

2.2.2　建筑总平面图

2.2.2.1　建筑总平面图的用途

建筑总平面图是将新建工程四周一定范围内的新建、拟建、原有和拆除的建筑物、构筑物连同其周围的地形、地貌状况用水平投影方法和相应的图例所绘出的图样，用以表示在基地范围内的总体布置情况图。

建筑总平面图表明新建建筑的位置、朝向、与原有建筑物的关系，以及周围道路、绿化、给水、排水、供电条件等方面的情况，它是作为新建房屋施工定位、土方施工、设备管网平面布置，安排在施工时进入现场的材料和构件、配料的堆放场地、构件预制场地以及运输道路等的依据。

2.2.2.2　总平面图的内容及图示方法

（1）图名、比例　图名和比例注写在总平面图的下方。总平面图所涵盖区域面积较大，内容相对简单，通常采用 1∶500、1∶1000、1∶2000 的小比例。

（2）新建工程的状况及与周围环境的关系　在总平面图中要用图例来表明新建工程、扩建建筑、原有建筑、拟建建筑、道路、广场、绿化、河流、池塘等地形地貌所处的位置，并依照图例确定它们相互之间的位置关系。同时，总平面图还需表明建筑物的层数和定位。

图例见《总图制图标准》（GB/T 50103—2010），分别列出了总平面图图例、道路与铁路图例、管线与绿化图例，表 2-2 摘录了其中常用的一部分图例。在建筑工程设计时，如该标准图例不够用需另行设定图例时，必须在总平面图上画出自定的图例，并注明其名称。

表 2-2　总平面图常用图例

图例	名称	图例	名称
	用粗实线表示新设计的建筑物 ±0.00 高度处可见轮廓线；需要时地面以上建筑用中粗实线表示，地面以下建筑用细虚线表示；右上角以点数或数字表示层数		烟囱
	用细实线表示原有的建筑物		围墙及大门
	用中粗虚线表示计划扩建的建筑物或预留地		地表排水方向
	用细实线表示拆除的建筑物	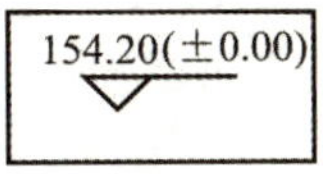	室内地坪标高

续表 2-2

图例	名称	图例	名称
	用粗虚线表示新建建筑物或构筑物的地下轮廓线		室外标高
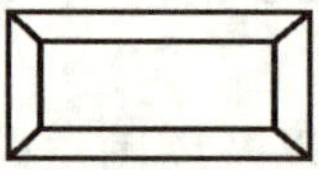	散状材料露天堆场		原有道路
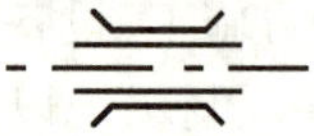	公路桥		计划扩建的道路
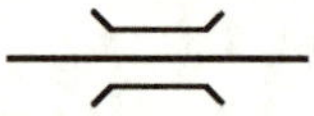	铁路桥		填挖边坡
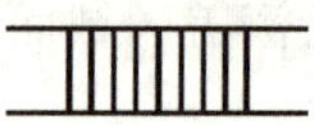	盲道		过水路面

(3)坐标系统　为了确保施工放线正确,在总平面图中需要对建筑物、道路或管线的位置进行定位。新建建筑物的定位方式有三种:①利用新建建筑与原有建筑或道路中心线的距离确定新建建筑的位置;②利用施工坐标确定新建建筑物的位置;③利用大地测量坐标确定新建建筑的位置。

坐标网格应以细实线表示,一般画成 100 m×100 m 或 50 m×50 m 的方格网。建筑坐标网应画成网格通线,坐标代号用“*A*,*B*”表示;测量坐标网应画成十字交叉线,坐标代号用“*X*,*Y*”表示。在总平面图上绘有测量坐标和建筑坐标两种系统时,应在附注中注明两种坐标系统的换算公式;如无建筑坐标系统时,则应标出主要建筑群的轴线与测量坐标的交角。表示建筑物位置的坐标,宜标注其三个角的坐标,如图 2-15 所示,若建筑物与轴线平行,可标注其对角的坐标。如果工程比较简单,也可不用坐标系统。

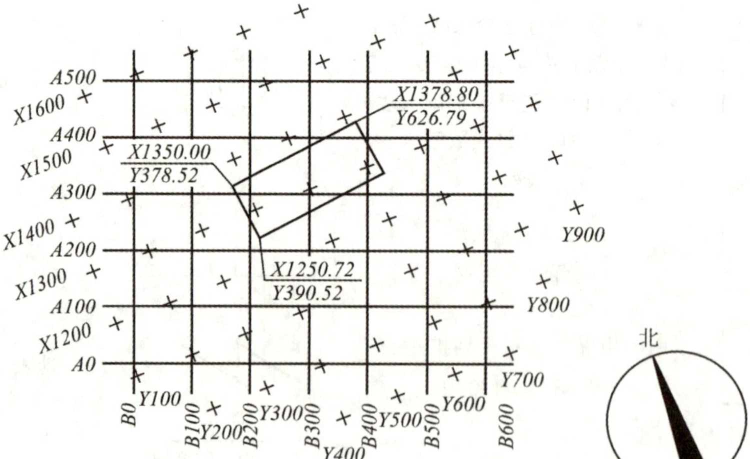

图 2-15　坐标系统

(4)标高　总平面图中标高以“m”为单位，并应至少取至小数点后两位，不足时以“0”补齐。标高要标注新建建筑物首层室内地面标高及室外地坪及道路的标高。

在建筑施工图的总平面图说明上，一般都含有“本工程一层地面为工程相对标高±0.000 m，绝对标高为×× m”，工程的首层地面±0.000 指的是以青岛附近黄海的平均海平面作为标高的零点引出×× m 处。室外整平标高采用全部涂黑的等腰三角形“▼”表示，大小形状同标高符号。

建筑施工图除总平面用绝对标高外，一般都采用相对标高。

(5)朝向和风向　在总平面图中用指北针表示房屋的朝向，用风向频率玫瑰图表示当地常年各方位吹风频率。

(6)其他　如管线综合、竖向设计、道路剖面及绿化布置等内容视各工程设计情况而定。

2.2.2.3　识读方法

以图 2-16 所示总平面图为例。

(1)读图名、比例　该平面图为总平面图，比例为 1∶500。

(2)读图例　了解工程性质、用地范围、地形地貌和周围环境情况。从图中可知，该场地新建建筑为 29 号住宅楼和 30 号住宅楼，南邻纬三路，相距 6 m；场地平整。

(3)读尺寸

1)读标高：两栋住宅楼的±0.000 m 相当于绝对标高 45.00 m。

2)读指北针或风向频率玫瑰图，了解建筑物的位置、朝向和风向。

从指北针可看出，建筑坐北朝南。

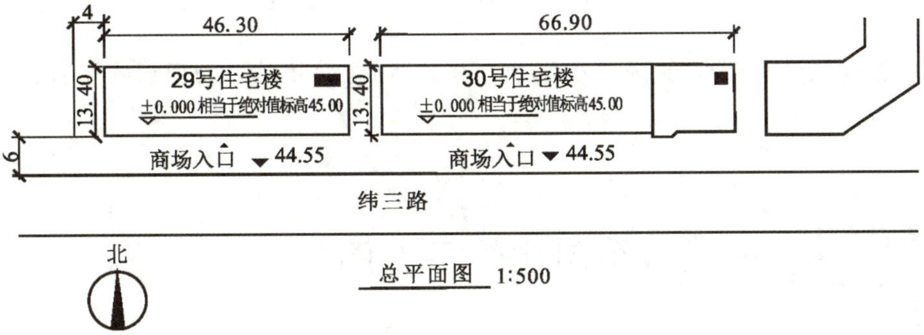

图 2-16　总平面图

【拓展阅读】

宋将作监李诫奉敕编修的《营造法式》是当时建筑设计与施工经验的集合与总结，并对后世产生深远影响。全书 36 卷，357 篇，3555 条。原书《元祐法式》于元祐六年(1091 年)编成，但因为没有规定模数制，也就是“材”的用法，而不能对构建比例、用料做出严格的规定，建筑设计、施工仍具有很大的随意性，不能防止工程中的各种弊端。李诫奉命重新编著，终成此书。《营造法式》在北宋刊行的最现实的意义是严格的工料限定，就是当时的建筑法规。它的现代意义在于揭示了北宋统治者的宫殿、寺庙、官署、府第等木构建筑所使用的方法，使我们能在实物遗存较少的情况下，对当时的建筑有非常详细的了解，填补了中国古代建筑发展过程中的重要环节。通过书中的记述，我们还知道现存建筑所不曾保留的、今已不使用的一些建筑设备和装饰。

因此，建筑业要遵守规范的规定，规范不仅仅是建筑设计的主要依据，也是评判建筑实用性、安全性的依据，是保证建筑设计方案科学合理、具有实施操作性的最基本的规定，是建筑行业在生产生活中必须遵守的标准。不仅如此，在建筑设计过程中，设计者还要沿袭严谨细致的工作作风，学习工匠精神。

【课堂讨论】

1.总平面图的作用是什么？

2.总平面图中的标高是绝对标高还是相对标高？

3.新建建筑物内部的标高指什么位置的标高？

4.总平面图中如何表示建筑物的层数？

5.总平面图中如何表示建筑物的朝向？

6.如何表示建筑所在地的风向？

7.绘制总平面图为什么要严格按照规范要求？

8.我国为什么要坚持可持续发展战略？

【能力训练】

1.施工图中的尺寸以______为单位，总平面图中的尺寸以______为单位，并应精确到小数点后________位。

2.建筑施工图首页是由__________、____________、____________、____________、________________组成。

3.新建建筑以__________表示与室外地坪相接处±0.000 外墙定位轮廓线。

4.在总平面图中，用风向频率玫瑰图表示建筑场地范围内的__________________________。

5.观察学校的平面布局，通过小组分工合作，探究学校总平面图的布置，按照规范形成图样初稿。

任务 2.3 识读与绘制建筑平面图

【学习任务】

1.了解建筑平面图的用途和建筑平面图的形成原理。

2.熟知工程的结构类型、层数、作用、建筑面积、抗震设防烈度等基本概况，掌握建筑平面图的识图内容。

3.掌握建筑平面图的识图方法和步骤，读懂门窗表，并完成能力训练要求的识图记录。

4.能够独立查阅建筑图集，查找相关建筑节点的构造。

5.能够独立绘制建筑平面图。

6.通过识读施工图，提高综合判断能力，学习融入人文素养的重要性。

2.3.1　建筑平面图的用途

建筑平面图是用以表达房屋建筑的平面形状、房间布置、内外交通联系，以及墙、柱、门窗等构配件的位置、尺寸、材料和做法等内容的图样。建筑平面图简称“平面图”。

平面图是建筑施工图的主要图样之一，是施工过程中，房屋的定位放线、砌墙、设备安装、装修及编制概预算、备料等的重要依据。

2.3.2　建筑平面图的形成

建筑平面图的形成、图示内容和方法

平面图的形成通常是假想用一水平剖切面经过门窗洞口将房屋剖开，移去剖切平面以上的部分，将余下部分直接用正投影法投影到水平面上而得到的正投影图，即平面图实际上是剖切位置位于门窗洞口处的水平剖面图(图 2-17 和图 2-18)。

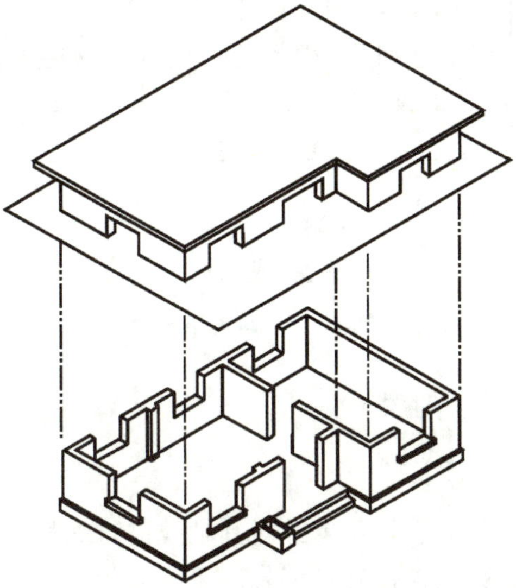

图 2-17　建筑平面图的形成

2.3.3　建筑平面图的比例、图名及图示方式

2.3.3.1　比例

平面图常用 1∶50、1∶100、1∶200 的比例绘制，实际工程中常用 1∶100 的比例绘制。

2.3.3.2　图名及图示方法

一般情况下，房屋有几层就应画几个平面图，并在图的下方标注相应的图名，如“底层平面图”“二层平面图”等。图名下方应加一粗实线，图名右下方标注比例。当房屋中间若干层的平面布局、构造情况完全一致时，则可用一个平面图来表达这相同布局的若干层，称之为标准层平面图。

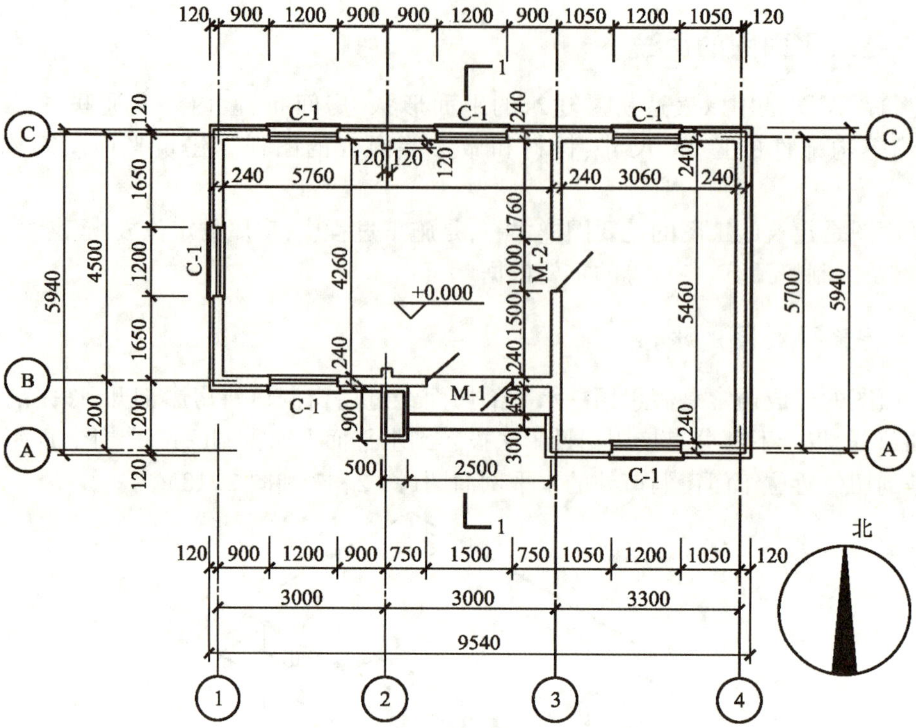

建筑平面图 1:100

图 2-18 建筑平面图

2.3.4 建筑平面图的图示内容

2.3.4.1 底层平面图

(1)表示该建筑物底层的墙、柱位置并对其轴线进行编号。

(2)表示建筑物底层的门、窗位置及编号。

(3)表示楼梯的位置及楼梯上下行方向、级数和楼梯平台标高。

(4)表明各房间名称及室内外楼地面标高。

(5)表示室内设施(卫生器具、水池等)的形状及位置。

(6)标注墙厚、墙段、门、窗、房间开间及进深等各项尺寸。

(7)表示阳台、室外台阶、雨水管、散水、明沟、花池等与建筑相连的室外设施的位置和尺寸。

(8)标注详图索引符号。

(9)在剖面图对应的剖切位置,画出剖切符号并进行编号。

(10)画出指北针。

2.3.4.2 标准层平面图

(1)表示该建筑物标准层的墙、柱位置并对其轴线进行编号。

(2)表示建筑物的标准层的门、窗位置及编号。

(3)表示楼梯的位置及楼梯上下行方向、级数和楼梯平台标高。

(4)表明各房间名称及室内外楼地面标高。

(5)表示室内设施(卫生器具、水池等)的形状及位置。

(6)标注墙厚、墙段、门、窗、房间开间及进深等各项尺寸。

(7)表示阳台、雨篷、雨水管等的位置和尺寸。

(8)标注详图索引符号。

2.3.4.3 屋顶平面图

屋顶平面图是用来表达房屋屋顶的形状、女儿墙位置、屋顶檐口、檐沟、屋顶坡度、分水线与落水口位置等的水平投影图形。同时,还要表示出屋顶水箱间、上人孔、消防楼梯及其他构筑物、详图索引符号等。

屋顶平面图常用 1:100 的比例绘制,也可用 1:200。平面尺寸可只标轴线尺寸。

2.3.4.4 局部平面图

当两层或两层以上合用的平面图中平面布置大部分相同,有局部不同之处时,可用局部平面图表示差异处。

局部平面图的图示方法与底层平面图相同。为了清楚表明局部平面图所处的位置,必须标注与平面图一致的轴线及编号。

局部平面图可以表示两层或两层以上合用的平面图中的局部不同之处,也可以用来将平面图中某个局部以较大的比例另行画出,以便较为清晰地表示出室内的一些固定设施的形状和标注它们的定位尺寸。常见的局部平面图有卫生间、楼梯间等。

2.3.4.5 平面图的表示方法

(1)定位轴线 凡是承重的墙、柱都必须标注定位轴线,并按顺序予以编号。

(2)线型 平面图虽然是房屋的水平剖面图,但按习惯不必标注其剖切位置,也不称为剖面图。在绘制的时候,应按剖面图的方法绘制,建筑平面图的线型,按国标规定,凡是被剖切到的墙、柱轮廓用粗实线(b)表示,门的开启方向线用中粗实线($0.5b$)或细实线($0.25b$)表示,窗的轮廓线以及其他可见轮廓和尺寸线等用细实线($0.25b$)表示。

(3)尺寸标注

1)外部尺寸。如果平面图的上下左右是对称的,一般外部尺寸标注在平面图的下方及左侧。如果平面图不对称,则四周都要标注尺寸。

外部尺寸一般分为三道标注:最外一道是总尺寸,表示房屋的总长度和总宽度;中间一道是定位尺寸,表示定位轴线间的距离,说明房间的“开间”及“进深”尺寸;最里面一道是定形尺寸,表示门窗洞口、墙垛、墙厚等细部尺寸。底层平面图中还应注出室外台阶、花台、散水等尺寸。

三道尺寸之间应留有适当距离(7~10 mm),在尺寸线上注写尺寸数字。

2)内部尺寸。为了说明室内的门窗洞、孔洞、墙厚和固定设备的大小与位置,在平面图中应注写出有关的内部尺寸。为编制概预算的统计及施工备料,平面图上所有的门窗都应进行编号。门窗用汉语拼音首字母大写来表示,例如门常用“M1”“M2”或“M-1”“M-2”等表示,窗常用“C1”“C2”或“C-1”“C-2”表示,也可用标准图集上的门窗代号来标注门窗,如“M0924”“C1515”等。

此外,在底层平面图中,还应注写室内外地面的标高。

(4)指北针　一般在底层平面图的下侧要画出指北针,以表明房屋的朝向。

2.3.5　工程实例识读

下面以图 2-19 为例,说明平面图的识读步骤。

(1)了解图名、比例及文字说明　由该图可知,这是一栋教学楼的底层平面图,比例为 1∶100。楼梯详图见建施-10 和建施-11;卫生间详图见建施-08;普通教室平面布置详图见建施-08。

(2)了解纵横定位轴线及编号　由该图可看出该教学楼为框架结构,定位轴线编号横向为①~⑭,纵向为Ⓐ~Ⓔ。

(3)了解房屋的平面形状和总尺寸　该教学楼平面形状为矩形,总长 53.340 m,总宽 13.140 m。

(4)了解房间的布置、用途及交通联系　由总长和总宽可计算出该建筑的用地面积,每层设两个楼梯间作垂直方向的交通联系,分别在建筑的东北向和西南向,分别位于⑪~⑫轴与Ⓒ~Ⓔ轴相交处以及①~③轴线与Ⓐ~Ⓑ轴线相交处。设男、女卫生间各一个。

(5)了解门窗的布置、数量及型号　门的名称代号是 M,窗的名称代号是 C,不同型号和尺寸的门窗,在代号后面用不同的阿拉伯数字编号,如 M-1、M-2 和 C-1、C-2。一般施工图中还配有门窗明细表,以注明门窗的编号、洞口尺寸、数量、型号和采用图集号等。

(6)了解房屋的开间、进深、细部尺寸和室内外标高　本例中的教学楼楼底层从左至右共有一间办公室和四间教室,有两个楼梯间、两个卫生间,办公室和教室的开间为 8.4 m,进深为 6.9 m;甲楼梯间的开间是 3.3 m,进深 6.9 m;乙楼梯间的开间是 3.3 m,进深 8.4 m。

细部尺寸主要有门、窗宽度及位置,窗间墙尺寸,室外散水宽度,走廊宽度及台阶尺寸等。底层室内标高±0.000 m,室外地面标高为-0.450 m,可知室内外高差 0.450 m。

(7)了解房屋细部构造和设备配置等情况　如房屋内部的楼梯、搁板、洗面盆、大便器及家具布置,房屋外部的台阶雨水管。该例需见楼梯间详图(建施-10 和建施-11)、卫生间详图(建施-08)和教室平面布置详图(建施-08)。

(8)了解剖切位置及索引符号　该教学楼底层平面在②、③轴线间注有 1—1 剖切符号,⑬、⑭轴线间注有 2—2 剖切符号。在图形的下方及两侧还注有坡道栏杆扶手和室外散水的细部做法索引符号及相应的标准图集号,由此可知这些部位的构造做法。

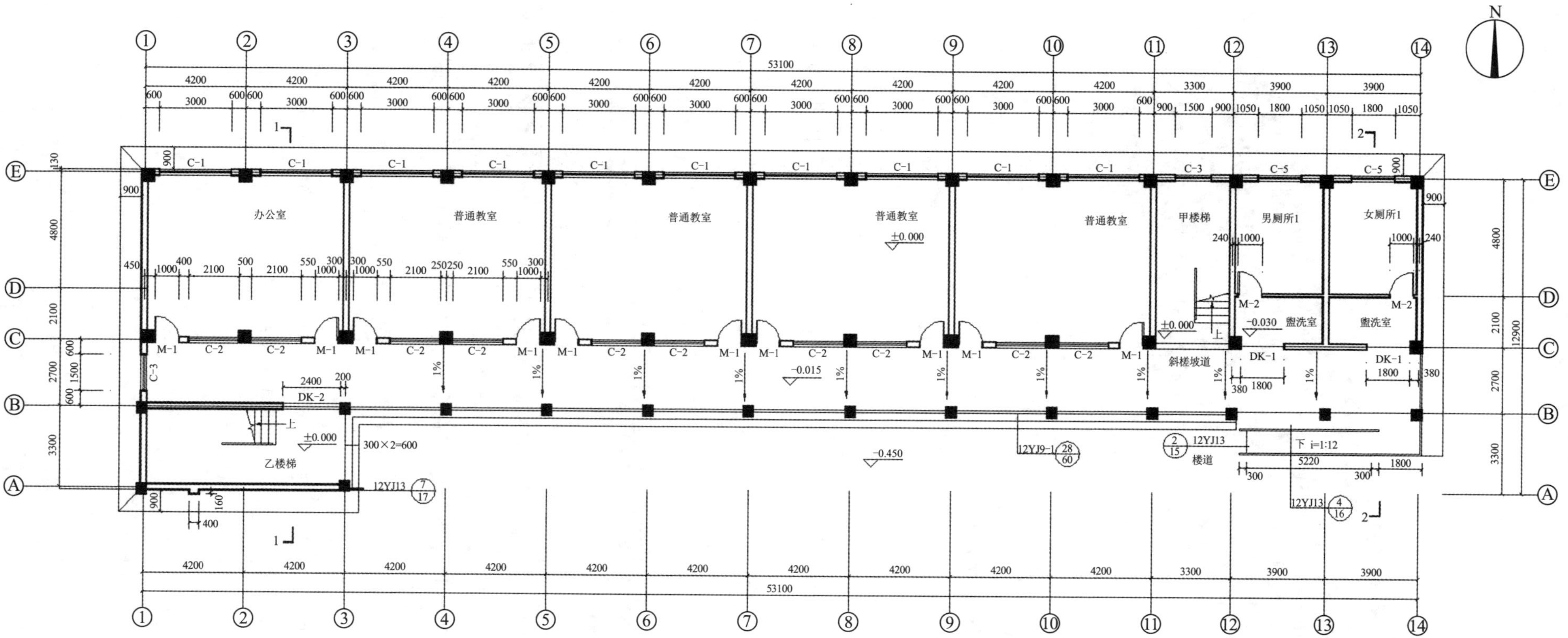

一层平面图 1:100

注：1.楼梯详图见建施-11、建施-12;
2.卫生间详图见建施-08;
3.普通教室平面布置详图见建施-08。

(a)底层平面图示例

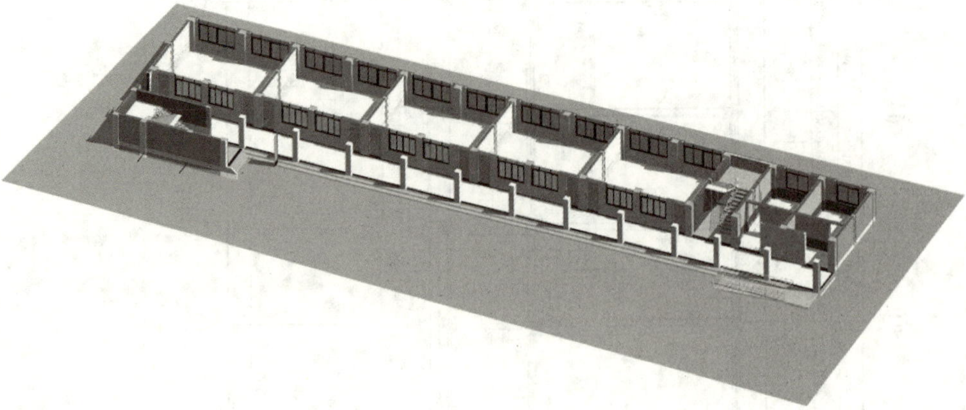

(b)底层平面图三维图

图 2-19　建筑底层平面图

图层设置、轴线绘制

2.3.6　CAD 绘制建筑平面图

绘制图纸之前，根据图纸内容，在“图层特性管理器”中新建不同图层，同时设置图层的颜色、线型和线宽。

2.3.6.1　绘制轴线图

将“轴线”图层设为当前图层，设置方法：在“图层特性管理器”中，把“轴线”图层设置为当前层。

(1)绘制两条正交的轴线　使用“构造线”命令绘制两条正交轴线。绘制时打开“正交模式”，打开方法如图 2-20 所示。

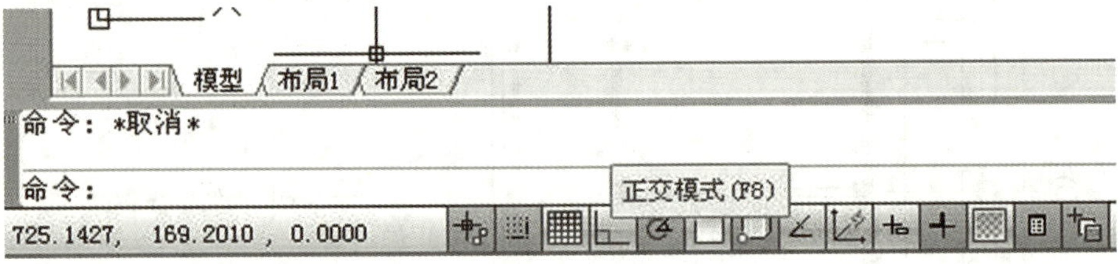

图 2-20　“正交模式”打开方法

(2)偏移复制轴线网　使用“偏移”命令，参考图纸中轴线间距，偏移复制出轴网。绘图效果如图 2-21 所示。

【思考】

还有哪些命令可以画出轴线？

(3)修剪多余轴线　注意：画图前首先要设置线型、线宽。相关数据查找国家制图规范。本例中定位轴线的参考数据为定位轴线采用细点画线 $0.25b=0.13$ mm。

(4)绘制轴线编号　绘图效果如图 2-22 所示。

【思考】

1.轴线编号由圆和数字组成，如何绘制轴线编号？

2.快速绘制定位轴线编号有几种方法？

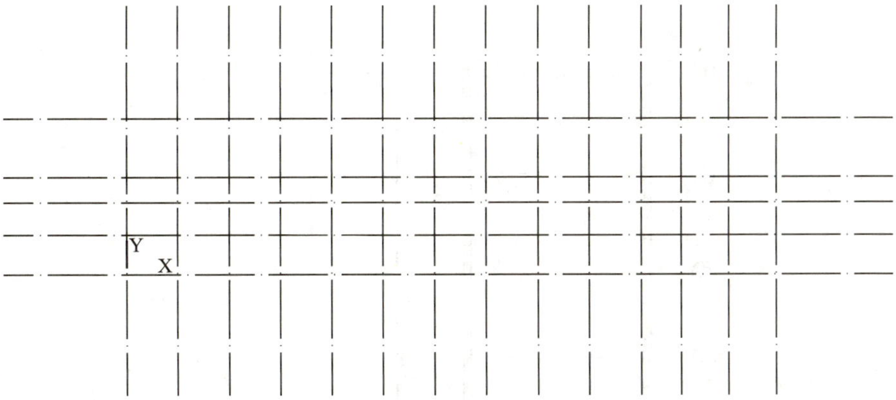

图 2-21　偏移复制轴线图

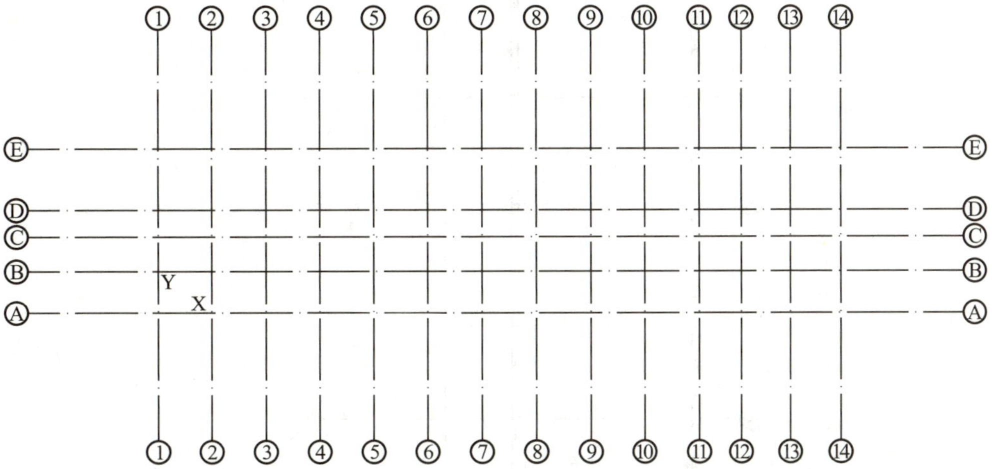

图 2-22　绘制轴线编号

2.3.6.2　绘制墙线

墙、柱、台阶、散水绘制

将“墙线”图层设置为当前图层。

（1）利用“多线”的命令绘制墙线　执行菜单栏中“绘图”|“多线”命令，或输入快捷键“ML”。注意查看命令行。

当前设置：对正 = 上，比例 = 20，样式 = STANDARD。

1）在“指定起点或[对正(J)/比例(S)/样式(ST)]：”提示下，输入“S”后按 Enter 键或空格键。

2）在“输入多线比例〈20.00〉：”输入“240”（墙体厚度为 240 mm）后按 Enter 键或空格键。

3）在“指定起点或[对正(J)/比例(S)/样式(ST)]：”提示下，输入“J”后按 Enter 键或空格键。

4）在“输入对正类型[上(T)/无(Z)/下(B)]：”输入“Z”后按 Enter 键或空格键。

5）在“指定起点或[对正(J)/比例(S)/样式(ST)]：”提示下，打开“对象捕捉”功能，捕捉 *A* 点作为起点。

6）在“指定下一点：”分别捕捉 *B*、*C*、*D*、*E*、*F* 点。绘制出外墙，如图 2-23 所示。

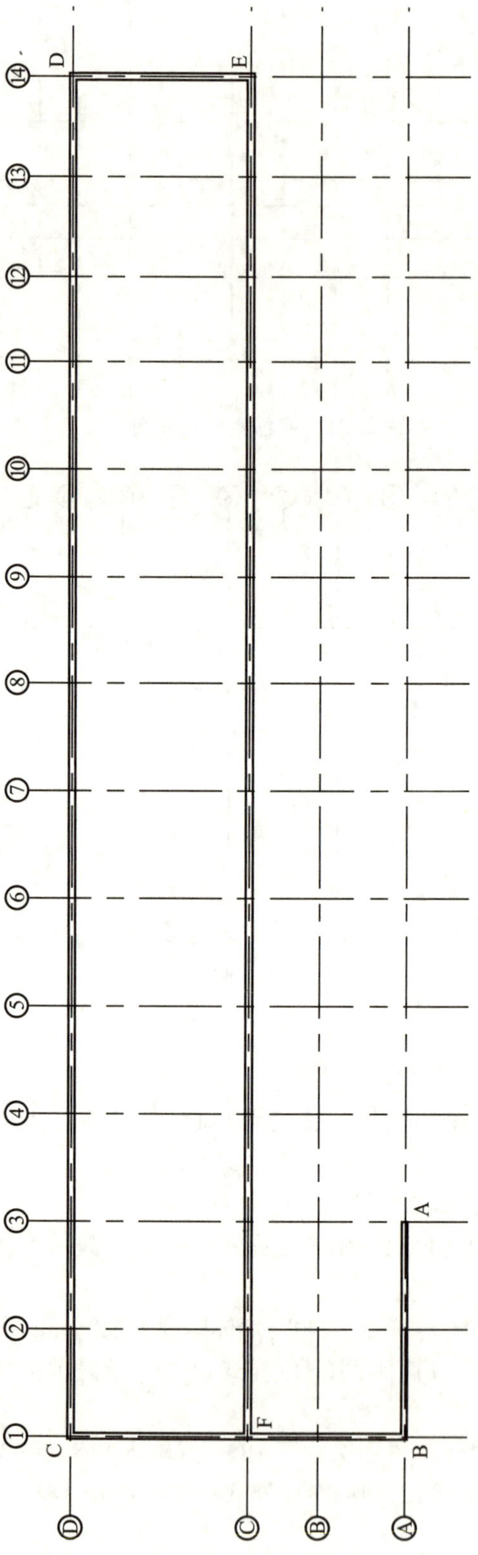

图2-23　绘制外墙线

(2)绘制内墙线　按 Enter 键或空格键重复刚刚使用过的“多线”命令。

(3)编辑墙线

1)执行菜单栏中“修改”|“对象”|“多线”命令,或双击要编辑的墙线,打开“多线编辑工具”对话框。

2)单击“T 形打开”图标,如图 2-24 所示。

3)在“选择第一条多线:”提示下,单击选择 GH 线上端。

4)在“选择第二条多线:”提示下,单击选择 GI 线左端,如图 2-25 所示。同样方法编辑其他多线相交处,打开所有 T 形接头。

绘制完整的墙线如图 2-26 所示。

图 2-24　单击“T 形打开”图标

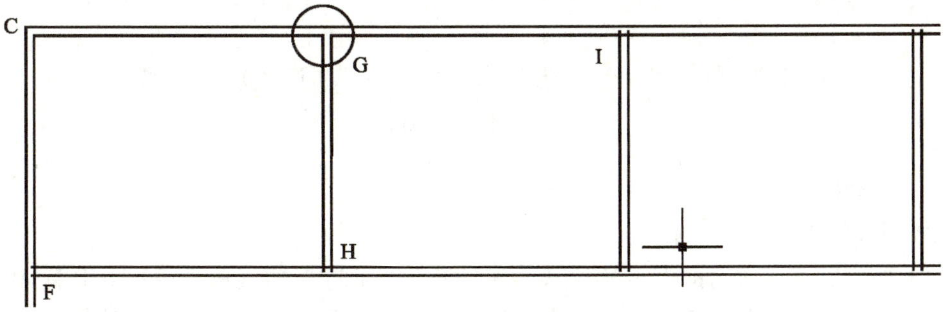

图 2-25　打开多线的 T 形接头

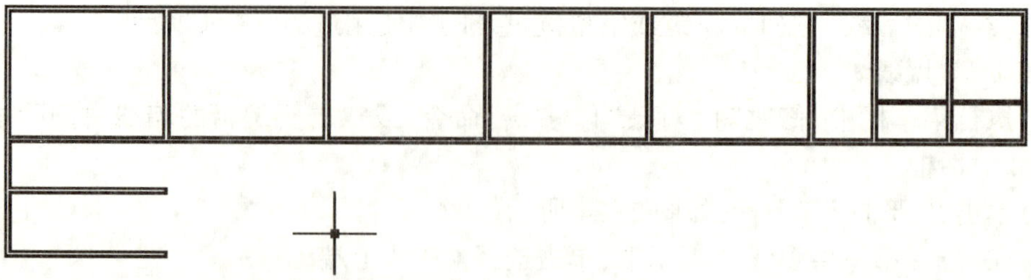

图 2-26　绘制完整的墙线

(4)另外方法绘制墙线　利用多段线命令绘制墙线。

1)参考图纸(逐一查找墙体厚度及墙体与轴线的距离),沿轴线画出外墙轮廓线,把墙体偏移复制。

2)使用“偏移”命令,偏移出外墙和内墙。

为了解说方便,图中只画出了外墙厚度为 240,轴线位于墙体中间的部分墙体,其他没有画出的墙体参考本例做法。

技巧:为方便、准确绘图,绘图时打开“对象捕捉”命令。

2.3.6.3　绘制柱

将“柱”图层置为当前层。查询图纸可知,一层平面图中共有两种柱子,尺寸分别是 500 mm×500 mm、400 mm×400 mm,使用“矩形”和“填充”命令画出柱子,使用“复制”命令把柱子放置在相应的位置。绘图效果如图 2-27 所示。

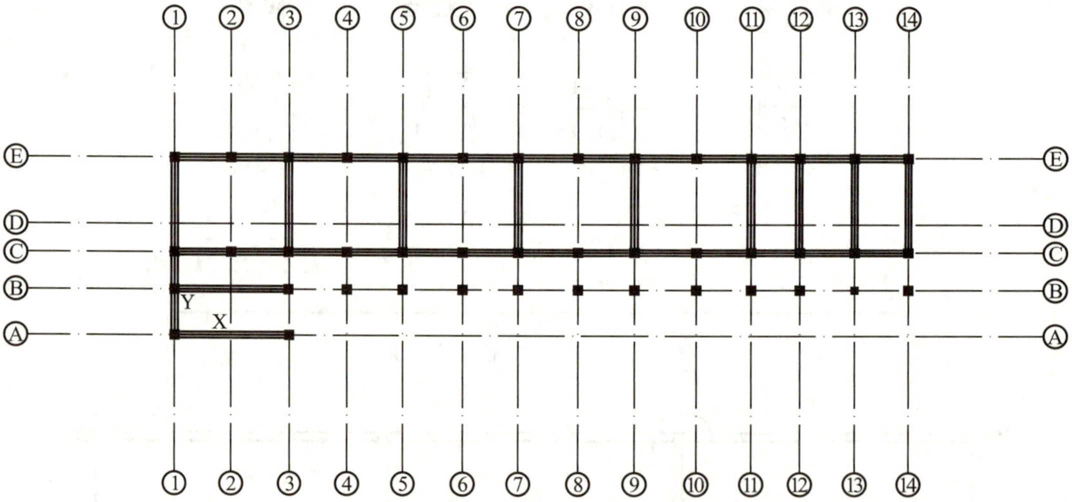

图 2-27　复制柱网

2.3.6.4　绘制门窗

墙体开洞、门窗绘制

将“门窗”图层置为当前层。

(1)画平开门　画门的时候需要知道门的尺寸和门与轴线的距离,图中有 M-1 与 M-2两种门。使用到的命令有“圆”“直线”“修剪”,也可以使用多段线等其他命令画门。绘图效果如图 2-28所示。

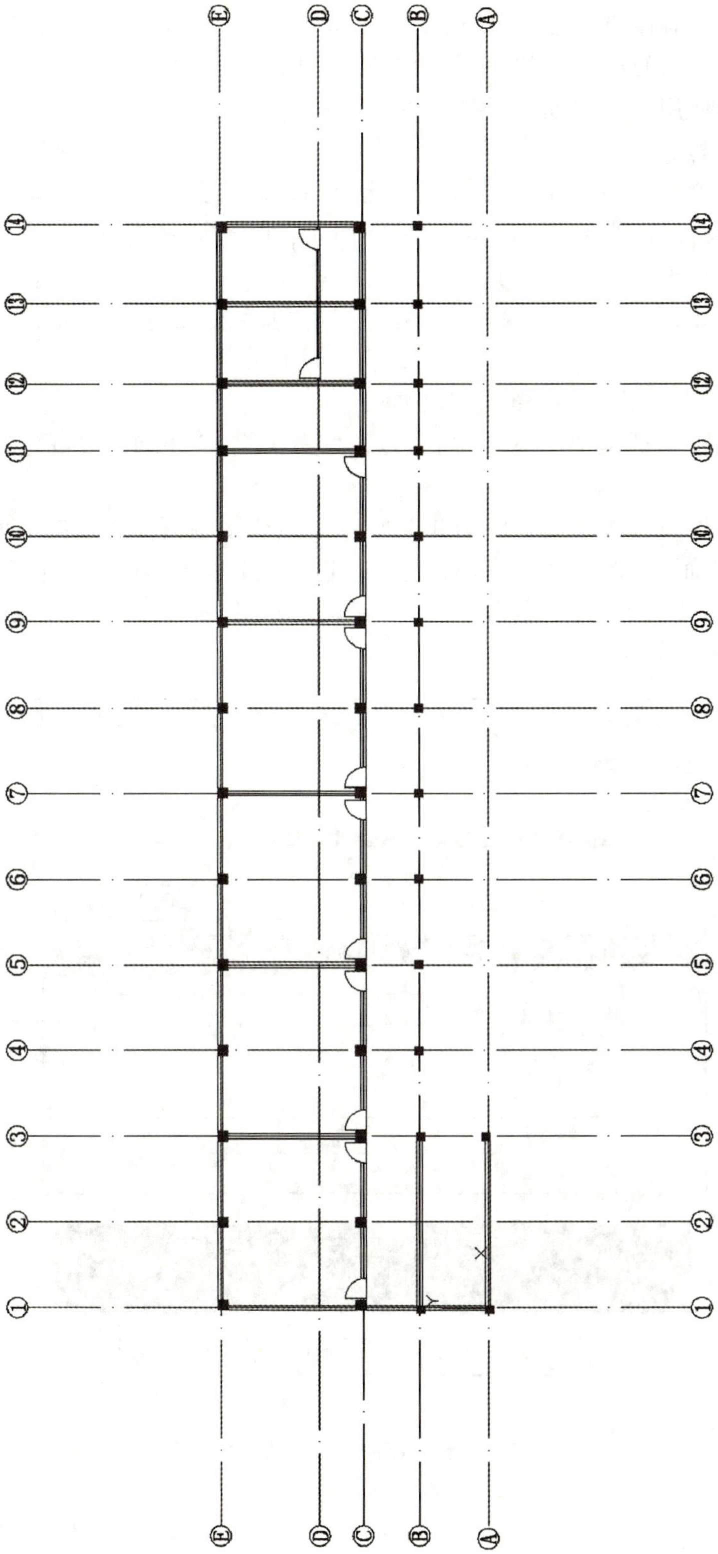

图2-28 绘制平开门

(2)画窗　本章图纸上共有 C-1、C-2、C-3、C-5 四种类型的窗户,根据图纸尺寸,分别把它们画出来。画窗户时参考使用命令“直线”“偏移”“矩形”“定距等分”。把窗户放置在相应位置时参考使用“复制”“捕捉自”或者使用辅助线。

画窗也可以使用“多线”命令,设置“多线样式”。

1)设置多线样式:

①执行菜单栏中“格式”→“多线样式”命令,打开“多线样式”对话框,单击“新建”,打开“创建新的多线样式”对话框,如图 2-29 所示,在“新样式名”输入“窗线”,单击“继续”,打开“新建多线样式:窗线”对话框。

②修改多线元素。单击“添加”,在“偏移”文本框输入 0.5、0.15、-0.15、-0.5,如图 2-30 所示。

③单击“确定”,返回“多线样式”对话框。

④“多线样式”对话框中选中“窗线”,点击“置为当前”,再单击“确定”按钮,关闭对话框。

2)利用“多线”命令绘制窗。将当前层换为“门窗”图层,利用“多线”命令绘制窗,方法同利用“多线”命令绘制墙线。当前设置:对正 = 无,比例 = 240,样式 = 窗线,指定第一点为图 2-31 中 A 点,指定下一点为 B 点,绘制效果如图 2-31 所示。其他窗用同样方法绘制,如图 2-32 所示。

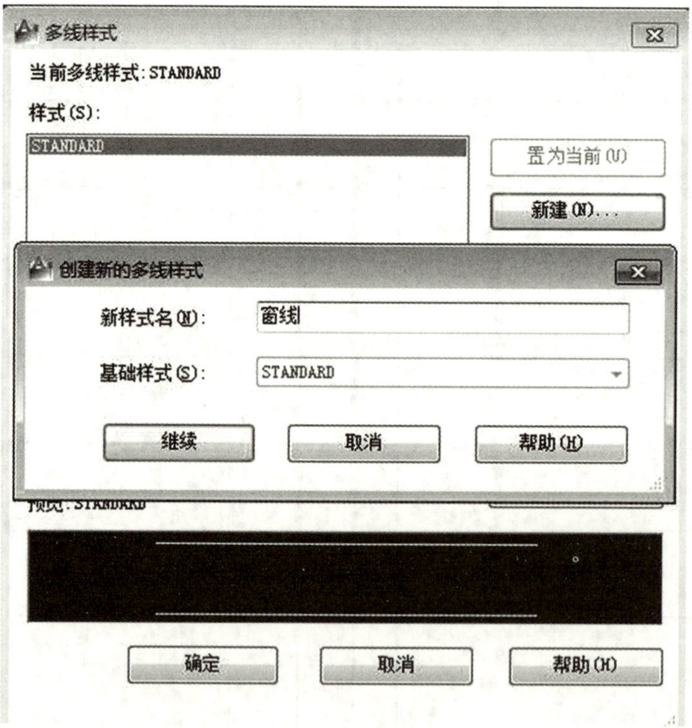

图 2-29　“创建新的多线样式”对话框

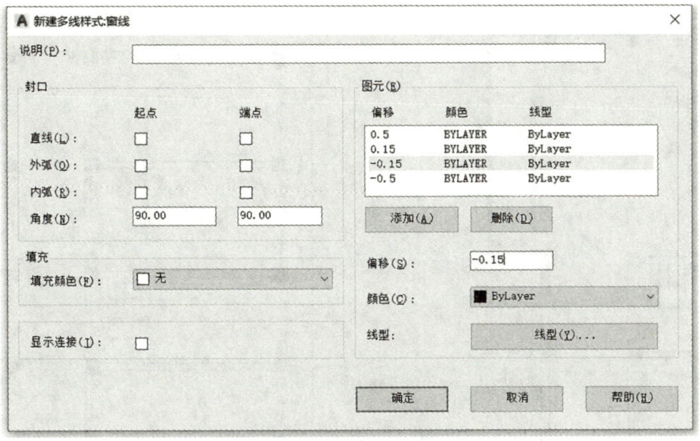

图 2-30　修改多线元素

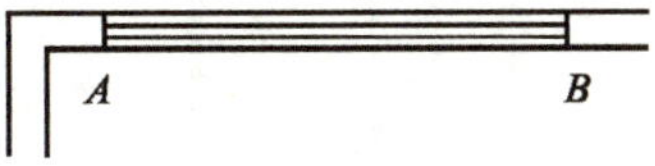

图 2-31　利用“多线”命令绘制窗

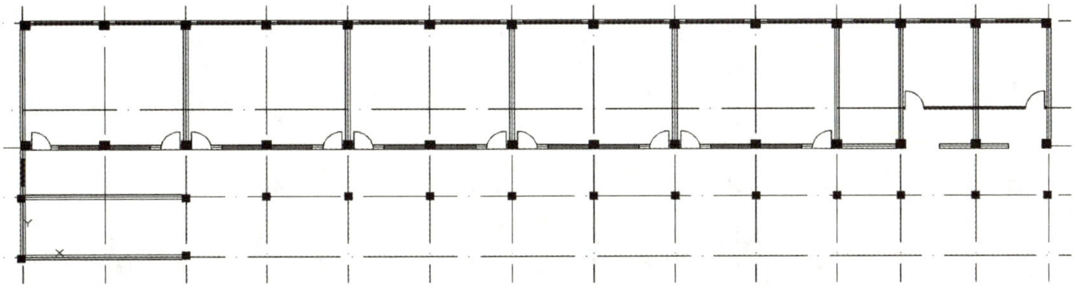
图 2-32　利用“多线”命令绘制其他窗

2.3.6.5　绘制楼梯、台阶

将“楼梯”图层设置为当前图层。楼梯图形由踏步线、楼梯扶手、剖断线、上下方向箭头、文字组成，查询其他图纸得知，踏面宽度是 300 mm，梯段宽度是 1450 mm。

绘制方法：踏面使用“直线”“偏移”命令；楼梯扶手可以使用“矩形命令”；剖断线使用“直线”命令；箭头使用“多段线”命令；文字可以使用“单行文字”或“多行文字”命令。绘图效果如图 2-33 所示。

绘制室外台阶时，可以先使用“多段线”命令，然后使用“偏移”命令，绘图效果如图 2-34所示。

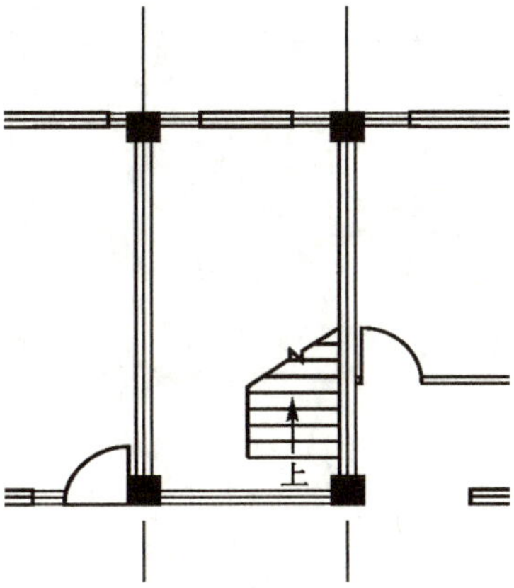

图 2-33　楼梯底层平面图

2.3.6.6　绘制散水

把“散水”图层置为当前层。根据图纸上的标注，查询出散水的尺寸。可以使用“直线”或者“多段线”画散水。用“多段线”命令沿外墙画一周，然后使用“偏移”命令可得散水图形。绘图效果如图 2-35 所示。

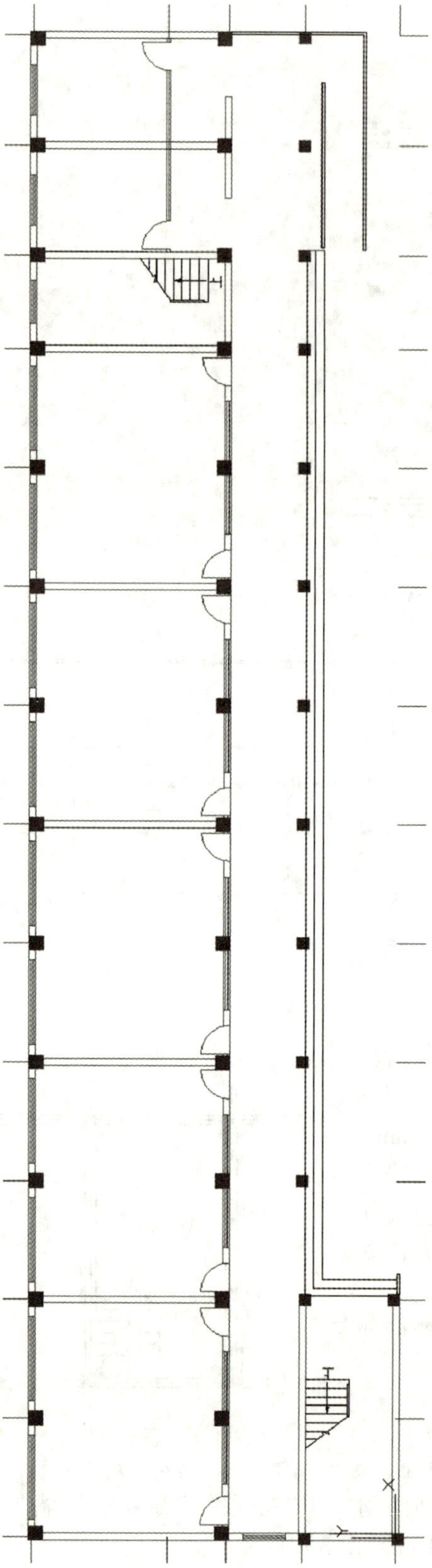

图2-34　绘制室外台阶

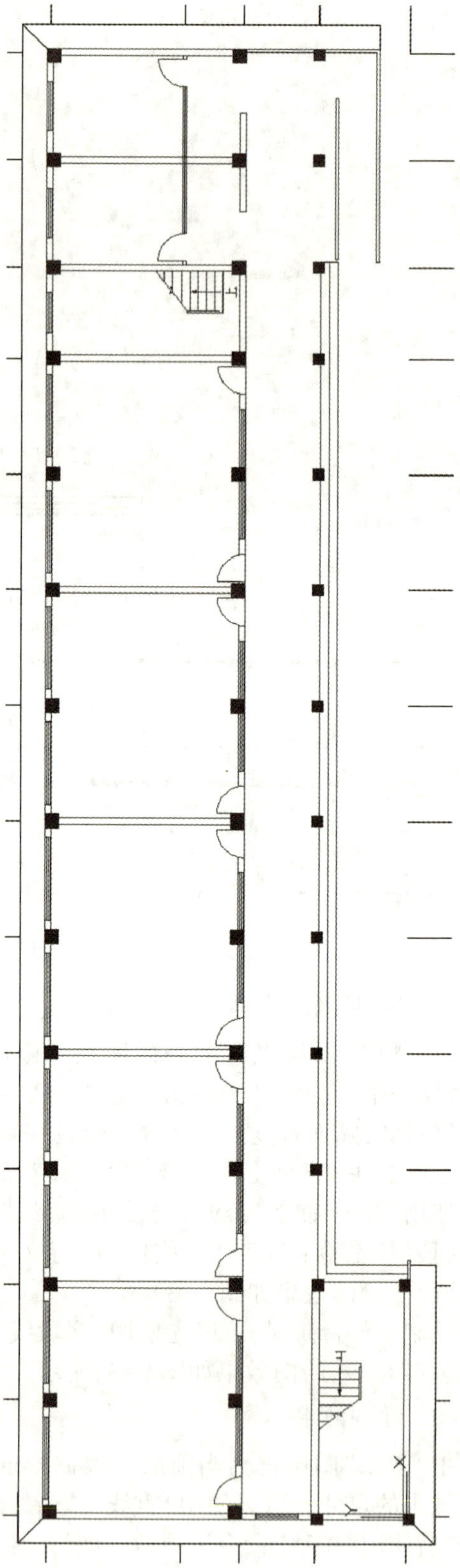

图2-35　绘制散水

2.3.6.7　尺寸标注

把“尺寸标注”图层置为当前层。首先定义标注样式（具体数值参考国家制图规范），然后使用“线性标注”“连续标注”和“基线标注”命令进行标注。绘图效果如图 2-19 所示。

尺寸标注、文字标注

2.3.6.8　文字标注

把“文字标注”图层置为当前层。首先设置文字标注样式，然后使用“单行文字”或者“多行文字”进行文字标注，为了增加绘图效率，可以使用“复制”或者“阵列”等命令。绘图效果如图 2-19 所示。

其他符号剖切、箭头、指北针、图名、图框绘制

2.3.6.9　其他标注

其他标注有标高、坡度、索引符号等。标高可以用“直线”“镜像”“极坐标”“极轴追踪”等方式绘出，其中的“正负”符号，在“多行文字”中直接输入“±”符号命令。绘图效果如图 2-19所示。

【拓展阅读】

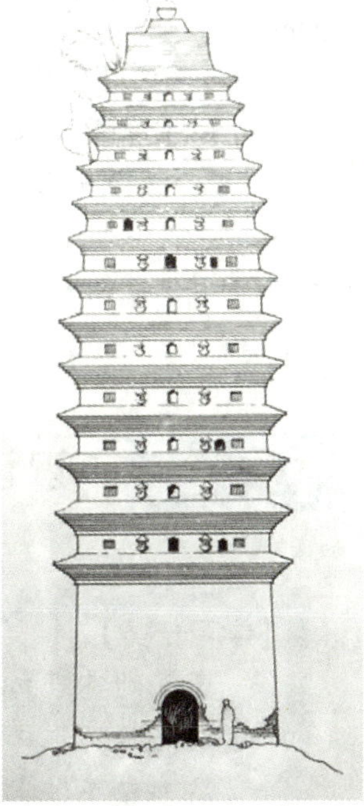

梁思成，作为中国著名建筑学家，毕生致力于中国古代建筑的研究和保护，是建筑历史学家、建筑教育家和建筑师，被誉为中国近代建筑之父。1946 年，梁思成赴美国讲学，受聘美国耶鲁大学教授，并担任联合国大厦设计顾问建筑师。因他在中国古代建筑的研究上做出了杰出的贡献，被美国普林斯顿大学授予名誉文学博士学位。同年，梁思成回到母校清华大学创办了建筑系。1948 年，在平津战役前，梁思成绘制了《全国文物古建筑目录》，交给中国人民解放军，使北平古迹避免受到炮击，很好地保护了北京的文物和古城墙。如今要设计一座建筑，可以用 CAD、BIM 等电脑制图软件，各种现代手段应有尽有，而在几十年前那个战火纷飞的年代，经济困难，测绘工具简陋，出行极其不便，人们温饱尚不能满足，去全国各地探寻古建筑并且把测绘图达到世界水准更是不易。19 世纪 30 年代，梁思成和林徽因以及助手莫宗江，自带行李铺盖卷，克服重重障碍，背着测量仪器在中国各个角落考察古建筑。他们前后花了 9 年时间，辗转 15 省 200 余县，考察过的建筑物超过两千个，全面深入地介绍和记录了中国古建筑的发展史和技术特点。梁思成的手绘图是中国古建筑的一个缩影，对中国古建筑设计艺术和发展传承有着重大影响，更是一种精神的延续。先辈不易，后辈当倍加珍惜，唯有自强自信才不负前辈重托，才能重拾昔日风华，才是真正地提升民族文化自信。右图为宋代四川叙州区（原宜宾县）旧州坝白塔手绘图。

【课堂讨论】

1.建筑平面图的作用和图示内容是什么？

2.在建筑施工图中应绘制几个平面图？

3.建筑平面图是如何形成的?

4.建筑平面图中应如何进行定位轴线的编号?

5.什么是开间和进深?

6.建筑平面图中应标注内部尺寸和外部尺寸,内部尺寸主要标注什么部位?外部尺寸应标注几道尺寸线,分别标注的是什么部位?

7.首层建筑平面图中主要地坪的标高是多少?

8.理解详图索引符号及详图符号的表达。

9.我们是否需要保护古代建筑?

【能力训练】

1.根据图 2-19 完成识图报告。

(1)M-1 表示______,宽度是______mm,C-1 表示______,宽度是______mm。

(2)图中剖切符号 1,投视方向为________________,只在________________进行表示。

(3)该建筑物室内主要地坪标高为____________m,室内外高差是__________m。

(4)建筑外墙厚度是________mm,内墙厚度是________mm,散水宽度是________mm。

(5)男厕的开间为__________mm,进深为__________mm。

2.用 CAD 绘制如图 2-19 所示一层平面图,采用 A3 图纸,1:100 的比例。要求:图框格式正确,布图适中匀称,线型粗细分明,字体端正整洁,图面整洁清晰。

3.观察教学楼各层的平面布局,通过小组分工合作,探究教学楼的平面布置,按照规范形成建筑平面图初稿。

任务 2.4 识读与绘制建筑立面图

【学习任务】

1.了解建筑立面图的用途和形成原理。

2.掌握建筑立面图的图示内容和图示方法。

3.熟悉建筑立面图的识图方法和步骤。

4.能结合建筑平面图读懂建筑立面图和建筑剖面图。

5.培养学生不甘落后、奋勇争先的责任感和使命感。

2.4.1 建筑立面图的用途

建筑立面图是表达房屋建筑图的基本图样之一,主要用来表达房屋的外部造型、门窗位置及形式、建筑层数、墙面装修,以及其他建筑构配件(空调板、遮阳板、屋顶水箱、出屋面楼梯间、檐口、阳台、雨篷、雨水管、勒脚、平台、台阶等)的标高和尺寸,如图 2-36 所示。

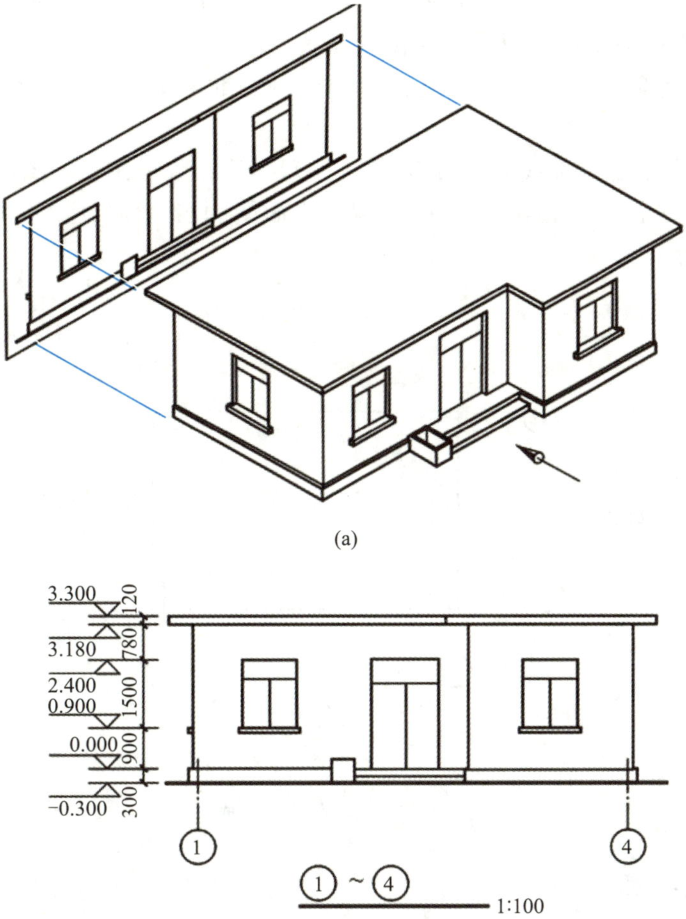

(a)

(b)

图 2-36　建筑立面图

2.4.2　建筑立面图的形成

建筑立面图是建筑物在与其立面相平行的投影面上所作的正投影图,见图 2-36(a)。某些平面形状曲折的建筑物,可绘制展开立面图,圆形或多边形平面的建筑物,可分段展开绘制立面图。但均应在图名后加注“展开”二字。

建筑立面图形成、图示内容和图示方法

2.4.3　图示方法

建筑立面图的比例与平面图一致,常用 1∶50、1∶100、1∶200 的比例绘制。建筑立面图的表达应主次分明、图面美观,通过采用不同粗细的线型来表示建筑物立面不同部位或构件的层次。室外地坪线用加粗实线(1.4*b*)表示,外部轮廓线用粗实线(*b*)来表示,所有突出墙面的部位或构件(如阳台、空调板、雨篷、勒脚、门窗洞等)用中实线(0.5*b*)表示,其余部分用细实线(0.25*b*)表示。

建筑立面图的图名,常用以下三种方式命名。

(1)以建筑墙面的特征命名,常把建筑主要出入口所在墙面的立面图称为正立面图,其余几个立面相应地称为背立面图、左侧立面图、右侧立面图。

(2)以建筑各墙面的朝向来命名,如南立面图、北立面图、东立面图、西立面图,如图 2-37所示。

(3)以建筑两端定位轴线编号命名,如①~⑦立面图、⑦~①立面图等。“国标”规定:有定位轴线的建筑物,宜根据两端轴线号编注立面图的名称,如图 2-37 南立面图,可命名为①~⑦立面图。

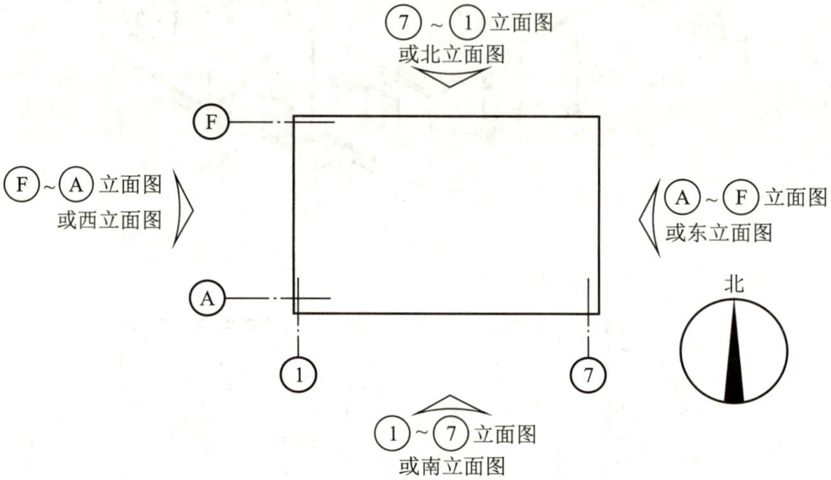

图 2-37　立面图的形成

2.4.4　识读内容和方法

2.4.4.1　图示内容

立面图应根据正投影原理绘出建筑物外墙面上所有门窗、雨篷、檐口、壁柱、窗台、窗楣及底层入口处的台阶、花池等的投影。由于比例较小,立面图上的门、窗等构件也可用图例表示(表 2-3)。相同的门窗、阳台、外檐装修、构造做法等可在局部重点表示,绘出其完整图形,其余部分可只画轮廓线。如立面图中不能表达清楚,则可另用详图表达。

表 2-3　构造及配件图例

图例	名称	图例	名称
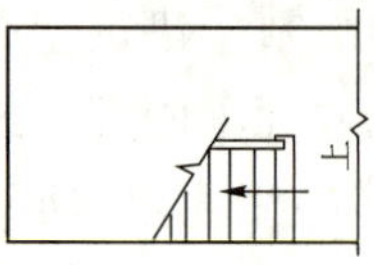	底层楼梯		空门洞
		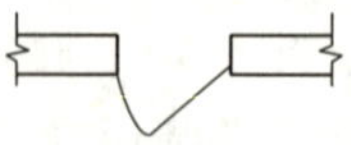	单扇门

续表 2-3

图例	名称	图例	名称
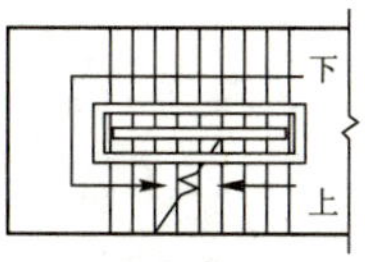	中间层楼梯	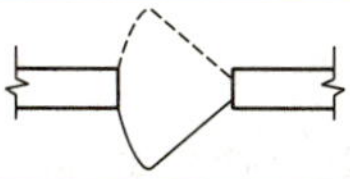	单扇双面弹簧门
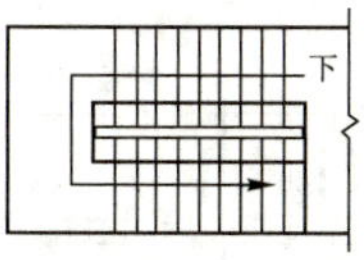	顶层楼梯		双扇门
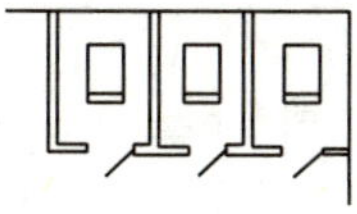	厕所间		对开折叠门
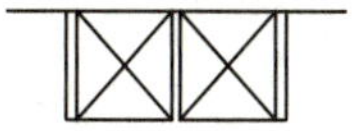	淋浴小间	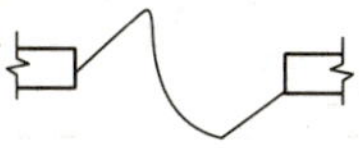	双面开启双扇门
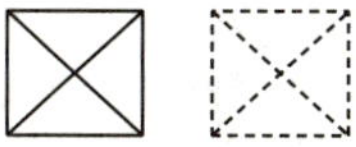	检查口	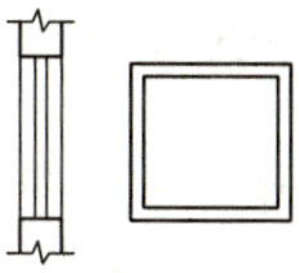	单层固定窗
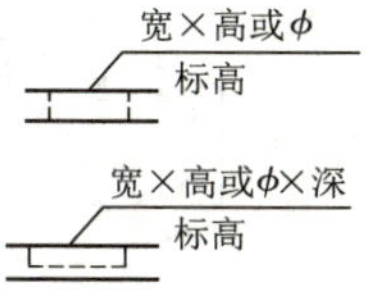	墙预留洞、槽	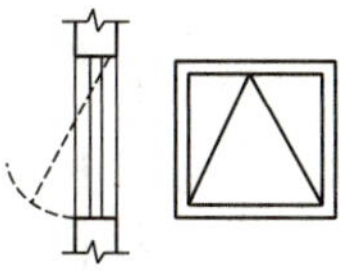	单层外开上悬窗
	高窗	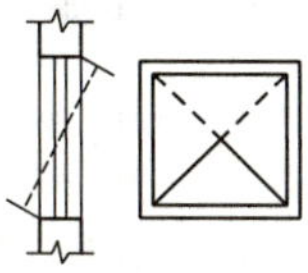	单层中悬窗
		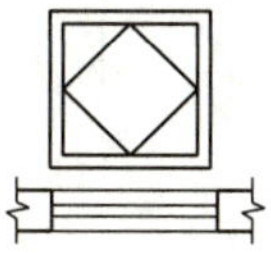	单层外开平开窗

2.4.4.2　表示方法

(1)建筑立面图的线型　为使立面图外形更清晰，通常用粗实线(b)表示立面图的最外轮廓线，而凸出墙面的雨篷、阳台、柱子、窗台、窗楣、台阶、花池等投影线用中线($0.5b$)画出，地坪线用加粗线($1.4b$)画出，其余如门、窗及墙面分格线、落水管以及材料符号引出线、说明引出线等用细实线($0.25b$)画出(图 2-36)。

(2)建筑立面图的尺寸标注

1)竖直方向：应标注建筑物的室内外地坪、门窗洞口上下口、台阶顶面、雨篷、房檐下口，以及屋面、墙顶等处的标高，并应在竖直方向标注三道尺寸，里边一道尺寸标注房屋的室内外高差、门窗洞口高度、垂直方向窗间墙、窗下墙高、檐口高度尺寸；中间一道尺寸标注层高尺寸；外边一道尺寸为总高尺寸。

2)水平方向：立面图水平方向一般不注尺寸，但需要标出立面图最外两端墙的轴线及编号，并在图的下方标注起始轴线间总尺寸。

3)其他标注:立面图上可在适当位置用文字引出标注其装修做法,也可以不注写在立面图中,以保证立面图的完整美观,而在建筑设计总说明中列出外墙面的装修做法。

2.4.5 工程实例识读

下面以图 2-38 为例,说明建筑立面图的内容及识读步骤。

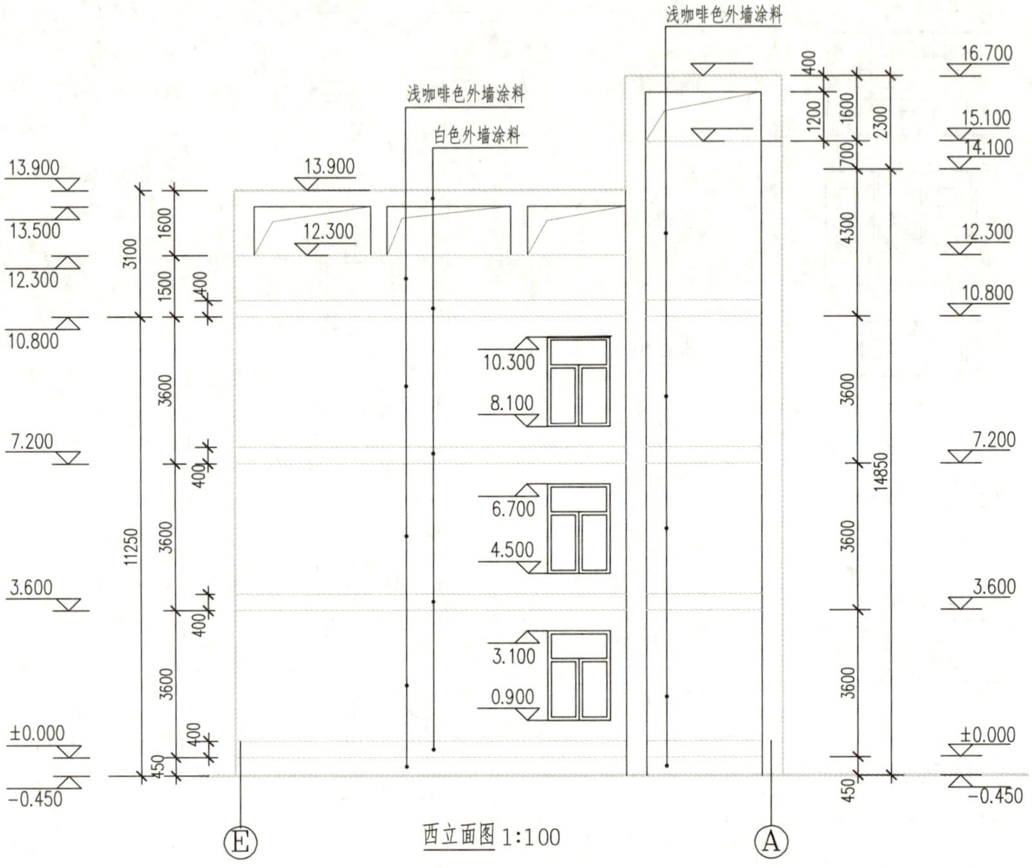

(a)立面图示例

(b)立面图三维图

图 2-38 建筑立面图

(1)了解图名及比例　从图名可知,该图是西立面图,比例为 1:100。

(2)了解立面图与平面图的对应关系　本图左端轴线编号为Ⓔ,右端轴线编号为Ⓐ,与平面图西外墙轴线Ⓔ~Ⓐ对应。该立面图反映建筑西侧立面。

(3)了解房屋的外貌特征　由图 2-19 知,该教学楼底层有两个主要出入口,室外走廊整个台阶连通。底层室外还设有残疾人专用的无障碍通行坡道及扶手。乙楼梯间为出屋面楼梯间,屋顶有梁和柱。

(4)了解房屋的竖向标高　从图 2-38 中所注标高可知,房屋室外地坪比室内地面低 0.45 m,一层~三层的层高为 3.6 m,乙楼梯间顶标高 16.7 m,女儿墙高 1.5 m,乙楼梯女儿墙高 0.7 m,屋顶梁顶标高为 13.9 m。窗洞底部和顶部标高及尺寸在图中均已注出。

(5)了解房屋外墙的装修做法　从立面图的文字说明可知,外墙主要使用白色外墙涂料,每层层高往上 400 mm 范围内为浅咖啡色。

2.4.6　CAD 绘制建筑立面图

绘制图纸之前,根据图纸内容,在"图层特性管理器"中新建不同图层,同时设置图层的颜色、线型和线宽。在绘图过程中,一定要在相对应的图层上作图。

2.4.6.1　绘制立面图地面和轴线

使用"构造线"命令绘制,绘图效果如图 2-39 所示。

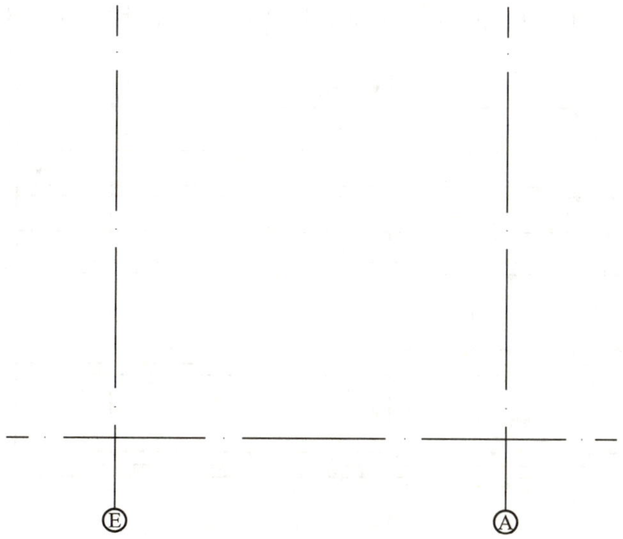

图 2-39　绘制立面图地面和轴线

根据图纸上的尺寸,使用"偏移"命令,绘制出辅助线。为了防止图线太多,出现识图错误,画辅助线时,同时标注出标高。绘图效果如图 2-40 所示。标高画法前面章节已讲过,这里不再详述。

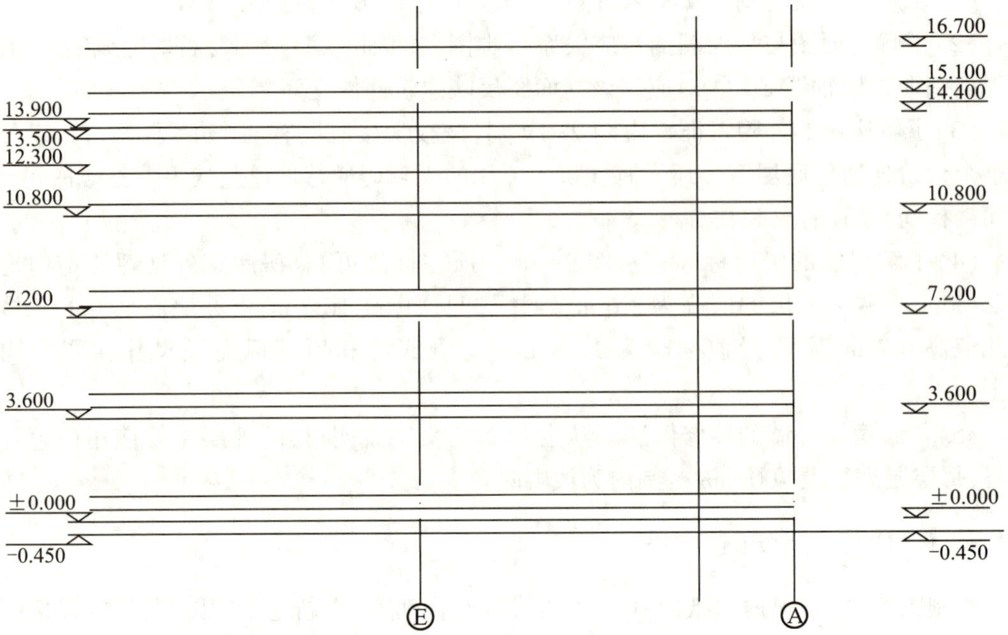

图 2-40　绘制辅助线

2.4.6.2　绘制墙

和前面绘制墙的方法一样，首先用“多段线”沿外墙轮廓在轴线上画出墙，然后使用“偏移”“修剪”命令，对照图纸画出其他部分墙体。绘图效果如图 2-41、图 2-42 所示。

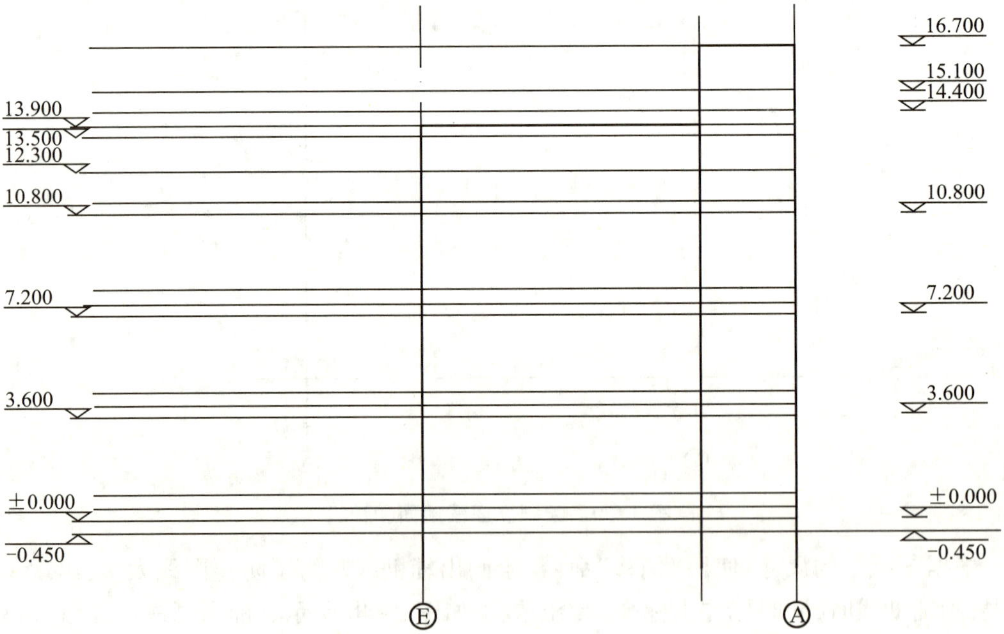

图 2-41　绘制墙外轮廓

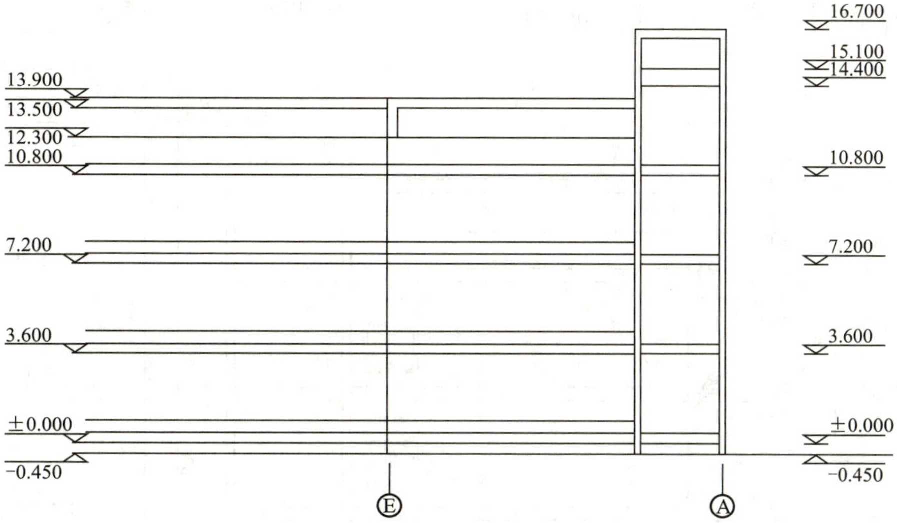

图 2-42　绘制墙

2.4.6.3　绘制窗户

窗户可以使用“直线”“多段线”“矩形”等命令绘制。在图纸上绘制窗户时，除了需要窗户的定型尺寸，还需要窗户的定位尺寸，这两个尺寸需要结合平面图和立面图来查找。窗户的定型尺寸为 1500 mm×2200 mm，定位尺寸窗户距离轴线Ⓑ是 500 mm，距离一层地面是 900 mm。

做好窗户后，可以使用“复制”命令，快速绘图时还可以使用阵列命令。绘图效果如图 2-43 所示。

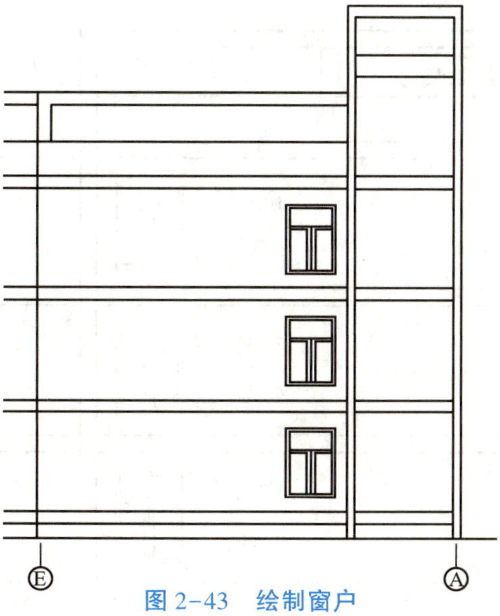

图 2-43　绘制窗户

2.4.6.4　尺寸标注和文字标注

使用尺寸标注前，首先设置标注样式，如图 2-44(a)所示，然后结合图纸进行尺寸标注和文字标注，如图 2-44(b)所示。

检查完善图纸，把没有画到的部分补全。最终绘图效果如图 2-38 所示。

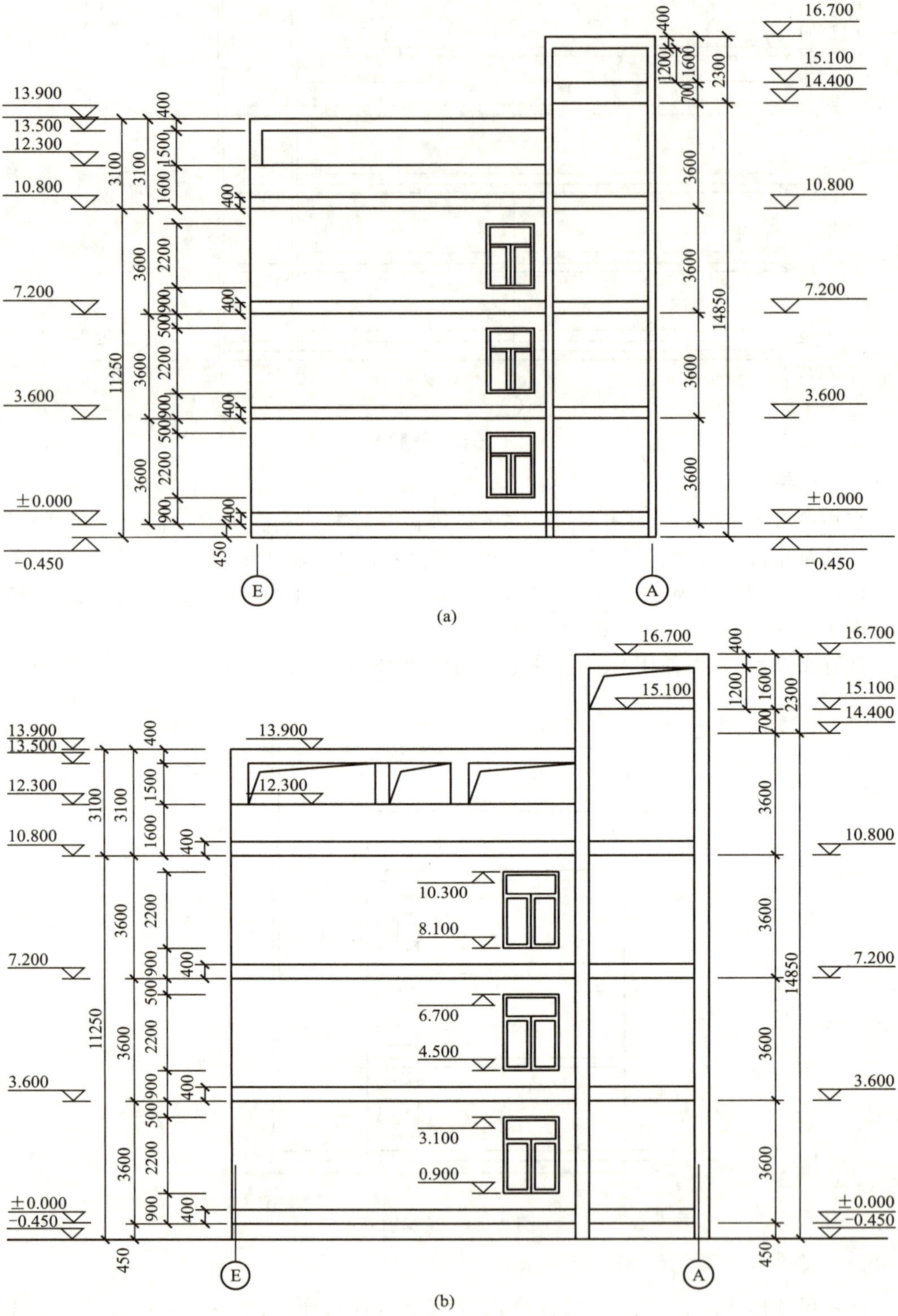

图 2-44　尺寸标注和文字标注

【阅读拓展】

建筑立面是指建筑和建筑的外部空间直接接触的界面，以及其展现出来的形象和构成的方式，或称建筑内外空间界面处的构件及其组合方式的统称，是建筑物的“脸面”。建筑外立面设计应该在尊重地方自然资源与人文资源的基础上进行设计，体现地域特色和文化，使人们在情感上得到一种认同和归属。

潮州有座广济桥，提起广济桥，人们首先想到的是“十八梭船廿四洲”。广济桥集多种结构于一体，采用桥梁与浮桥相结合的独特形柔相济，有动有静，起伏变化，生动地体现了一种建筑与艺术、力学与美学的和谐统一。广济桥处于风光旖旎的“潮州八景”区，它不仅是简单的水上通道，而且通过配套修建形态各异的楼台亭阁，构成了一处构思精妙、重瓴联阁、联芳济美、雄伟壮丽的古代建筑群，桥与景相互衬托。“一里长桥一里市，到了湘桥问湘桥”，一座建筑的魅力核心不是它的建筑形式，而是建筑的内容，以及建筑所体现的历史、文化、人文精神，甚至是人群的生活方式。广济桥本身就是一座“城市”，桥市正是广济桥价值所在。追求大环境及其所有元素的融会贯通，追求生活空间的更高层次，才是古桥的魅力所在。著名建筑师赖特认为：“建筑是用结构来表达思想的科学性艺术。”所以，建筑既是实用对象，又是审美对象。广济桥正是能够“聚最丰富的想象力”“触动多数人的灵魂”的经典之作。

【课堂讨论】

1.建筑立面图的作用和图示内容是什么？

2.建筑立面图是如何形成的？

3.建筑立面如何表示外墙面的装修做法？

4.单体建筑立面设计和周围环境要保持什么关系？建筑立面设计要坚持什么原则？

【能力训练】

1.根据图 2-19 完成识图报告。

(1)该西立面图的窗户在平面图中______轴线上，宽是____mm，高是______mm。

(2)标高 7.200 m 是______标高，三层窗台高度是________mm，三层层高是____m。

(3)外墙的装饰材料有______________________________________。

(4)建筑高度是________m。女儿墙高度是__________m。

2.CAD 绘制立面图(图 2-38)。要求:图框格式正确,布图适中匀称,线型粗细分明,字体端正整洁,图面整洁清晰。

3.观察教学楼各立面,通过小组分工合作,探究教学楼的立面布置,按照规范形成建筑立面图初稿。

任务 2.5 识读与绘制建筑剖面图

【学习任务】

1.熟悉建筑剖面图的设计程序和种类。
2.熟悉建筑剖面图的有关规定和常用符号。
3.掌握建筑剖面图的图示内容和图示方法。
4.熟悉建筑剖面图的识图方法和步骤。
5.培养学生求真务实、积极探索的科学精神。

2.5.1 建筑剖面图的作用

建筑剖面图主要用来表达房屋内部垂直方向的结构形式、沿高度方向分层情况、各层构造做法、门窗洞口高、层高及建筑总高等,如图 2-45 所示。

2.5.2 建筑剖面图的形成

建筑剖面图是假想用一个铅垂的剖切面,将整个房屋从屋顶到基础剖切开,然后移去剖切面与观察人之间的部分,将剩下部分按投影方向向投影面作正投影而画成的图样,如图 2-45(a)所示。

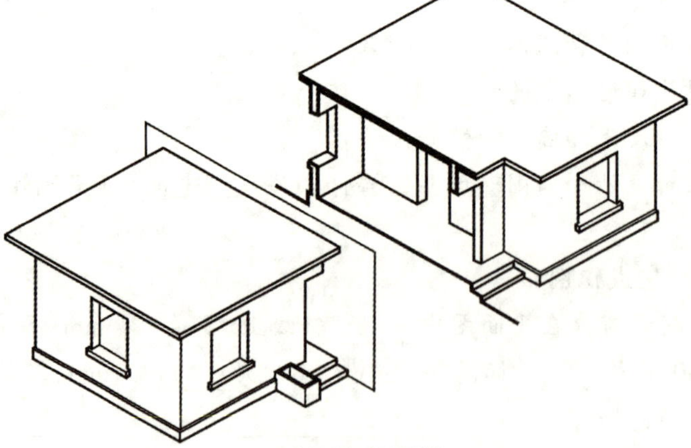

(a)建筑剖面图图样

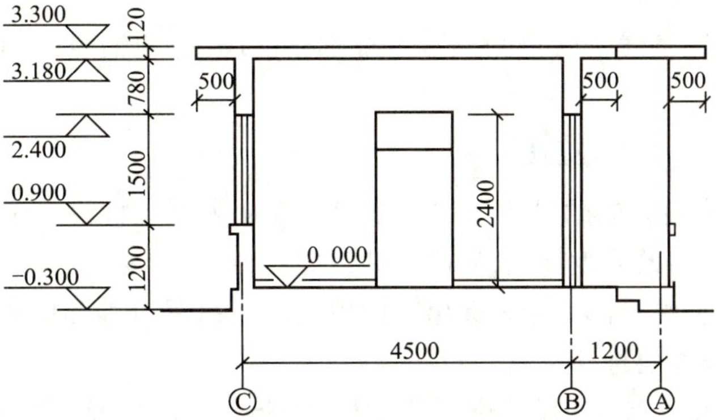

(b)剖面图 (1:100)

图 2-45　建筑剖面图

2.5.3　识读内容和方法

2.5.3.1　剖切位置及剖视方向

(1)剖切位置　剖面图的剖切位置是以剖切符号的形式标注在同一建筑物的底层平面图上。剖面图的剖切位置应根据图纸的用途或设计深度,在平面图上选择能反映建筑物全貌、构造特征以及有代表性的部位剖切,实际工程中剖切位置常选择在楼梯间并通过需要剖切的门、窗洞口位置。

(2)剖面图的剖视方向　平面图上剖切符号的剖视方向宜向左、向前,看剖面图应与平面相结合并对照立面图一起看。

2.5.3.2　建筑剖面图的比例

剖面图的比例常与同一建筑物的平面图、立面图的比例一致,即采用 1:50、1:100 和 1:200 绘制,由于比例较小,剖面图中的门窗等构件也是采用国标规定的图例来表示,见表 2-3。

为了清楚地表达建筑各部分的材料及构造层次,当剖面图比例大于 1:50 时,应在剖到的构件断面画出其材料图例(材料图例见表 2-1)。当剖面图比例小于 1:50 时,则不画具体材料图例,而用简化的材料图例表示其构件断面的材料,如钢筋混凝土构件可在断面涂黑以区别砖墙和其他材料。

2.5.3.3　建筑剖面图的线型

剖面图的线型按国标规定,室内外地面线用加粗实线(1.4b)表示;剖到的墙身、楼板、屋面板、楼梯段、楼梯平台等轮廓线用粗实线(b)表示;未剖切到但可见的门窗洞、楼梯段、楼梯扶手和内外墙的轮廓线用中实线(0.5b)表示;门窗扇及其分格线、雨水管等用细实线(0.25b)表示。尺寸线、尺寸界线、引出线和标高符号宜画成细实线(0.25b)。

2.5.3.4　定位轴线

剖面图中的定位轴线一般只画两端及被剖到的墙、柱的轴线和编号，以便与平面图对照。

2.5.3.5　建筑剖面图的尺寸标注

(1)剖面图在竖直方向的尺寸标注　图形外部从内至外标注三道尺寸，即建筑物的室内外地坪、门窗洞口的高度标高，层高尺寸，总高尺寸。

内部尺寸主要标注外部尺寸未标出的内墙上的门窗洞口等部位的高度标高，其他立面造型等尺寸，根据需要标注。

(2)剖面图在水平方向的尺寸标注　常标注剖到的墙、柱及剖面图两端的轴线间距和起始轴线间总尺寸，并在图的下方注写图名和比例。

(3)其他标注　由于剖面图比例较小，某些部位如墙脚、窗台、过梁、墙顶等节点，不能详细表达，可在剖面图上的该部位处，画上详图索引标志，另用详图来表示其细部构造尺寸。此外楼地面及墙体的内外装修，可用文字分层标注。

2.5.4　工程实例识读

下面以图 2-46 为例，说明剖面图的内容及识读步骤。

(1)了解图名及比例　由图名可知，这是 1—1 剖面图，比例为 1∶100，与平面图相同。

(2)了解剖面图与平面图的对应关系　将图名和轴线编号与一层平面图(图 2-19)的剖切符号对照，可知 1—1 剖面是过②③轴线之间剖切后从右向左投影得到的横剖面图，该图剖到了房屋的Ⓔ轴线上面的窗洞及Ⓒ轴线上面的门洞，剖面图的宽度应与平面图宽度相等，剖面图高度应与立面图保持一致。

(3)了解房屋的结构形式　从 1—1 剖面图上的材料图例可以看出，该房屋的楼板、屋面板、各种梁、楼梯搁板等水平承重构件均用钢筋混凝土制作，属框架结构。

(4)了解主要标高和尺寸　在 1—1 剖面图中，注出了房屋主要部位的标高，即底层室内外地坪、各层楼面、屋面、楼梯休息平台、檐口、屋顶等处均注出了标高数值。从楼面标高可推算出该房屋的层高，例如，底层标高±0.000 m，二层标高 3.600 m，可知一楼层高为 3.6 m。

除标高外，图中还注出了门窗洞口等细部尺寸和高度尺寸，例如Ⓔ轴线上一层窗台高度 900 mm，窗洞高 2200 mm，Ⓒ轴线上一层门洞高度 2700 mm，门洞上涂黑的是门上过梁，再往上涂黑的是框架梁。

(5)了解屋面、楼面、地面的构造层次及做法　在剖面图中，常用多层构造引出线和文字注出屋面、楼面、地面的构造层次及各层的材料、厚度和做法。

(6)了解索引详图所在的位置及编号　以上我们讲述了建筑的总平面图及平面图、立面图和剖面图，这些都是建筑物全局性的图样。在这些图中，图示的准确性很重要，我

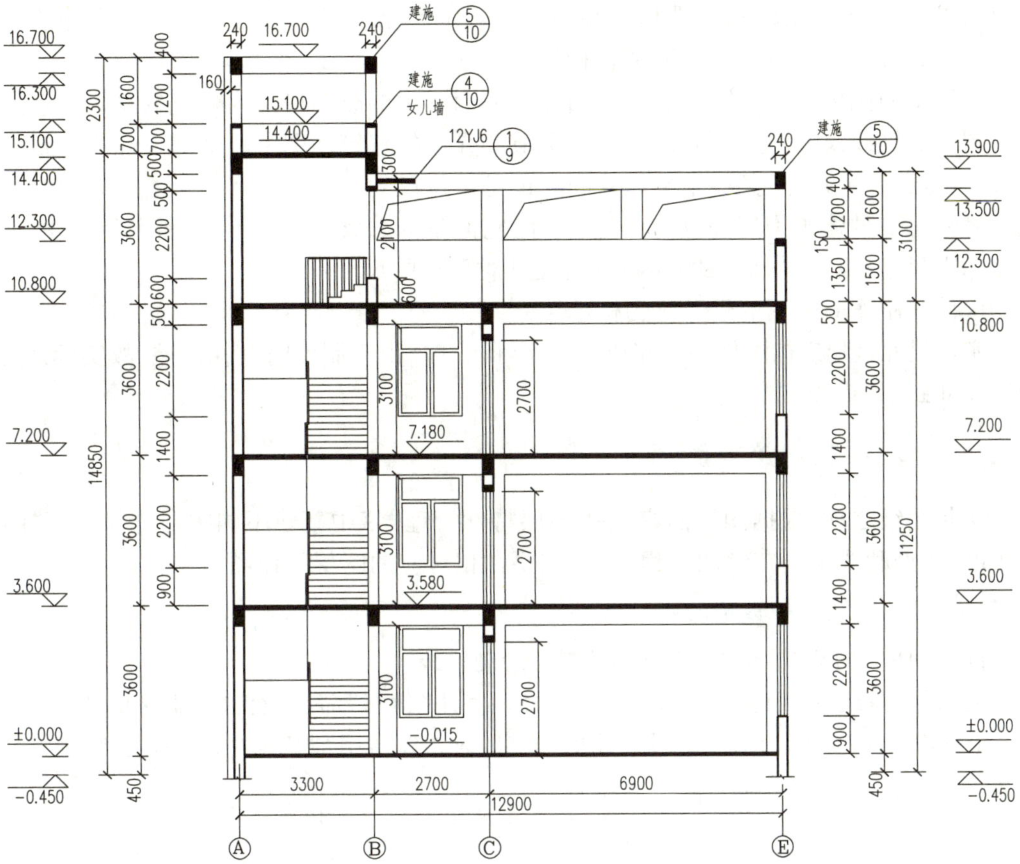

1-1剖面图 1:100

(a)剖面图示例

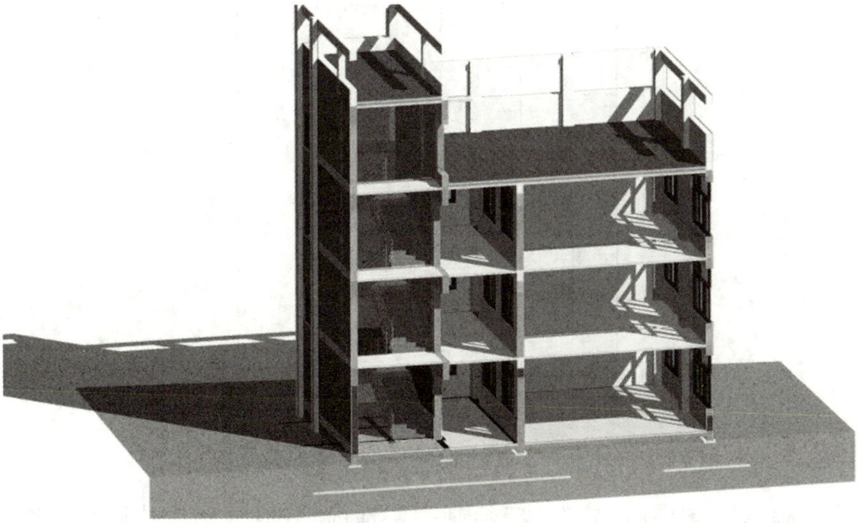

(b)剖面图的三维模型

图 2-46 建筑剖面图

们应力求贯彻国家制图标准，严格按制图标准规定绘制图样，其次，尺寸标注也是非常重要的，力求准确、完整、清楚，并弄清各种尺寸的含义。

建筑平面图中总长、总宽尺寸，立面图和剖面图中的总高尺寸为建筑的总尺寸。建筑平面图中的轴线尺寸，立面图、剖面图及下节要介绍的建筑详图中的细部尺寸为建筑的定量尺寸，也称定形尺寸，某些细部尺寸同时也是定位尺寸。

另外每一种建筑构配件，都有三种尺寸，它们是标志尺寸、构造尺寸和实际尺寸。

标志尺寸（又称设计尺寸）是在进行设计时采用的尺寸。

构件在制作时采用的尺寸称为构造尺寸。

实际尺寸是建筑构配件制作完成后的实际尺寸。由于制作时存在误差，故实际尺寸=构造尺寸±允许误差。

2.5.5 CAD 绘制建筑剖面图

绘制图纸之前，根据图纸内容，在“图层特性管理器”中新建不同图层，同时设置图层的颜色、线型和线宽。在绘图过程中，一定要在相对应的图层上作图。

2.5.5.1 绘制轴线和楼板辅助线

首先使用“构造线”命令在“轴线”图层绘制轴线。

把“正交模式”（F8）打开，绘制轴线Ⓐ，然后使用“偏移”命令，绘制出轴线Ⓑ、Ⓒ、Ⓔ。绘制效果如图 2-47 所示（构造线使用“修剪”打断，轴线符号用“圆”和“文字标注”绘制）。

图 2-47 使用“偏移”命令绘制轴线

然后在“辅助线”图层用“构造线”绘制一层地面辅助线，然后使用“偏移”命令绘制出各层地板辅助线。为了防止图线太多，出现识图错误，画辅助线时，同时标注出标高（标高的绘制方法参考前面章节）。绘制效果如图 2-48 所示。

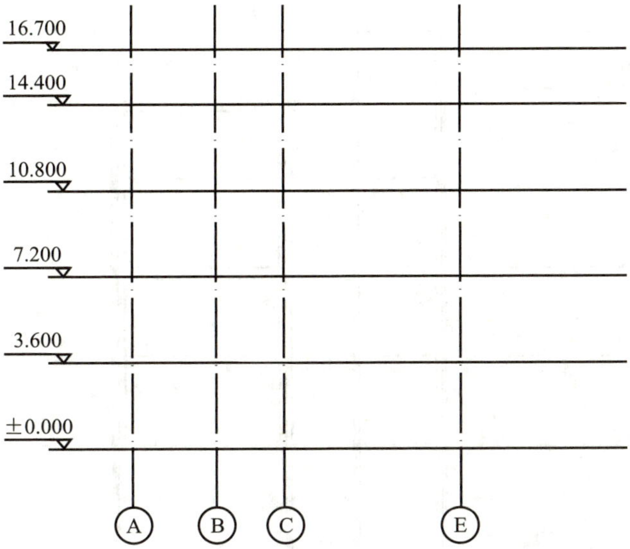

图 2-48　使用“偏移”命令绘制各层地板辅助线

2.5.5.2　绘制墙体

在“墙”图层上绘制墙体。墙体可以使用“直线”“多线”或者“偏移”等命令绘制，具体命令的使用参考前面章节。这里使用“偏移”命令绘制墙体，绘制效果如图 2-49 所示。

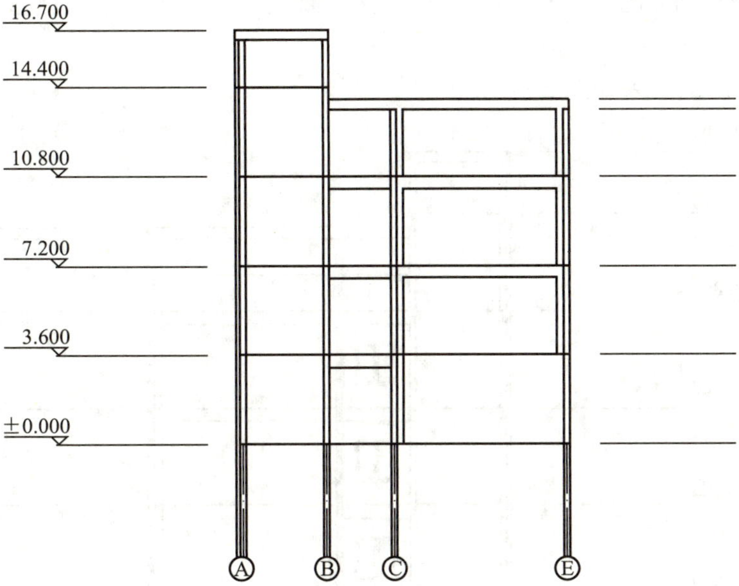

图 2-49　使用“偏移”等命令绘制墙体

2.5.5.3　绘制楼板和梁

在“楼板和梁”图层绘制楼板和梁，使用到的命令是“填充”和“直线”。绘制完成后的效果如图 2-50 所示（画图时注意楼板的厚度）。

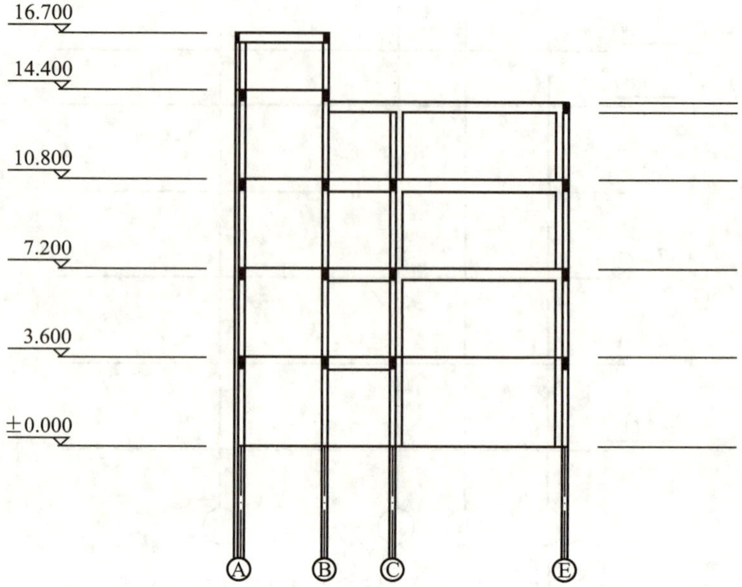

图 2-50　使用“填充”和“直线”命令绘制楼板和梁

2.5.5.4　绘制窗户

在“窗”图层上绘制窗户，在绘制过程中，可以把前面绘制立面图时做的窗户制成“外部图块”，在绘制剖面图时，只要尺寸合适，就可以把它插入进来。绘制过程中注意辅助线的使用。

绘制完成后的效果如图 2-51 所示。

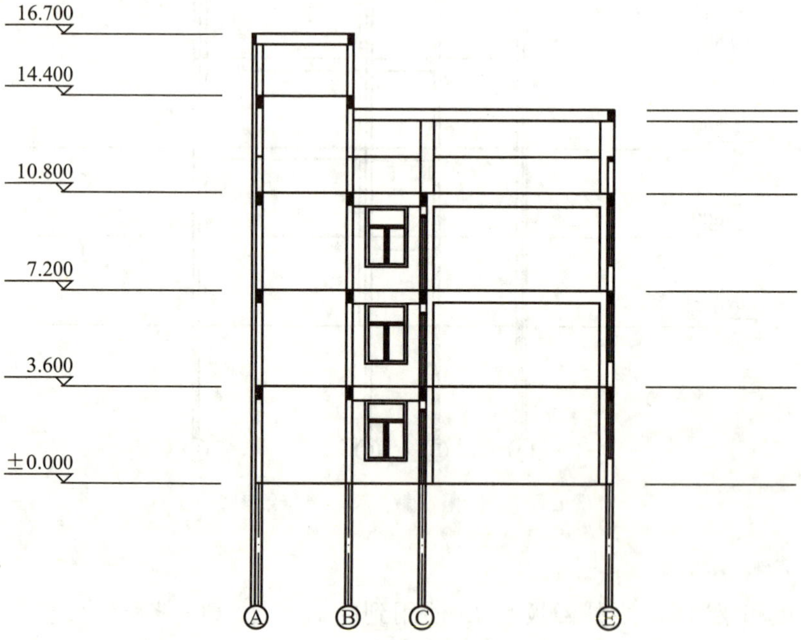

图 2-51　绘制窗户

2.5.5.5　绘制楼梯

在“楼梯”图层绘制楼梯，使用到的命令是“直线”“偏移”。绘制完成后的效果如图 2-52所示。

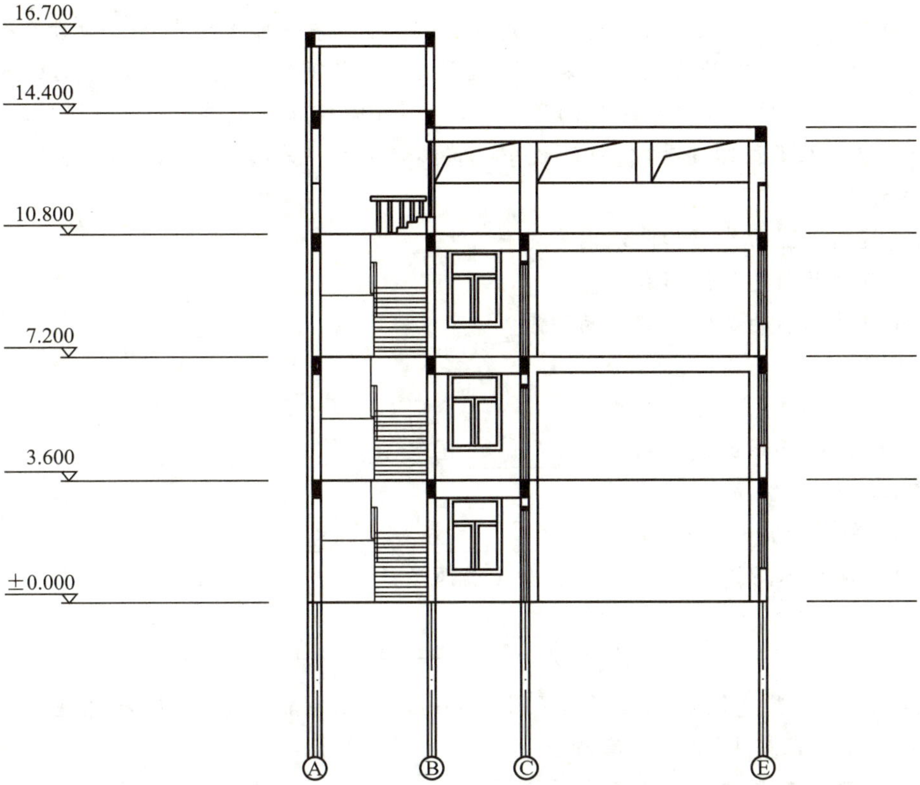

图 2-52　使用“直线”和“偏移”命令绘制楼梯

2.5.5.6　尺寸标注和文字标注

在“尺寸标注”图层绘制尺寸标注和文字标注，使用尺寸标注之前，需要先设置尺寸标注样式，设置方法参考前面章节。

绘制完成后的效果如图 2-46 所示。

注：在绘图过程中，相同图形可以使用“复制”命令或者制成图块，以提高绘图效率。

【拓展阅读】

建筑剖面图作为建筑设计中最重要的表达方式之一，在传递设计概念中发挥着举足轻重的作用。剖面图能很好地表达出空间内竖向高度的变化以及各层级之间的关系，让设计变得一目了然。精心的设计会让剖面图本身的价值超越仅仅是作为“工具图”的存在，而有可能成为一件艺术品。曾获普利策奖的历史学家帕特里克·狄龙联合世界知名的剖面图大师斯蒂芬·碧斯蒂创作了《建筑的故事》一书，它追溯了 3000 年的人类建筑史，从原始人寄居的洞穴开始，按照建筑的发展顺序，一直讲到 21 世纪人类渴望建造的与自然和谐相处的房子，横跨除南极洲外的世界六大洲，宛若一个完美的闭环。该书以剖面的形式，将每一座世界知名建筑物的内部构造真实赤裸地展现在我们的面前，让我们了解到建筑的历史和发展，洞察建筑背后的人文情怀。

诗人杜牧在《阿房宫赋》中写道："覆压三百余里，隔离天日。骊山北构而西折，直走咸阳。二川溶溶，流入宫墙。五步一楼，十步一阁；廊腰缦回，檐牙高啄；各抱地势，钩心斗角。"建筑从古至今，代表了每个时代的走向，也寄托了每个时代的期望。从古至今、从西到东，建筑都以它独有的方式屹立在这个世界上，供当下的人欣赏，也供今后的人称赞。了解建筑，可以间接了解每个时代的历史和人文；知晓建筑的故事，也就间接知晓了每个时代的故事。人类继续发展，建筑的故事也将继续书写，陪伴人类一直走下去。

【课堂讨论】

1.建筑剖面图的作用和图示内容是什么？

2.建筑剖面图是如何形成的？

3.建筑总高指的是什么部位的高度？

【能力训练】

1.识读图 2-46，完成识图报告。

(1)1—1 剖面图的剖切符号在________图显示。

(2)二楼的层高是________m。

(3)C 轴线上剖切的门高是____________m，是________房间的门。

(4)屋顶的标高是__________m，女儿墙高度是____________m。

(5)详图索引符号 12YJ6 $\frac{1}{9}$ 含义是__________________________。

2.用 CAD 绘制建筑 1—1 剖面图（图 2-46），要求：图框格式正确，布图适中匀称，线型分明，字体端正整洁，图面整洁清晰。

3.通过观察教学楼平面和各立面布置，在门厅位置进行剖切，通过小组分工合作，探究教学楼的剖面布置，按照规范形成建筑剖面图初稿。

任务 2.6 识读与绘制建筑详图

【学习任务】

1.理解外墙身节点包括的内容。

2.掌握楼梯详图的图示内容和图示方法。

3.熟悉楼梯详图剖面图的识图方法和步骤。

4.能用 CAD 绘制楼梯详图。

5.通过绘制建筑构造详图，培养学生严谨认真的工匠精神，成功是没有电梯的，只有一步一个脚印走出来的楼梯，打牢工程根基，打造优质工程。

2.6.1 建筑详图的形成

由于画平面、立面、剖面图时所用的比例较小，房屋上许多细部的构造无法表示清楚，为了满足施工的需要，必须分别将这些部位的形状、尺寸、材料、做法等用较大的比例详细画出图样，这种图样称为建筑详图，简称详图。

2.6.2 建筑详图的特点及作用

其特点一是比例大，二是图示内容详尽清楚，三是尺寸标注齐全，文字说明详尽。所以，建筑详图是建筑细部的施工图，是对建筑平面图、立面图、剖面图等基本图样的深化和补充，是建筑工程的细部施工、建筑构配件的制作及编制预算的依据。

2.6.3 建筑详图的种类

建筑详图可分为节点构造详图和构配件详图两类。凡表达房屋某局部构造做法和材料组成的详图，称为节点构造详图（如檐口、窗台、勒脚、明沟等）；凡表达构配件本身构造的详图，称为构件详图或配件详图（如门、窗、楼梯、花格、雨水管等）。

(1)详图的数量。详图的数量和图示内容与房屋的复杂程度及平面图、立面图、剖面图的内容和比例有关。有的只需一个剖面详图就能表达清楚（如墙身剖面详图），有的则需另加平面详图（如楼梯平面详图、卫生间平面详图等）或立面详图（如门窗、阳台详图等）。有时还要在详图中再补充比例更大的详图。还有些构配件详图除画平面、立面、剖面详图外，还需要画一些构配件的断面图，如门窗断面图。

(2)对于套用标准图或通用图的建筑构配件和节点，只需注明所套用图集的名称、型号或页次（索引符号），可不必另画详图。

(3)对于节点构造详图，除了要在平面图、立面图、剖面图等基本图样中的有关部位注出索引符号外，还应在详图上注出详图符号或名称，以便对照查阅。而对于构配件详图，可不注索引符号，只在详图上写明该构配件的名称或型号即可。

2.6.4 建筑详图的内容

一幢房屋施工图通常需绘制以下几种详图：外墙剖面详图；楼梯详图；门窗详图；室内外一些构配件的详图，如室外的台阶、花池、散水、明沟、阳台等。各详图的主要内容如下。

(1)图名（或详图符号）、比例。

(2)表达出构配件各部分的构造连接方法及相对位置关系。

(3)表达出各节点、各构配件的详细尺寸。

(4)详细表达构配件或节点所用的各种材料及其规格。

(5)有关施工要求、构造层次及制作方法说明等。

2.6.5 外墙身详图

外墙身详图即房屋建筑的外墙身剖面详图，表达的主要内容如下：外墙的墙脚、窗台、过梁、墙顶以及外墙与室内外地坪、外墙与楼面、屋面的连接关系；门窗洞口、底层窗下墙、窗间墙、檐口、女儿墙等的高度；室内外地坪、防潮层、门窗洞口的上下口、檐口、墙顶及各层楼面、屋面的标高；屋面、楼面、地面的多层次构造；立面装修和墙身防水、防潮要求，以及墙体各部位的踢脚、窗台、窗楣、檐口、勒脚、散水的尺寸、材料和做法等，如图 2-53 所示。

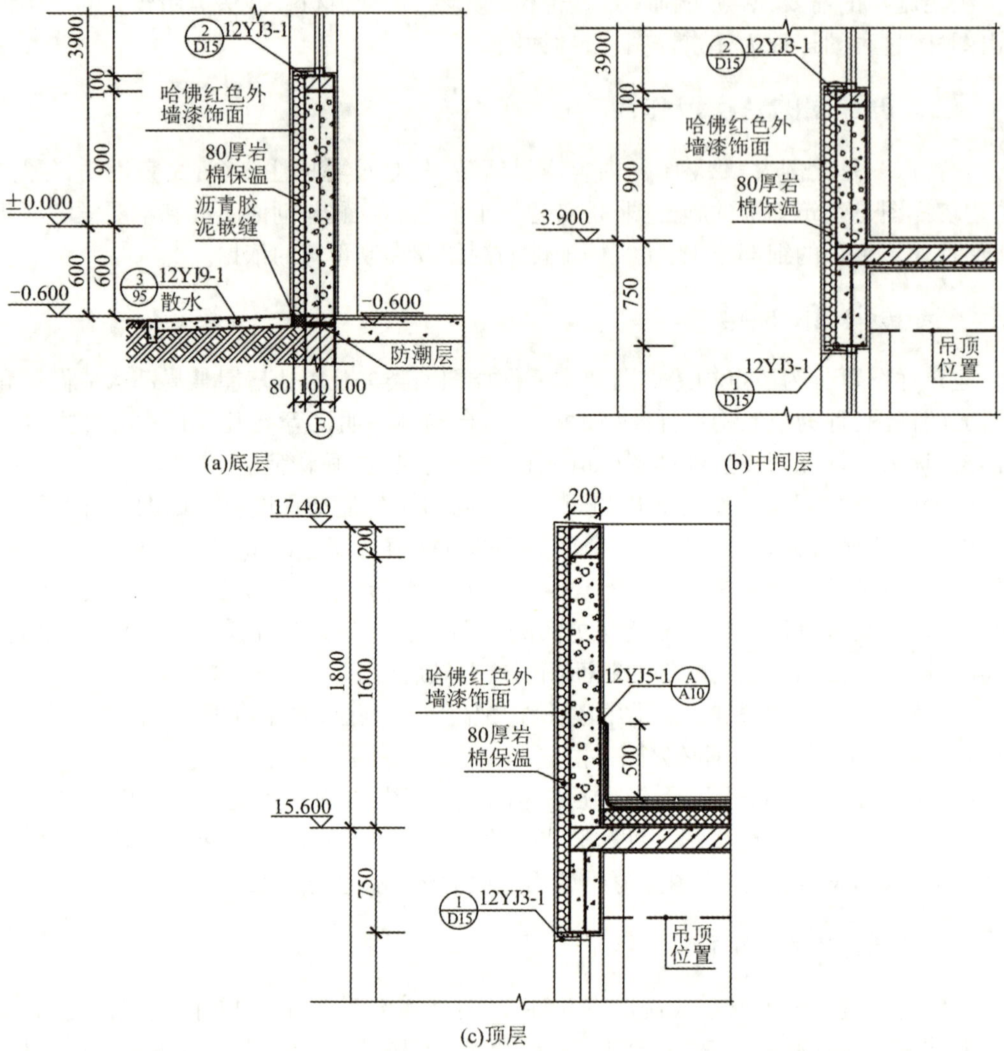

图 2-53　外墙身详图

外墙身详图可根据底层平面图中，外墙身剖切位置线的位置和投影方向来绘制，也可根据房屋剖面图中，外墙身上索引符号所指示需要出详图的节点来绘制。

外墙身详图常用 1∶20 的比例绘制，线型同剖面图，详细地表明外墙身从防潮层至墙顶间各主要节点的构造。为节约图纸和表达简洁完整，常在门窗洞口中间断开，成为几个节点详图的组合。有时，还可以不画整个墙身详图，而只把各个节点的详图分别单独绘制。多层房屋中，若中间几层的情况相同，也可以只画底层、顶层和一个中间层来表示。

外墙身详图的±0.000 或防潮层以下的基础以结施图中的基础图为准。屋面、楼面、地面、散水、勒脚等和内外墙面装修的做法、尺寸应和建施图首页中的统一构造说明相对照。

现以图 2-53 为例,说明外墙剖面详图的内容。

(1)外墙剖面详图中底层、中间层和顶层的详图单独表示。

(2)图 2-53(c)中表明防潮层、室内地面和室外散水的做法。

(3)图 2-53(b)中表明窗台的详细尺寸和各楼板的详细做法。

(4)从图中的材料图例可知,墙体采用砖墙,楼板等均为钢筋混凝土楼板。

(5)图中反映出楼板与墙体等相互间的位置关系。底层地坪、楼层、屋顶的构造做法和内外墙面、泛水、散水、檐口、窗台、女儿墙等处的材料、尺寸及做法均用文字注明。

此外,图中还注出了室外设计地面、室内地面、窗台、过梁底面等处的标高。

2.6.6 楼梯详图

楼梯是楼层垂直交通的必要设施。楼梯由梯段、平台和栏杆(或栏板)扶手组成,如图 2-54 所示。常见的楼梯平面形式有单跑楼梯(上下两层之间只有一个梯段)、双跑楼梯(上下两层之间有两个梯段、一个中间平台)、三跑楼梯(上下两层之间有三个梯段、两个中间平台)等。

建筑楼梯详图识读

楼梯详图包括楼梯间平面图、剖面图、踏步栏杆等详图,主要表示楼梯的类型、结构形式、构造和装修等。楼梯详图应尽量安排在同一张图纸上,以便阅读。

2.6.6.1 楼梯平面图

楼梯平面图常用 1:50 的比例画出,有时也用其他比例,如 1:60。楼梯平面图的水平剖切位置,除顶层在安全栏板(或栏杆)之上外,其余各层均在上行第一跑中间(图 2-54)。各层被剖切到的上行第一跑梯段,都在楼梯平面图中画一条与踢面线呈 45°的折断

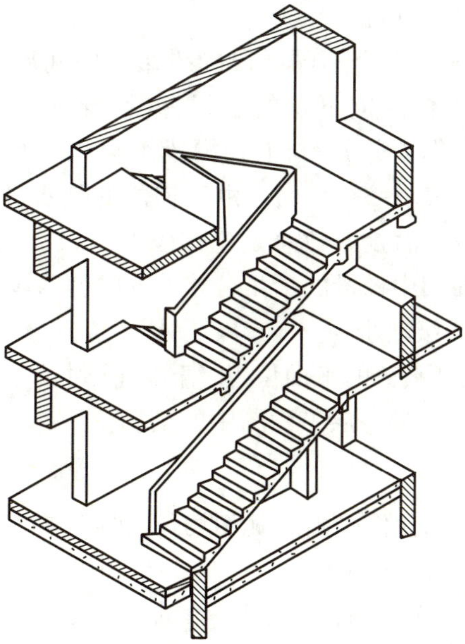

图 2-54 楼梯的组成

线(构成梯段的踏步与楼地面平行的面称为踏面)。各层下行梯段不予剖切。而楼梯间平面图则为房屋各层水平剖切后的正投影,如同建筑平面图,如中间几层构造一致,也可只画一个标准层平面图。故楼梯平面详图常常只画出一层、中间层和顶层三个平面图。

一层平面图的剖切位置在第一跑梯段上,因此在一层平面图中只画半个梯段,梯段断开处画 45°折断线,如图 2-55(a)所示。

中间层平面图的剖切位置在某楼层向上的梯段上,所以在中间层平面图上既有向上的梯段,又有向下的梯段,在向上梯段断开处画 45°折断线,如图 2-55(b)所示。

顶层平面图的剖切位置在顶层楼层平台一定高度处,没有剖切到楼梯段,因而在顶层平面图中只有向下梯段,平面图中没有折断线,如图 2-55(c)所示。

各层楼梯平面图宜上下对齐(或左右对齐),这样既便于阅读,又便于尺寸标注和省略重复尺寸。平面图上应标注该楼梯间的轴线编号、开间和进深尺寸,楼层平台和中间平台的标高,以及梯段长、平台宽等细部尺寸。梯段长度尺寸标为:踏面宽 × 踏面数 = 梯段长。

下面以图 2-55 为例,说明楼梯平面图的识读步骤。

(1)了解楼梯在建筑平面图中的位置及有关轴线的布置。由定位轴线确定楼梯的位置。

(2)了解楼梯的平面形式和踏步尺寸。该楼梯间平面为矩形,每层设两个梯段。开间 3300 mm,进深尺寸 6900 mm,中间休息平台宽 2400 mm,其楼梯井宽 160 mm,每层踏步数有 24 级,踏步的宽度 300 mm。

(3)了解楼梯间各楼层平台、休息平台面的标高。二层平面图中楼层平台标高 3.580 m,休息平台的标高 1.800 m。

(4)了解中间层平面图中三个不同梯段的投影。中间层平面图既要画出剖切后往上走的上行梯段,还要画出该层向下走的下行梯段,继续往下的另一个梯段有一部分投影不可见,用 45°折断线作为分界,与上行梯段组合成一个完整的梯段。各层平面图上梯段处所绘的每一分格,表示一级踏面。由于梯段的踏步最后一级踏面与平台面或楼面重合,因此平面图中梯段踏面投影数总是比梯段的步级数(也称踏步级数,踏步数)少 1。图 2-55(b)标准层平面图中梯段的踏步分格为 11,表示该梯段实际步级数为 11+1=12 步。每层两个梯段共 24 级踏步。

(5)了解楼梯间墙、柱、门、窗的平面位置、编号和尺寸。

(6)了解楼梯剖面图在楼梯一层平面图中的剖切位置。

2.6.6.2 楼梯剖面图

楼梯剖面图常用 1∶50 的比例画出。其剖切位置应选择在通过第一跑梯段及门窗洞口,并向未剖切到的第二跑梯段方向投影(如图 2-55 中的剖切位置)。

剖到梯段的步级数可直接看到,未剖到梯段的步级数如果因栏板遮挡或因梯段为暗步梁板式等原因而不可见时,可不用表示,也可直接从其高度尺寸上看出该梯段的步级数。

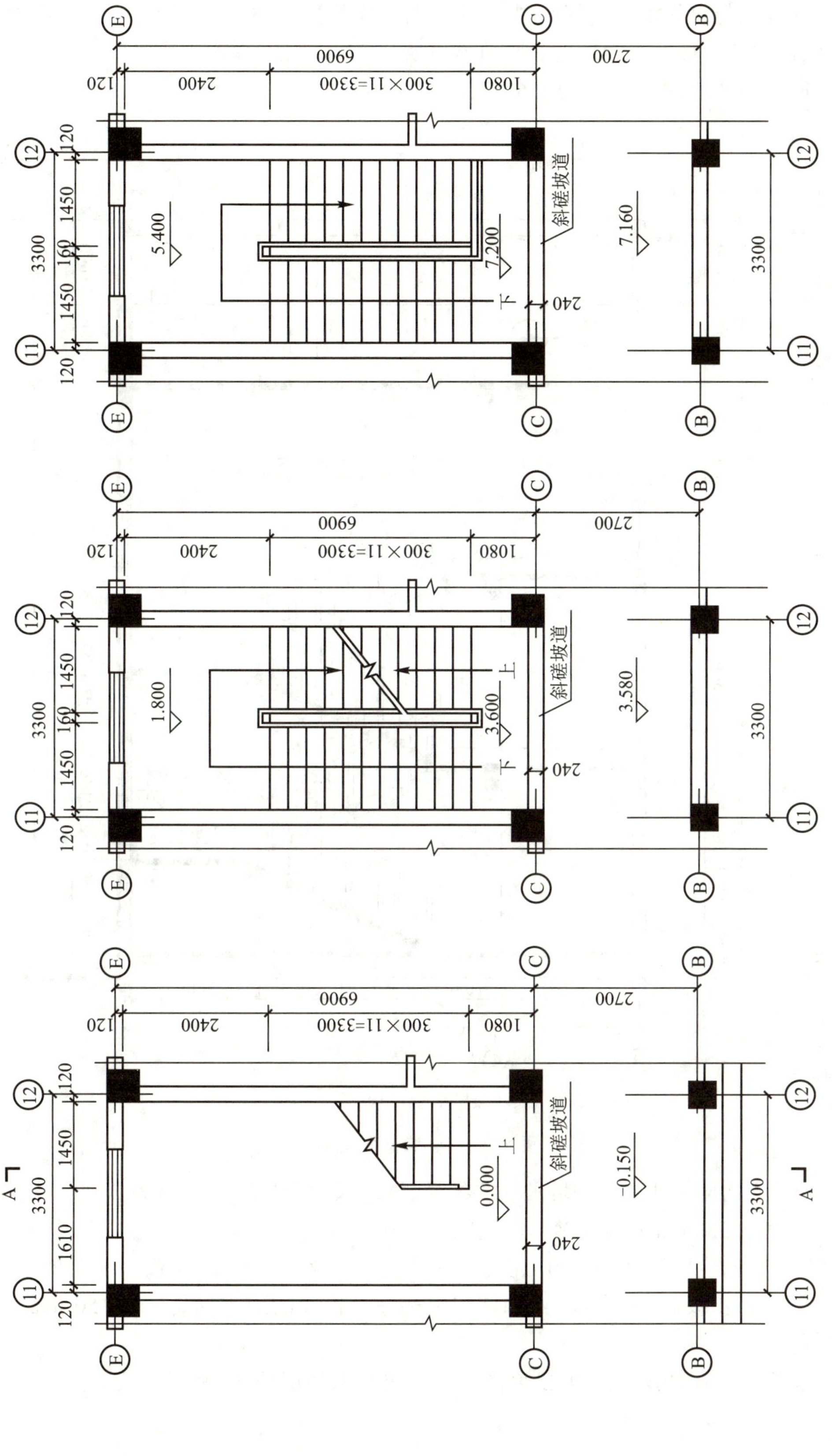

(a)甲楼梯一层平面图1:60

(b)甲楼梯二层平面图1:60

(c)甲楼梯顶层平面图1:60

图2-55　楼梯平面图的形成和楼梯平面图

多层或高层建筑的楼梯间剖面图，如中间若干层构造一样，可用一层表示这相同的若干层剖面，此层的楼面和平台面的标高可看出所代表的若干层情况。

楼梯间剖面图的识读，如图 2-56 所示。

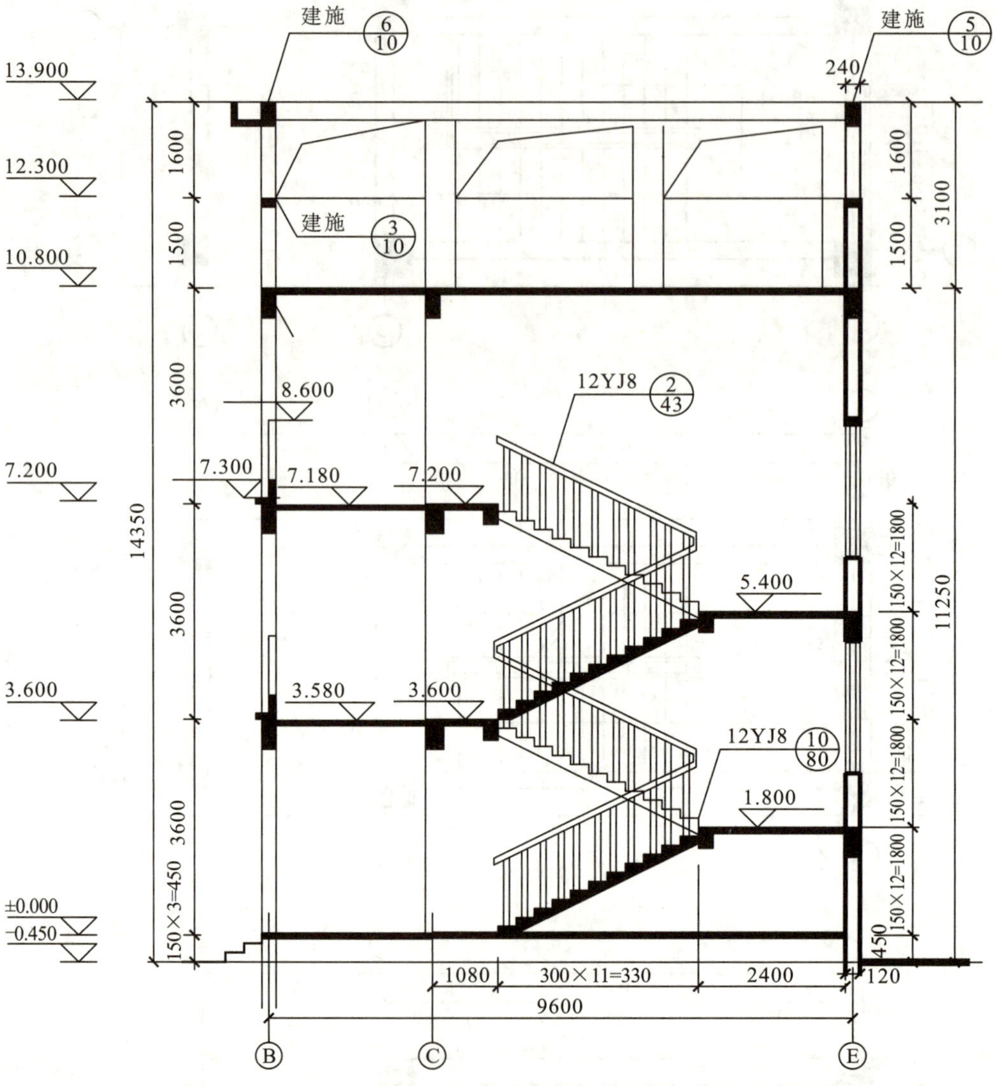

甲楼梯A—A 1:50

图 2-56　楼梯剖面图

(1)水平方向应标注被剖切墙的轴线编号、轴线尺寸及中间平台宽为 2400 mm，梯段水平投影长度为 3300 mm，每个踏面的宽度为 300 mm。

(2)竖直方向应标注剖到墙的墙段、门窗洞口尺寸及梯段高度、层高尺寸。梯段高度应标成：踢面高×步级数=梯段高，例如该图中第一个梯段的踏步的高度为 150 mm，步级数是 12 级。

(3)标高及详图索引：楼梯间剖面图上应标出地面各层楼面、平台面及平台梁上的标高。例如首层休息平台的标高是 1.800 m，如需画出踢步、扶手等的详图，则应标出其详图索引符号和其他尺寸，如栏杆（或栏板）高度是 1100 mm。

2.6.6.3　楼梯节点详图

楼梯节点详图一般包括踏步、扶手、栏杆详图和梯段与平台处的节点构造详图。依据所画内容的不同，详图可采用不同的比例，以反映它们的断面形式、细部尺寸、所用材料、构件连接及面层装修做法等，例如，图 2-56 中踏步通过详图索引符号表示采用图集 12YJ8 第 80 页详图 10。

2.6.7　CAD 绘制楼梯详图

一层楼梯平面图比较简单，本部分将学习标准层楼梯平面图的绘制。

2.6.7.1　绘制楼梯踏步线

（1）将“楼梯”层设置为当前层。

（2）启动“直线”命令并且打开“正交”“对象捕捉”“对象追踪”功能。

1）在“指定第一点：”提示下，捕捉楼梯间阴角点 *A* 点（图 2-57），不单击鼠标左键，然后将光标轻轻地垂直向下拖动，输入“2400”（图 2-58）后按 Enter 键。这样就利用“对象追踪”命令将直线的起点绘制在离 *A* 点垂直向下 2400 mm 处。

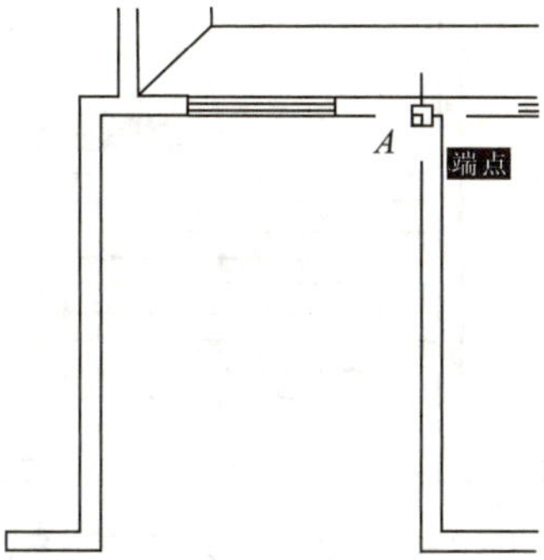

图 2-57　捕捉 *A* 点

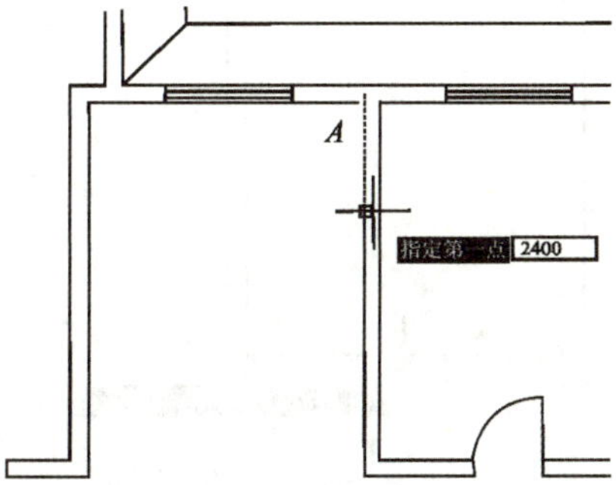

图 2-58　轻轻地垂直向下拖动鼠标

2）在“指定下一点或［放弃（U）］：”提示下，将光标水平向左拖动到如图 2-59 所示处，出现“垂足”捕捉后单击鼠标左键，按 Enter 键结束命令。

（3）利用“偏移”生成其他踏步线，如图 2-60 所示。

偏移距离输入“300”即踏步宽度 300 mm。重复利用“偏移”命令完成其他踏步线。

2.6.7.2　绘制楼梯扶手

（1）在无命令时单击图 2-61 中的 *M* 线，然后将中间的蓝色夹点单击成红色，按 Esc 键两次取消夹点。注意，此步骤的操作非常重要，这里通过此步操作定义了下一步操作的相对坐标基本点。

（2）单击“绘图”工具栏上的“矩形”图标或在命令行输入“Rec”并按 Enter 键，启动

“矩形”命令。

1)在“指定第一个角点或[倒角(C)/标高(E)/圆角(F)/厚度(T)/宽度(W)]:”提示下,输入“@ -80,-110”后按 Enter 键。表示把矩形的左下角点绘制在刚才定义的相对坐标基本点偏左 80、偏下 110 处,如图 2-62 所示。

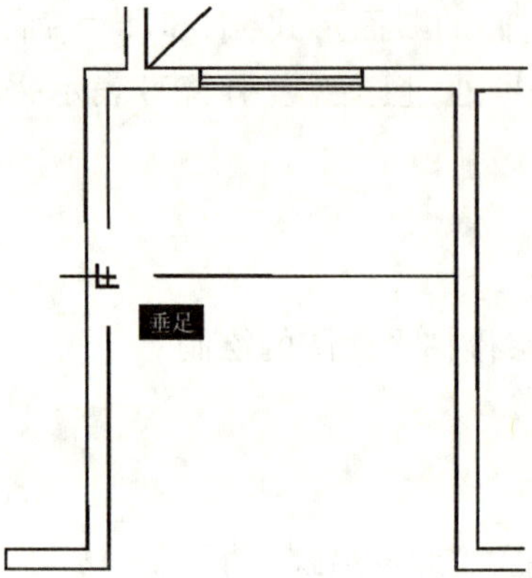

图 2-59 垂足捕捉

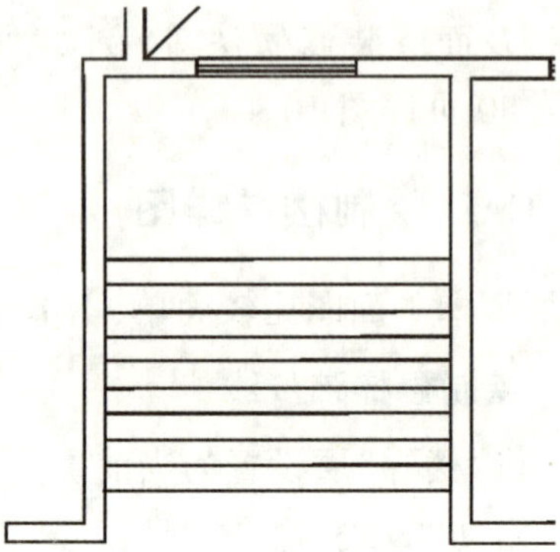

图 2-60 生成其他踏步线

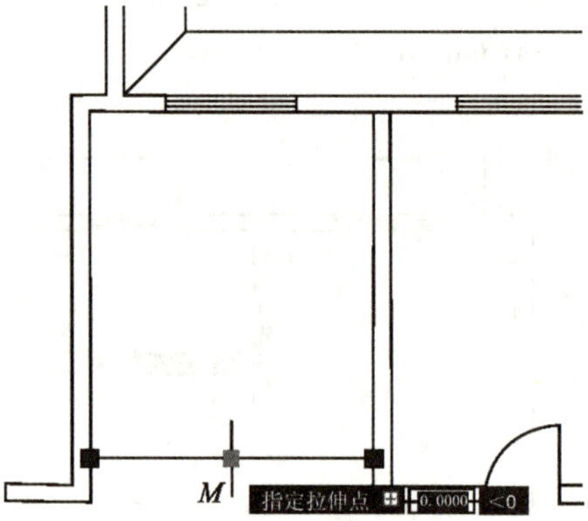

图 2-61 定义相对坐标基点

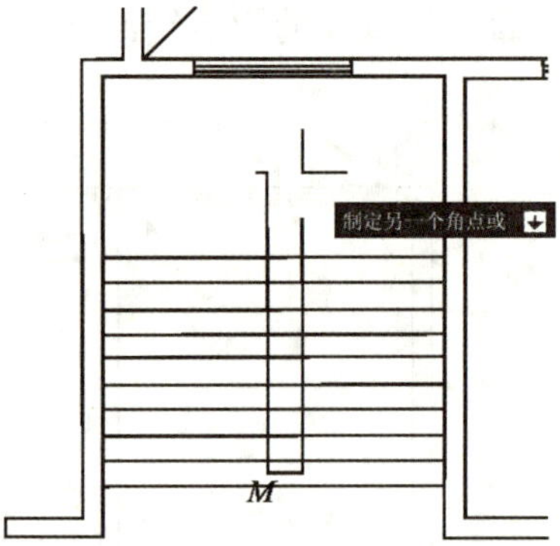

图 2-62 绘制矩形的左下角点

2)在“指定另一个角点或[面积(A)/尺寸(D)/旋转(R)]:”提示下,输入矩形右上角点相对于左下角点的坐标,即“@ 160,3520”(3520=3300+2×110)后,按 Enter 键结束命令。这里的“160”是梯井的宽度,结果如图 2-63 所示。

3)使用“偏移”命令将矩形向外偏移 80 mm。

4)在命令行输入“TR”并按 Enter 键,启动“剪切”命令,选择外部的矩形为剪切边界,将图形修剪至如图 2-64 所示的状态。

2.6.7.3 绘制楼梯折断线

(1)打开“对象捕捉”功能,在右侧楼梯段上绘制出一条斜线,如图 2-65 所示。

(2)用“延伸”命令将斜线下端延伸至扶手的内侧,结果如图 2-66 所示。

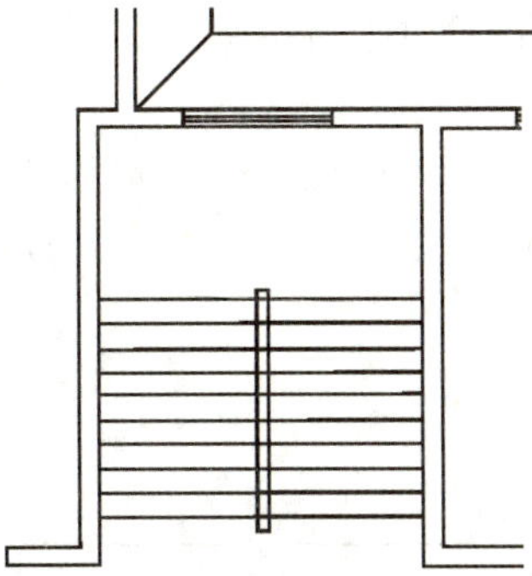

图 2-63　绘制出矩形

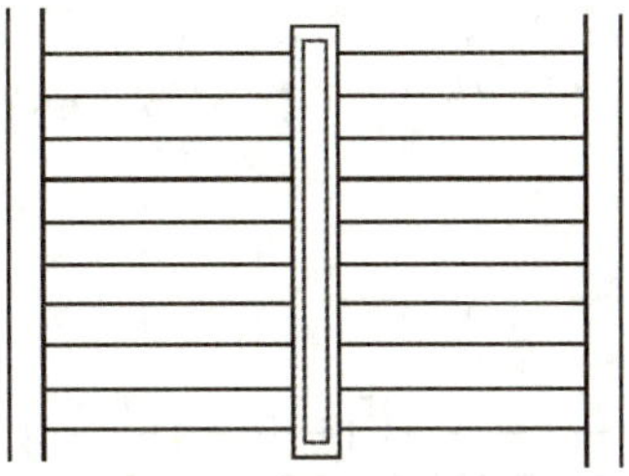

图 2-64　修剪扶手和梯井内的踏步线

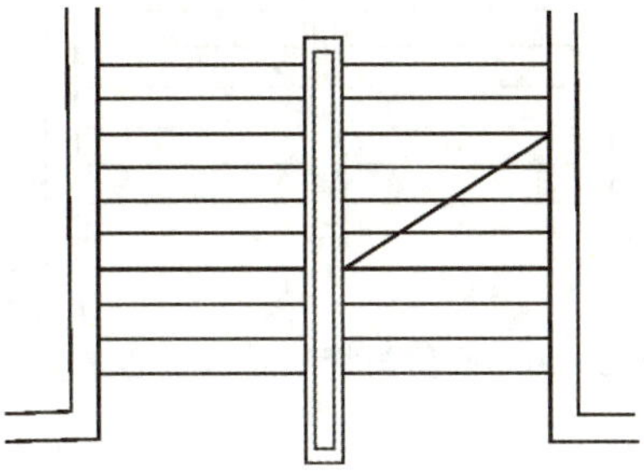

图 2-65　绘制斜线

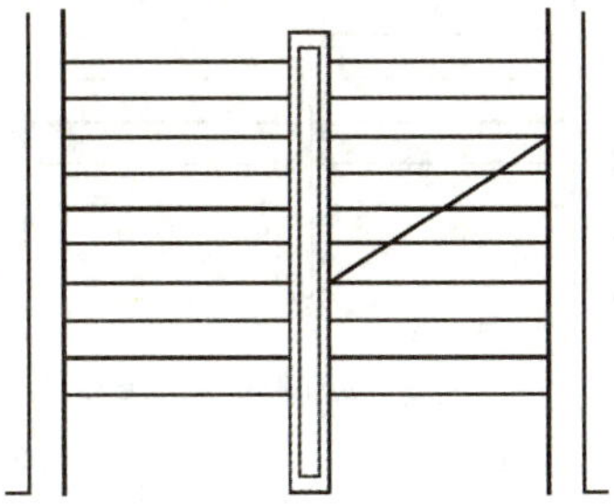

图 2-66　延伸斜线下端至扶手内侧

(3)单击“修改”工具栏上的“打断”图标或在命令行输入“BR”并按 Enter 键,启动“打断”命令。

1)在命令行输入“break”后按 Enter 键,在“选择对象:”提示下,用拾取的方法选择斜线作为打断的对象。

2)在“指定第二个打断点或[第一点(F)]:”提示下,输入“F”后按 Enter 键,表示要重新选择第一打断点。可以把选择对象的点作为第一打断点,也可输入“F”,要求重新选择第一打断点。

3)在“指定第一个打断点:”提示下,关闭“对象捕捉”功能,左键单击如图 2-67 所示的 *A* 点位置,选择 *A* 点为第一个打断点。

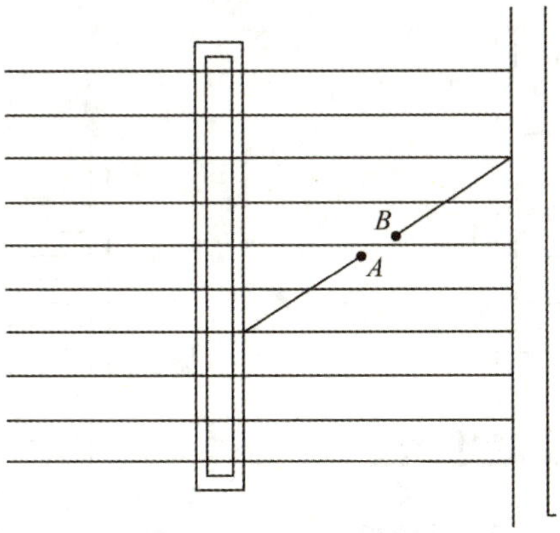

图 2-67　将斜线在 A 点和 B 点处打断

4)在“指定第二个打断点:”提示下,左键单击如图 2-67 所示的 *B* 点位置,选择 *B* 点为第二个打断点,结果将斜线打断,形成一个 *AB* 口。

5)关闭“正交”功能,启动“多段线”命令,将图绘制成如图 2-68 所示的状态。

6)在命令行输入“TR”并按 Enter 键,启动“剪切”命令,将图 2-68 修剪成如图 2-69 所示的状态。

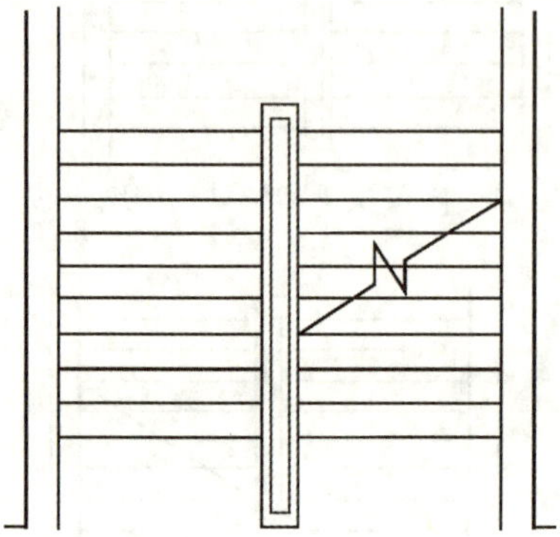

图 2-68　绘制楼梯折断线

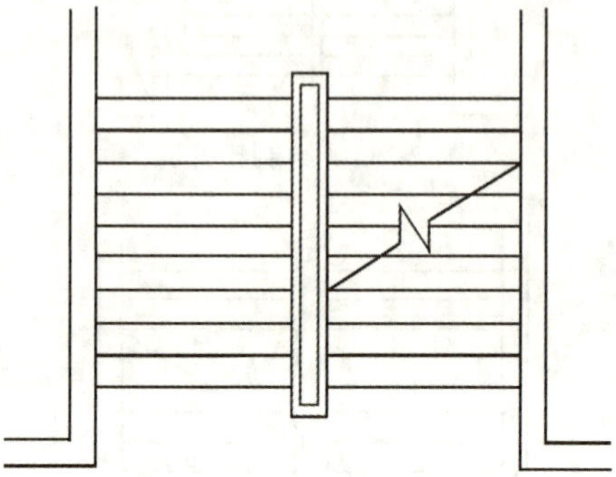

图 2-69　修剪与折断线重合的踏步线

2.6.7.4　绘制楼梯上下行箭头

利用“多段线”命令完成上下行箭头。

(1)打开“正交”“对象捕捉”“对象追踪”功能。单击“绘图”工具栏上的“多段线”图标或在命令行输入“PL”并按 Enter 键,启动绘制多段线命令。

(2)在“当前线宽为 0.0000,指定下一个点或[圆弧(A)/半宽(H)/长度(L)/放弃(U)/宽度(W)]:”提示下,将光标放在如图 2-70 所示的踏步线的中点,不单击鼠标左键,将光标轻轻地垂直向下拖动,当移至上行箭头杆起点的位置时单击鼠标左键。这样就通过“对象追踪”命令寻找到了上行箭头杆起点的位置,并且保证将其绘制在右侧梯段的中心。

(3)在“指定下一个点或[圆弧(A)/半宽(H)/长度(L)/放弃(U)/宽度(W)]:”提示下,关闭“对象捕捉”功能,将光标垂直向上拖动至如图 2-71 所示的位置,单击鼠标左键,这样就绘出了箭头的杆。

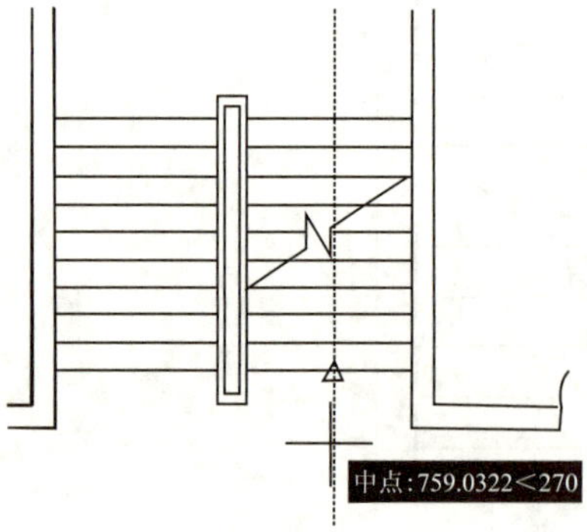

图 2-70　寻找上行箭头杆起点的位置

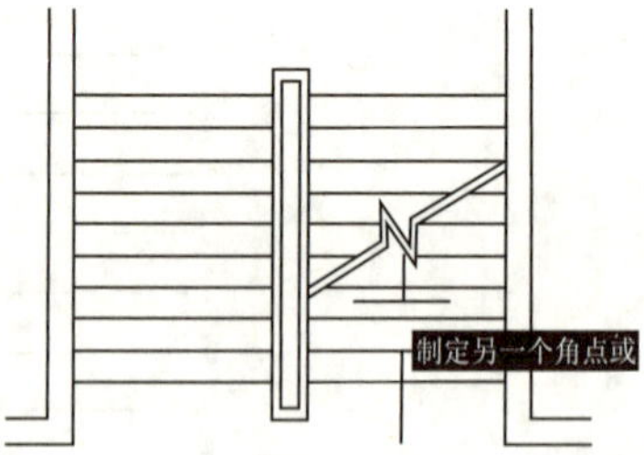

图 2-71　确定上行箭头杆终点的位置

(4)在“指定下一个点或[圆弧(A)/半宽(H)/长度(L)/放弃(U)/宽度(W)]:”提示下,输入“W”后按 Enter 键,表示要改变线的宽度。

(5)在“指定起点宽度<0.0000>:”提示下,输入“80”后按 Enter 键,表示将线的起点宽度改为 80 mm。

(6)在“指定端点宽度<80.0000>:”提示下,输入“0”后按 Enter 键,表示将线的端点宽度改为 0 mm。

(7)在“指定下一点或[圆弧(A)/闭合(C)/半宽(H)/长度(L)/放弃(U)/宽度(W)]:”提示下,将光标垂直向上拖动,输入“400”后按 Enter 键,表示垂直向上绘制长度为 400 mm 的多段线。

上面通过步骤(4)~(7)绘制了一个起点宽度为 80 mm、端点宽度为 0 mm、长度为 400 mm的多段线,即箭头,结果如图 2-72 所示。

用同样方法完成下行箭头,如图 2-73 所示。

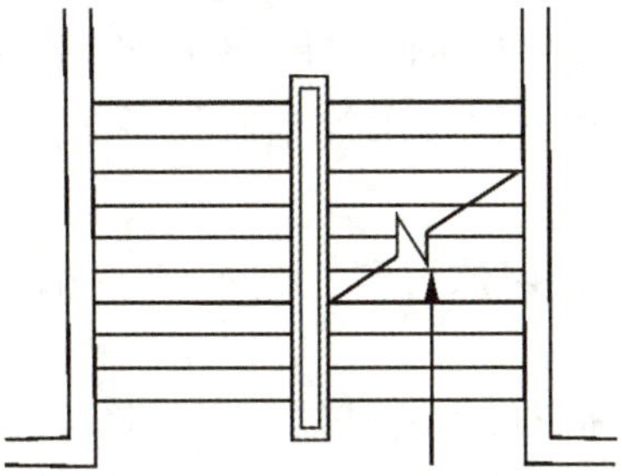

图 2-72　绘制出上行箭头

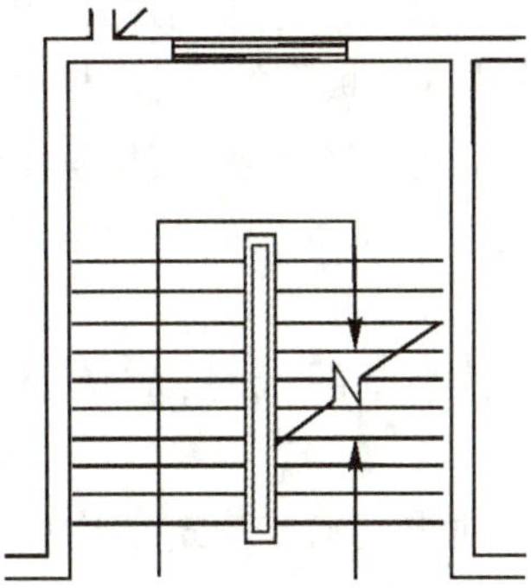

图 2-73　绘制出下行箭头

【课堂讨论】

1.什么是建筑详图?建筑详图有哪几种?

2.外墙节点详图表达了哪些节点构造?

3.楼梯详图该如何识读?

4.楼梯详图包括哪些内容?楼梯平面图是如何得到的?

【能力训练】

1.以图 2-55 为例,完成下列识图报告。

(1)甲楼梯的开间是＿＿＿＿＿＿mm,进深是＿＿＿＿＿＿mm。

(2)甲楼梯顶层平面图中休息平台的标高是＿＿＿＿＿＿m,宽度是＿＿＿＿＿＿mm。踏步的宽度是＿＿＿mm,该层踏步级数是＿＿＿级。

(3)梯段的宽度是＿＿＿＿＿＿mm,楼梯井宽度是＿＿＿＿＿＿mm。

2.以图 2-56 为例,完成下列识图报告。

(1)标高 3.600 m 表示＿＿＿＿＿＿标高,栏杆高度是＿＿＿＿＿＿mm。

(2)一层到二层的踏步级数是＿＿＿＿级,踏步高度是＿＿＿＿＿＿mm。

(3)一层到二层的休息平台的标高是＿＿＿＿＿＿,宽度是＿＿＿＿＿＿mm。

小　结

1.建筑工程施工图的种类,按专业分工不同可分为建筑施工图、结构施工图和设备施工图。

(1)建筑施工图主要用来表达建筑物的总体规划布局、外部造型、内部各房间的布置、细部构造、内外装修、固定设施和施工要求的图样,是指导建筑施工的指导性文件之一。

建筑施工图主要包括建筑施工图首页、建筑总平面图、建筑平面图、建筑立面图、建筑剖面图及建筑详图。

(2)结构施工图主要表达建筑物承重结构的结构类型、结构布置、构件形状、尺寸、数量、大小及相互间的连接等情况。

结构施工图主要包括结构设计说明,基础平面图、基础详图,楼层结构布置图,屋盖结构布置图,柱、梁、板配筋图,楼梯结构图,各结构构件图或表以及必要的详图。

(3)设备施工图主要表达建筑物的给水排水、暖气通风、供电照明、燃气等设备的布置、走向、施工要求等。主要包括采暖、电气、通风和给水排水等专业的平面图、系统图和详图。

2.在识读整套图纸时,应按照“总体了解,顺序识读,前后对照,重点细读”的读图方法。

3.定位轴线是确定建筑结构构件平面布置及标志尺寸的基线。平面图上定位轴线的编号,横向编号用阿拉伯数字从左至右顺序编写,纵向定位轴线编号用大写英文字母(除I、O、Z外,以免和数字混淆)从下至上顺序编写。

4.标高。绝对标高是以青岛的黄海平均海平面作为标高基准面而引出的标高,相对标高以底层室内地面作为相对标高的基准面。标高数字应以“米”为单位,注写到小数点后第三位。在总平面图中,可注写到小数点第二位。在数字后面不注写单位。

5.建筑总平面图是将新建工程四周一定范围内的新建、拟建、原有和拆除的建筑物、构筑物连同其周围的地形、地物状况用水平投影方法和相应的图例所绘出的图样在基地范围内的总体布置图。

6.建筑平面图是用以表达房屋建筑的平面形状、房间布置、内外交通联系,以及墙、柱、门窗等构配件的位置、尺寸、材料和做法等内容的图样。

图线剖切的轮廓用粗实线,未剖切但可以看见的轮廓用中实线。

外部尺寸一般分为三道标注:最外一道是总尺寸,表示房屋的总长度和总宽度;中间一道尺寸,表示定位轴线间的距离,说明房间的“开间”及“进深”尺寸;最里面一道,表示门窗洞口、墙垛、墙厚等细部尺寸。

7.建筑立面图是表达房屋的外部造型、门窗位置及形式、建筑层数、墙面装修,以及其他建筑构配件的标高和尺寸。

竖直方向:应标注建筑物的室内外地坪、门窗洞口上下口、台阶顶面、雨篷、房檐下口、屋面、墙顶等处的标高。

8.建筑剖面图主要用来表达房屋内部垂直方向的结构形式、沿高度方向分层情况、各层构造做法、门窗洞口高、层高及建筑总高等。

9.楼梯由梯段、平台和栏杆(或栏板)扶手组成。楼梯详图包括楼梯间平面图、剖面图、踏步栏杆详图等。

项目三 结构施工图识图与CAD绘制

知识目标

1. 了解结构施工图制图基本规定和图示特点。
2. 掌握结构施工图的图示内容和图示方法以及读图的一般方法步骤。
3. 熟悉钢筋混凝土结构构件基本知识。
4. 掌握基础结构类型和基础构造以及基础的平法施工图制图规则。
5. 掌握钢筋混凝土梁、板的配筋以及平法施工图制图规则。
6. 掌握钢筋混凝土柱、剪力墙的配筋以及平法施工图制图规则。
7. 掌握楼梯结构类型、平法施工图制图规则。

能力目标

1. 能识读结构施工图中各种符号、图例的含义。
2. 能正确识读和绘制基础施工图。
3. 能正确识读和绘制钢筋混凝土梁、板、柱平法施工图。
4. 能正确识读剪力墙平法施工图。

任务3.1 结构施工图概述

【学习任务】

1. 熟悉结构施工图的主要内容。
2. 熟悉混凝土结构基础知识。
3. 熟悉常用的构件代号。
4. 能识读结构设计说明，完成能力训练要求的识图记录。
5. “工欲善其事，必先利其器”，要想准确识读工程图纸，必须掌握相关建筑基础知识。

房屋施工图根据专业分工、内容和作用的不同，可分为建筑施工图、结构施工图和设备（含给水排水、电气、采暖通风等设备）施工图三大类别。建筑施工图只是表达了房屋的外部形状、内部房间布置、建筑构造和内外装修等内容，至于涉及承重构件的位置、材料、形状大小、结构构造和施工要求等方面的内容还需要通过结构工程师根据建筑的要求，经过结构造型和构件布置以及力学计算进行结构设计，并绘制出结构施工图来表达，指导施工。

表达房屋承重构件的布置、形状、大小、材料以及连接情况的图样，称为结构施工图，简称“结施”。

建筑物由结构构件（如基础、墙、柱、梁、板等）和建筑配件（如门、窗、阳台等）组成，其中一些主要承重构件相互支承，连成整体，构成建筑物的承重结构体系，称为建筑骨架，又称建筑结构。建筑结构由地下结构和上部结构两部分组成。地下结构有基础和地下室，上部结构通常有墙、柱、板、梁、屋架和楼梯等。

建筑的结构类型按结构主要承重构件所采用的材料不同，可分为钢筋混凝土结构、钢结构、砌体结构等；按结构受力特点不同，可分为砖混结构、框架结构、剪力墙结构、排架结构、筒体结构等。

砖混结构示意图如图 3-1 所示。框架结构示意图如图 3-2 所示。

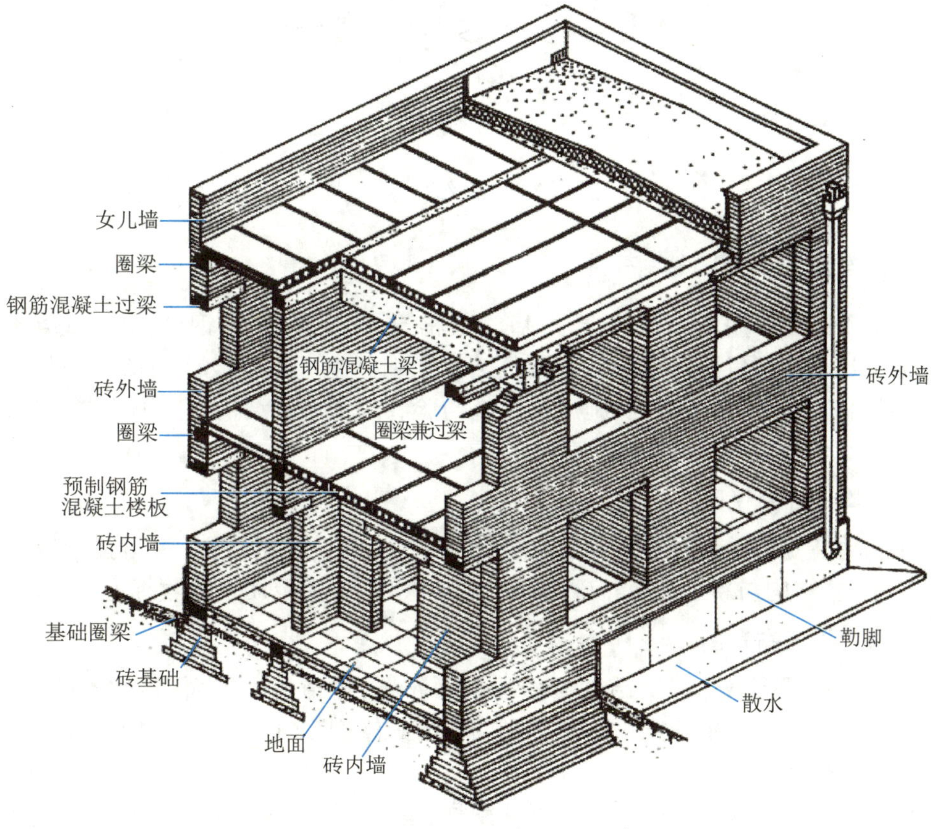

图 3-1　砖混结构示意图

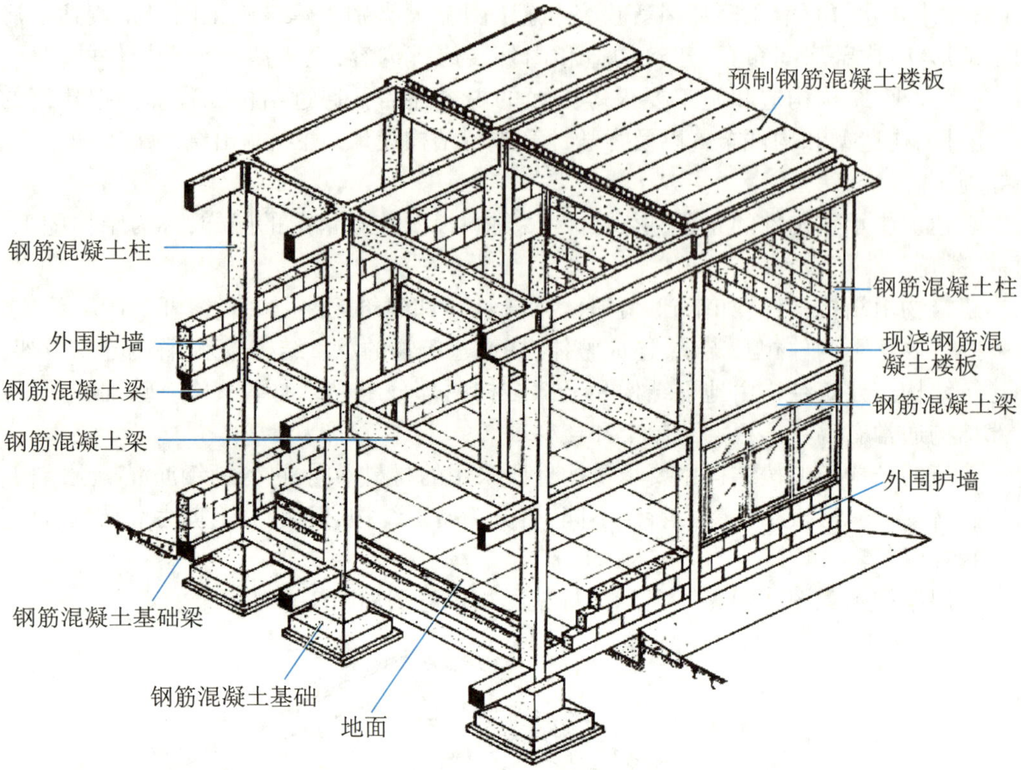

图 3-2 框架结构示意图

3.1.1 结构施工图的主要内容

结构施工图主要用于施工放线、挖基(坑)槽土方、支模板、绑钢筋、浇注混凝土、构件安装等施工过程,也是计算工程量、编制预结算和编制施工组织设计的依据,同时还是政府质监部门和监理单位对工程实施质量检查与验收的依据。结构施工图主要包括以下三部分。

3.1.1.1 结构设计总说明

说明新建建筑的结构类型、耐久年限、地震设防烈度、地基状况、材料强度等级、选用的标准图集、新结构与新工艺及特殊部位的施工顺序、方法及质量验收标准。

3.1.1.2 结构平面布置图

结构平面布置图表达建筑结构构件的平面布置,包括基础平面布置图、柱平法施工图、剪力墙平法施工图、框架梁平法施工图、板平法施工图,主要表达结构构件的位置、数量、型号、相互联系等内容。

基础平面布置图表示基础平面布置的图样,基础详图表示基础的形状、大小、构造、材料及埋置深度,作为基础施工依据。

3.1.1.3　结构构件详图

结构构件详图表达结构构件的形状、大小、材料和具体做法，包括梁、板、柱构件详图，基础详图，屋架详图，楼梯详图和其他详图。

3.1.2　钢筋混凝土结构基本知识

3.1.2.1　混凝土

混凝土是一种人造石料，是由水泥、沙子、级配的石子和水按一定比例拌和硬化而成的。

混凝土按其抗压强度的不同，分为 14 个等级，即 C15、C20、C25、C30、C35、C40、C45、C50、C55、C60、C65、C70、C75、C80，其中“C”表示混凝土，C 后面的数字表示混凝土立方体抗压强度标准值，数字越大，表明混凝土的抗压强度越高。例如 C25 表示混凝土立方体抗压强度标准值为 25 MPa。

3.1.2.2　钢筋混凝土结构及构件

钢筋混凝土由钢筋和混凝土组合而成。用钢筋混凝土制成的梁、板、柱、基础等构件，称为钢筋混凝土构件。由钢筋混凝土构件组成的结构，称为钢筋混凝土结构。

混凝土的抗压能力强，抗拉能力差，受拉易断裂，钢筋抗拉能力强，二者结合可以弥补混凝土不足，常在构件易产生裂缝的地方配置钢筋，如图 3-3 所示。

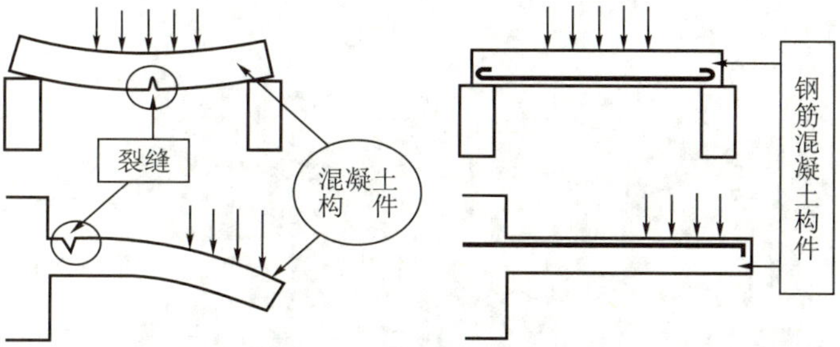

图 3-3　钢筋混凝土构件

钢筋混凝土构件按施工方法不同，分为现浇和预制装配式以及部分装配部分现浇的装配整浇式三类。

钢筋混凝土构件按钢筋是否施加预应力可分为普通钢筋混凝土和预应力钢筋混凝土。

3.1.2.3　钢筋

(1)钢筋的名称和作用　建筑构件常用的钢筋按其强度、品种不同，分别用不同的直径符号表示。钢筋按其在构件中所起的作用和位置不同分为以下几种(图 3-4 和图 3-5)：

1)受力筋：构件中主要的受力钢筋。

2)箍筋：用于梁、柱中承受剪力和扭矩的钢筋，固定纵向钢筋的位置。

3)架立筋：用于梁内，固定箍筋位置，并与受力筋一起构成钢筋骨架，如图 3-4 中上部纵筋。

4)分布钢筋(又称分布筋):用于板类构件中,按构造要求配置的钢筋,固定受力筋并将承受的荷载均匀地传给受力筋,如图 3-5 中所示。

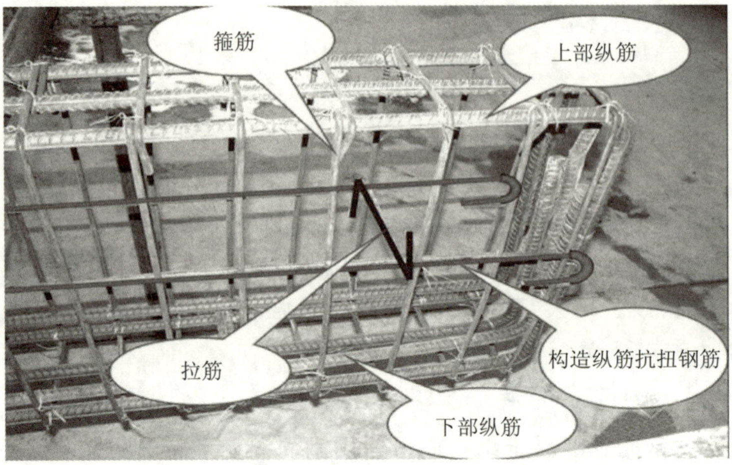

图 3-4　梁中的配筋

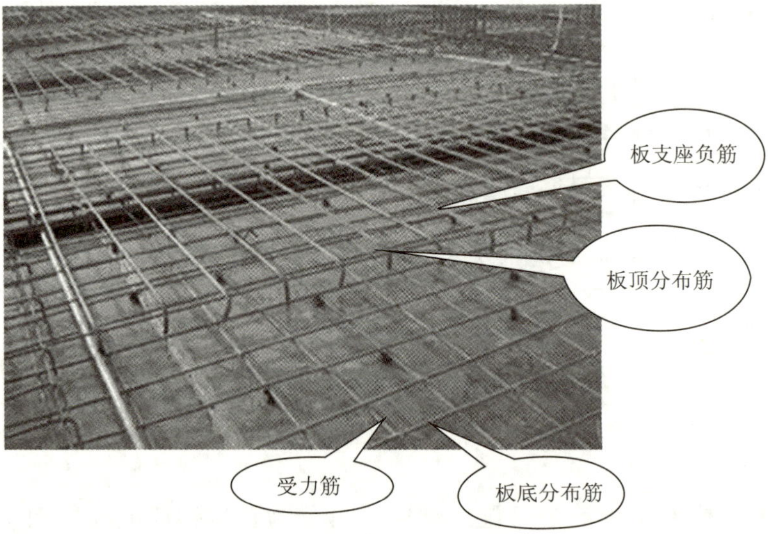

图 3-5　板中的钢筋

5)其他筋:由于构造要求和施工安装需要而配置的钢筋,如吊环、腰筋等。

(2)钢筋的种类　钢筋分为普通钢筋和预应力钢筋。钢筋混凝土构件中所使用的钢筋种类用不同符号表示,如表 3-1 所示。

表 3-1　普通钢筋的种类和强度标准值

牌号	符号	屈服强度标准值/(N/mm²)
HPB 300	Φ	300
HRB 400	Φ	400
RRB 400	$Φ^R$	400
HRB 500	Φ	500
HRB 600	Φ	600

(3)钢筋的标注　钢筋的说明应给出钢筋代号、直径、数量、间距、编号以及所在位置,其说明应沿长度标注或标注在相关钢筋的引出线上。钢筋编号的直径宜采用 5~6 mm的细实线圆表示,其编号采用阿拉伯数字按顺序编写。

1)标注钢筋的级别、根数和直径如下:

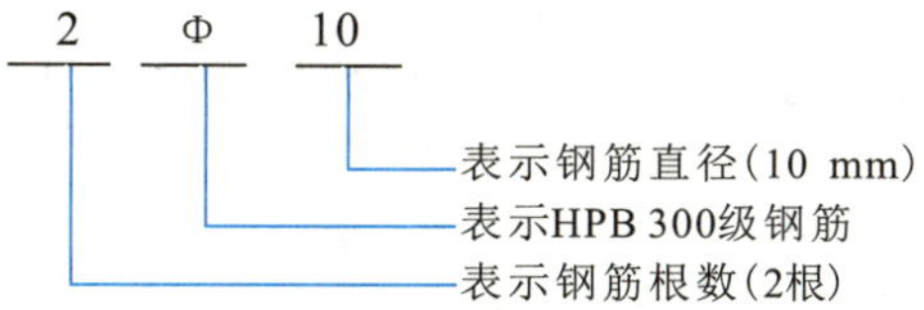

2)标注钢筋级别、直径和相邻钢筋中心距离,如下:

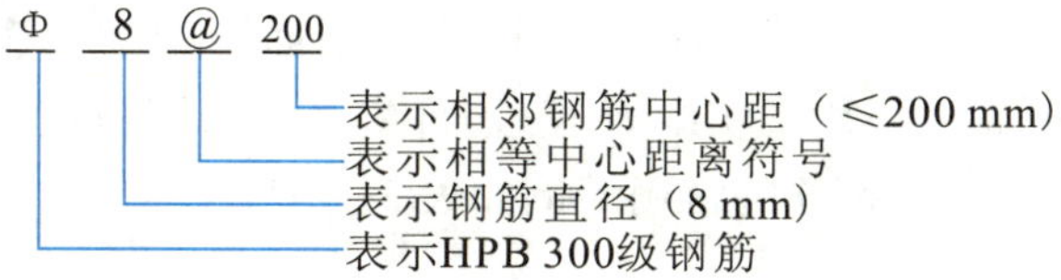

3.1.2.4　保护层

为了保护钢筋、防锈蚀、防火以及加强钢筋与混凝土的黏结力,最外层钢筋的外缘到构件表面应留有一定厚度的混凝土作为保护层。

保护层最小厚度由构件、环境、混凝土强度等级决定。一般情况下,梁、柱中保护层厚度为 25 mm,板中保护层厚度为 15 mm。

保护层厚度是从最外层钢筋(包含箍筋、构造筋、分布筋等)的外缘算起的。

3.1.3　结构施工图图示特点、常用结构构件代号及识读方法

3.1.3.1　结构施工图图示特点

与建筑施工图相同,都采用正投影方法绘制,并配合剖面图和断面图的方式来表达。但是由于反映的侧重点不同,在线型、尺寸标注上有所不同,如表 3-2 所示。

表 3-2　结构施工图常用图线

名称		线型	线宽	一般用途
实线	粗		b	螺栓、钢筋、结构平面图中的单线结构构件线，钢木支撑及系杆线，图名下横线、剖切线
	中粗		0.7b	结构平面图及详图中剖到或可见的墙身轮廓线，基础轮廓线，钢、木结构轮廓线，钢筋线
	中		0.5b	结构平面图及详图中剖到或可见的墙身轮廓线、基础轮廓线、可见的钢筋混凝土构件轮廓线、钢筋线
	细		0.25b	标注引出线、标高符号线、索引符号线、尺寸线
虚线	粗		b	不可见的钢筋线、螺栓线、结构平面图中不可见的单线结构构件线及钢、木支撑线
	中粗		0.7b	结构平面图中的不可见构件、墙身轮廓线及不可见钢、木结构构件线，不可见的钢筋线
	中		0.5b	结构平面图中的不可见构件、墙身轮廓线及不可见钢、木结构构件线，不可见的钢筋线
	细		0.25b	基础平面图中的管沟轮廓线、不可见的钢筋混凝土构件轮廓线

(1)普通钢筋表示方法　结构构件的立面图和断面图中主要表示钢筋的配置情况，假定混凝土为透明的，轮廓线用中实线表示，立面图上钢筋用粗实线表示，断面图上钢筋横断面用黑圆点表示。一般钢筋的常用图例如表 3-3 所示。

表 3-3　一般钢筋的常用图例

图例	备注
	无弯钩钢筋端部
	无弯钩钢筋
	带半圆弯钩的钢筋端部
	长短钢筋重叠时，短钢筋端部用 45°短画线表示
	带直钩的钢筋端部
	带丝扣的钢筋端部
	无弯钩钢筋搭接
	带直钩的钢筋搭接
	带半圆钩的钢筋搭接

(2)钢筋的画法　轮廓内不再画材料图例。结构施工图中钢筋的常规画法如表 3-4 所示。

表 3-4　结构施工图中钢筋的常规画法

说明	图例
在结构平面图中配置双层钢筋时,底层钢筋弯钩应向上或向左,顶层钢筋则向下或向右	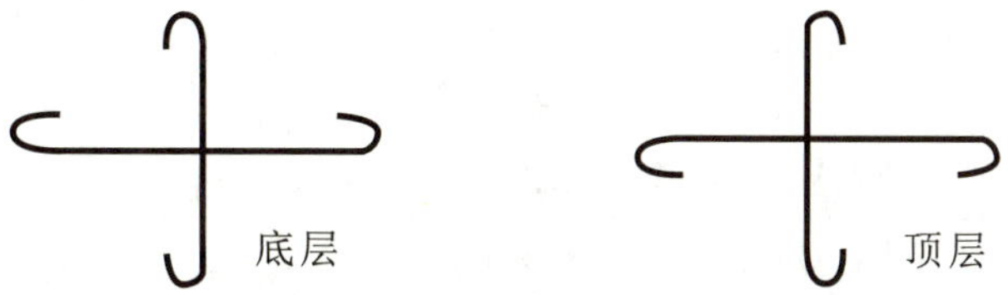
配双层钢筋的墙体,在配筋立面图中,远面钢筋的弯钩应向上或向左,而近面钢筋则向下或向右(JM:近面;YM:远面)	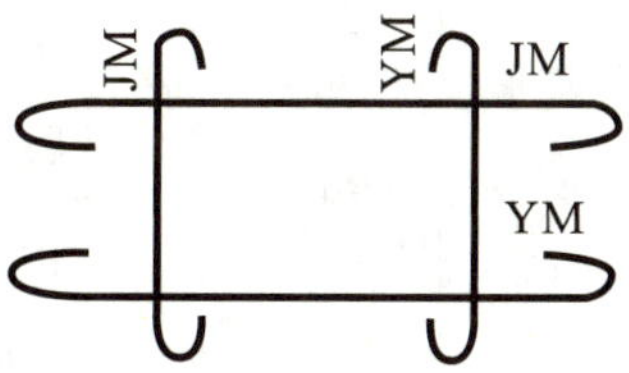

(3)钢筋在平面图、剖(断)面图中表示的方法　钢筋在平面图、剖(断)面图中表示的方法应符合以下规定。

1) 钢筋在平面图中的配筋应按图 3-6 所示的方法表示。板内钢筋用粗实线表示。

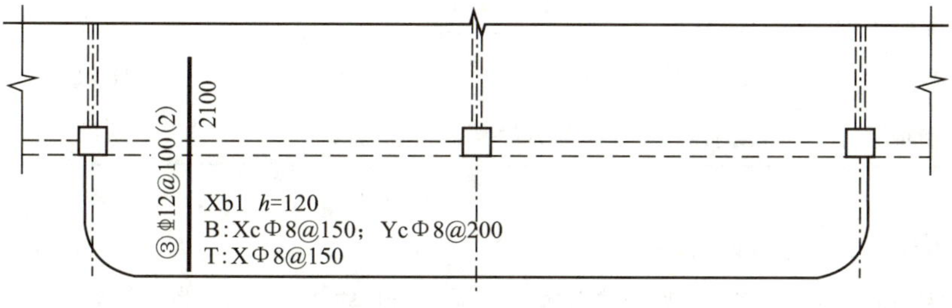

图 3-6　钢筋在楼板配筋中的表示

例如,3 号钢筋表示在楼板顶部配置直径为 12 mm 的 HPB 400 支座负筋,中心间距 100 mm。

2)钢筋在剖(断)面图中的配置应按图 3-7 所示的方法表示。

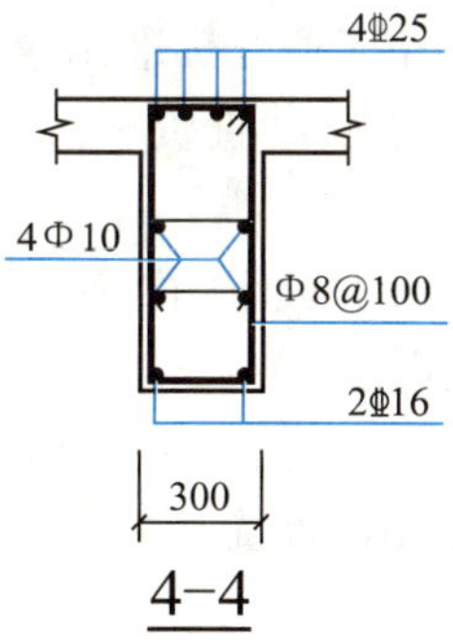

图 3-7　梁剖(断)面图中钢筋表示方法

3.1.3.2 常用结构构件代号

在结构施工图中，结构构件的名称用其代号表示，一般用汉语拼音的第一个大写字母表示，见表 3-5。

表 3-5 常用结构构件代号

类型	构件	代号
基础	普通独立基础（阶形）	DJj
	普通独立基础（锥形）	DJz
	杯口独立基础	BJ
	条形基础底板（坡形）	TJBp
	条形基础底板（阶形）	TJBj
	基础梁	JL
	基础次梁	JCL
	梁板式筏形基础平板	LPB
	柱下板带	ZXB
	跨中板带	KZB
	平板式筏形基础平板	BPB
	灌注桩	GZH
	扩底灌注桩	GZHK

类型	构件	代号
柱	框架柱	KZ
	转换柱	ZHZ
	芯柱	XZ
梁	楼层框架梁	KL
	楼层框架扁梁	KBL
	屋面框架梁	WKL
	框支梁	KZL
	托柱转换梁	TZL
	非框架梁	L
	悬臂梁	XL
	井字梁	JZL

类型	构件	代号
剪力墙板	约束边缘构件	YBZ
	构造边缘构件	GBZ
	非边缘暗柱	AZ
	扶壁柱	FBZ
	连梁	LL
	连梁（跨高比不小于 5）	LLk
	暗梁	AL
	边框梁	BKL
	墙身	Q
	楼面板	LB
	屋面板	WB
	悬挑板	XB

3.1.3.3 结构施工图的识读方法

识读结构施工图时，首先熟悉建筑施工图，在此基础上按照图 3-8 所示步骤进行识读。在结构施工图中，结构构件常用构件代号表示。识读结构施工图要抓住定位轴线这个关键，结合建筑施工图进行，从总体上把握整个工程的结构布置、钢筋配置情况。

（1）读图纸目录，同时按图纸目录检查图纸是否齐全，图纸编号与图名是否符合。

（2）读结构设计总说明，了解工程概况、设计依据、主要材料要求、标准图或通用图的使用、构造要求及施工注意事项等，并准备好标准图集，供看图时使用。

（3）读基础平面布置图、详图与地质勘查资料。基础平面布置图应与建筑底层平面图结合起来看。

（4）读柱平面布置图。根据对应的建筑平面图校对柱的布置是否合理，柱网尺寸、柱截面尺寸与轴线的关系尺寸有无错误。

（5）读楼面板及屋面板平法施工图时，对照建施平面图中的房间的分隔、墙体的布置，检查构件的平面定位尺寸是否正确，布置是否合理，有无遗漏，楼板的形式、布置、板面标高是否正确等。

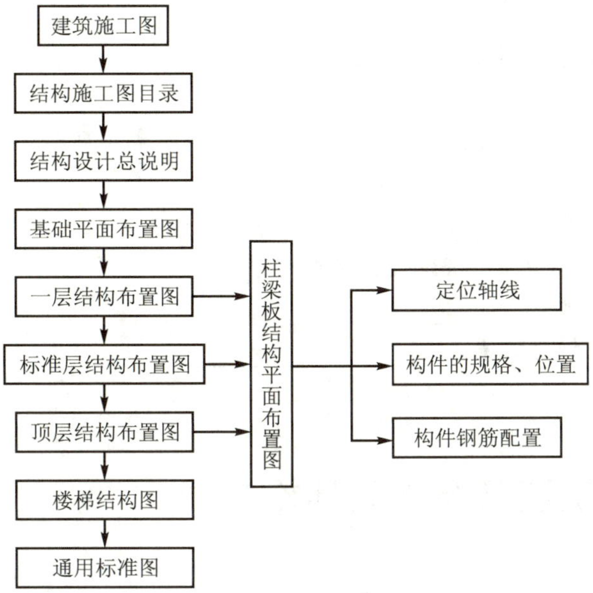

图 3-8　结构施工图的识读步骤

(6)按前述的施工图识读方法,详细阅读平面图中每一构件的编号、截面尺寸、标高、配筋及其构造详图,并与建施图结合,检查有无错误与矛盾。看图中发现的问题要一一记下,最后按结施图的先后顺序将存在的问题全部整理出来,以便在图纸会审时加以解决。

(7)看结构设计总说明中涉及的标准图集。

为加快设计、施工进度,提高质量,降低成本,经常直接采用标准图集。如前所述,我国编制的标准图集按其编制的单位和适用范围的情况分为三类,标准图集的查阅方法如下:

1)根据施工图中注明的标准图集名称、编号及编制单位,查找相应的图集。

2)阅读标准图集的总说明,了解编制该图集的设计依据、使用范围、施工要求及注意事项等。

3)了解该图集编号和表示方法,一般标准图集中都用代号表示,代号表明构件、配件的类别、规格及大小。

4)根据图集目录及构件、配件代号在该图集内查找所需详图。

3.1.4　结构设计总说明识读

以“结构设计总说明”(详见配套图集结施-01)为例,说明结构设计总说明的内容与识读。

结构设计总说明一般包括该工程的工程概况、设计依据、结构的安全等级和设计使用年限,主要结构材料及构造要求,地基基础设计有关规定,楼板、梁、柱及其他规定的内容。

(1)先整体略读,根据说明的编排顺序初步了解结构的类型、层数、抗震情况、使用材料、采用的规范和图集。

(2)对重点精度、各条施工要求详细研读,理解设计者的意图。

【课堂讨论】

结构设计总说明与建筑设计总说明有哪些区别和联系？

【能力训练】

根据“结构设计总说明”（详见配套图集结施-01）完成下列识图记录。

1.本工程的结构体系是________________。

2.结构抗震等级是________________。

3.主要材料混凝土、钢筋、墙体材料要求是____________________________。

4.梁柱保护层厚度是________________。

5.现浇板的分布钢筋配置是________________。

任务3.2 识读与绘制基础施工图

【学习任务】

1.基础的类型。

2.独立基础、条形基础平法施工图的表示方法。

3.识读图3-16基础平面布置图，完成能力训练要求的识图记录。

4.利用CAD绘制图3-16基础平面布置图。

5.培养学生作为工程人严谨求实的工作作风，时刻对工作保持敬畏之心，培养学生的责任感与负责担当的职业操守。

3.2.1 概述

3.2.1.1 基础的组成

基础是建筑物地面以下承受建筑物全部荷载的构件。基础底下天然的或经过加固的承受基础所传递荷载的土壤层称为地基。

在砖混结构建筑中，常见的墙下条形基础一般由垫层、钢筋混凝土底板、砖砌大放脚、基础墙和防潮层五部分组成，如图3-9所示。钢筋混凝土底板下的垫层主要为绑扎钢筋和放线提供干净且容易清洁的施工作业面，一般采用100 mm厚的C10或C15混凝土。

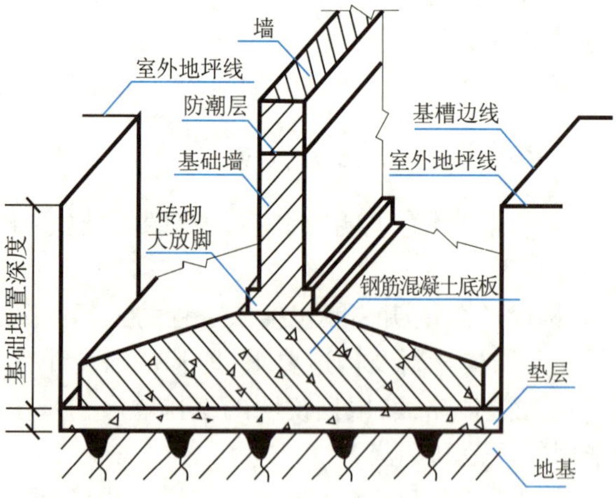

图3-9 基础的组成

钢筋混凝土底板所采用的断面形式(一般有矩形、锥形和阶梯形)、构造尺寸和内部配筋以及混凝土强度等级由设计计算确定。

基础墙底部做成阶梯形的砌体称为大放脚。习惯上将底层室内地坪(±0.000 m 标高)以下、大放脚顶面以上部分的墙体叫作基础墙。为避免室内墙身受潮霉变,构造上在基础墙适当位置(一般在室内地坪下 60 mm 处)须设防潮层(若基础墙内在防潮层位置设置了钢筋混凝土圈梁,则不必再设防潮层)。防潮层是防止地下水沿墙体向上渗透(水的毛细现象)以致侵蚀墙体而铺设的一层防潮材料。

基础的埋置深度是指从室外设计地面到基础底面的垂直距离。

3.2.1.2　基础类型

基础按照构造不同分为条形基础、独立基础、筏板基础、箱形基础、桩基础等。

(1)条形基础　条形基础一般用于墙下,也可用于柱下。当建筑采用墙承重结构时,通常将墙底加宽形成墙下条形基础(图 3-10);当建筑采用柱承重结构,在荷载较大且地基较软弱时,为了提高建筑物的整体性,防止出现不均匀沉降,可将柱下基础沿一个方向连续设置成柱下条形基础(图 3-11)。

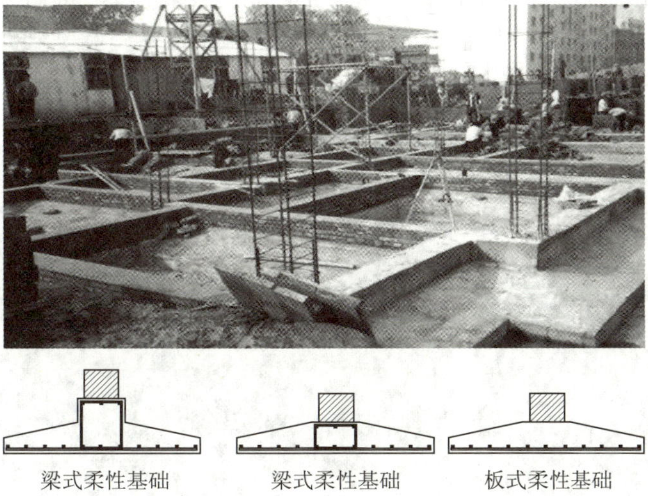

图 3-10　墙下条形基础

图 3-11　柱下条形基础

（2）独立基础　独立基础常用于柱下，也可用于墙下形成墙下独立基础。独立基础的形状有阶梯形、锥形和杯形等，如图 3-12 所示。

图 3-12　独立基础

（3）筏板基础　当建筑物上部荷载大，而地基又较弱，通常将墙或柱下基础连成一片，使建筑物的荷载承受在一块整板上，称为筏板基础（也称满堂基础），如图 3-13 所示。筏板基础有平板式和梁板式两种。

（a）平板式　　（b）梁板式

图 3-13　筏板基础

（4）箱形基础　箱形基础是由钢筋混凝土底板、顶板和若干纵、横隔墙组成的整体结构，基础的中空部分可用作地下室（单层或多层的）或地下停车库，如图 3-14 所示。箱形基础整体空间刚度大，整体性强，能抵抗地基的不均匀沉降，较适用于高层建筑或在软弱地基上建造的重型建筑物。

（5）桩基础　多数用于高层建筑或土质不好的情况下，由若干桩来支承一个平台，然后由这个平台托住整个建筑物，该平台叫作桩承台。桩基础按照承载性质的不同可分为端承桩和摩擦桩，如图 3-15 所示。

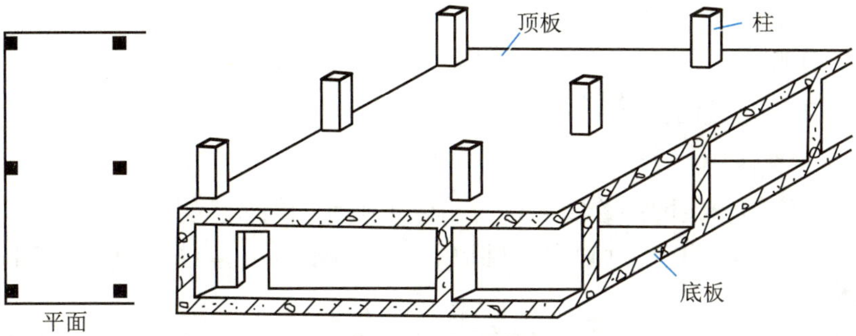

图 3-14　箱形基础

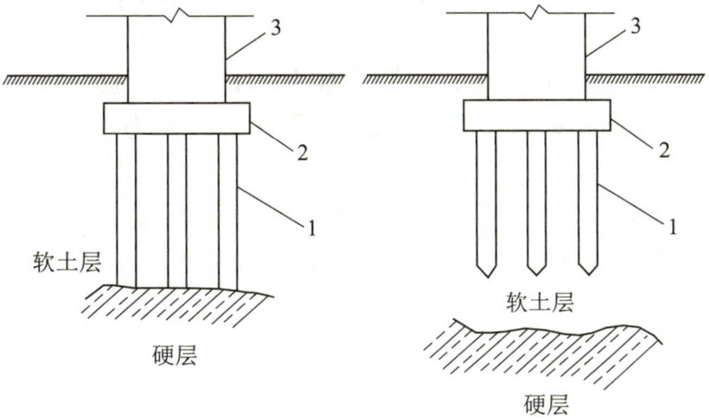

(a)端承桩　　(b)摩擦桩

1—桩；2—承台；3—上部结构

图 3-15　桩基础

3.2.1.3　基础施工图的作用

基础施工图主要是表示建筑物在相对标高±0.000 m 以下的基础结构，一般包括基础平面布置图和基础断面图(亦称基础详图)。它是施工时在基地上放灰线、开挖基槽(坑)土方、基础施工的依据。

3.2.2　基础平面布置图

3.2.2.1　基础平面布置图形成

基础平面布置图是假想用一个水平剖切平面沿基础墙顶部将整幢房屋剖开后，移去上部的房屋和基础周围的泥土向下投影所得到的水平剖面图(详见配套图集结施-02)。

3.2.2.2　基础平面布置图图示内容

基础平面布置图图示内容如下：

(1)图名、比例。

(2)定位轴线及编号。

(3)基础墙、柱的平面布置位置，基础的类型、尺寸及其与定位轴线的关系。

(4)基础的编号。

(5)基础梁的编号、位置。

(6)施工说明。

3.2.2.3　基础平面布置图图示方法

基础平面布置图图示方法如下:

(1)基础平面图轴线网和绘图比例应与建筑平面图对应一致。

(2)基础平面布置图中,只画出基础墙、柱、基础底面轮廓线,基础的细部轮廓(如大放脚)可省略不画。

(3)剖到的基础墙(或柱)断面轮廓线用中粗实线绘制,当绘图比例≤1∶50 或断面较窄时,砖砌体断面可不画材料图例,混凝土或钢筋混凝土断面则涂黑。基础底面轮廓线用细实线绘制。

(4)当基础墙上留有管沟洞口时,应用虚线表示其位置,具体做法及尺寸另用详图表示。当基础中设有基础梁和地圈梁时,基础平面图中的各种构件均应用相应代号表示,并顺序编号。

(5)基础平面布置图的尺寸分内部尺寸和外部尺寸两部分,外部尺寸只标注定位轴线的间距和总尺寸,内部尺寸标注各道墙的厚度、柱的断面尺寸和基础底面的宽度等。

3.2.3　基础详图

3.2.3.1　基础详图内容

基础详图主要表示基础的类型,各个部分的断面形状、尺寸、材料和配筋构造详见配套图集结施-02。

3.2.3.2　基础详图图示方法

基础详图图示方法如下:

(1)详图的图名与基础平面布置图的编号对应。

(2)比例一般为 1∶10、1∶20、1∶30 等。

(3)基础断面轮廓线用中粗线表示,配筋用粗线表示,断面不画材料图例。

(4)应标注详细尺寸,如室内外标高、基础底面标高、地圈梁梁顶标高、垫层高度、基底尺寸、基础高度、大放脚或台阶高度尺寸。

3.2.4　基础平法施工图表示方法

独立基础平法施工图

《混凝土结构施工图平面整体表示方法制图规则和构造详图》(22G101)图集是国家建筑标准设计图集。平面整体表示方法简称平法。所谓“平法”的表达方式是将结构构件的尺寸和配筋,按照平面整体表示方法的制图规则,直接表示在各类构件的结构平面布置图上,再与标准构造详图相配合,即构成一套完整的结构施工图。

《混凝土结构施工图平面整体表示方法制图规则和构造详图(独立基础、条形基础、筏形基础、桩基础)》(22G101-3)规定,按平法设计绘制的现浇混凝土的独立基础、条形基础、筏形基础及桩基础承台施工图,以平法注写为主、截面注写方式为辅表达各类构件的尺寸和配筋。下面主要介绍独立基础平法施工图的表达。

独立基础平法施工图有平面注写与截面注写两种表达方式。独立基础平面布置图将独立基础平面与基础所支承的柱一起绘制，标注基础的定位尺寸；当设置基础梁时，可根据图面的疏密情况，将基础连系梁与基础平面布置图一起绘制或将基础连系梁布置图单独绘制。

3.2.4.1　独立基础的平面注写方式

(1)单柱独立基础的平面注写方式　独立基础的平面注写方式分为集中标注和原位标注两种。

1)普通独立基础和杯口独立基础的集中标注是在基础平面图上集中引注独立基础编号、截面竖向尺寸、配筋三项必注内容，以及基础底面标高和必要的文字注解两项选注内容，如图3-16 所示。

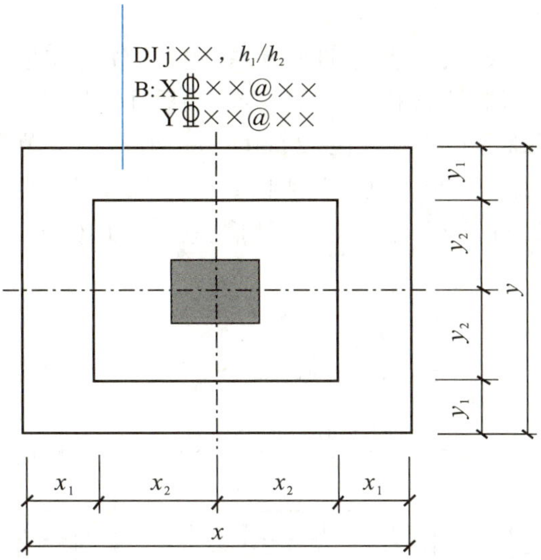

图 3-16　普通独立基础平面注写方式

①独立基础编号：如表3-6 所示。

表 3-6　独立基础编号

类型	基础底板截面形状	代号	序号
普通独立基础	阶形	DJj	××
	锥形	DJz	××
杯口独立基础	阶形	BJj	××
	锥形	BJz	××

其中阶形截面下加标“j”，如 DJj××、BJj××；锥形截面下加标“z”，如 DJz××、BJz××。

例如，DJj01 表示普通独立基础阶形 01 号。

②截面竖向尺寸：注写为 $h_1/h_2/h_3$……表示独立基础的竖向尺寸，由下而上注写，如图3-17 所示。基础底板总厚度为 $h_1+h_2+h_3$。

③配筋：以 B 代表各种独立基础底板的底部配筋；*X* 向配筋以 *X* 打头注写，*Y* 向配筋以 *Y* 打头注写；当两向配筋相同时，则以 *X*&*Y* 打头注写。图3-18 表示基础底部配置 HRB 400 级钢筋，*X* 向直径为 16 mm，分布间距 150 mm；*Y* 向直径为 16 mm，分布间距为 200 mm。

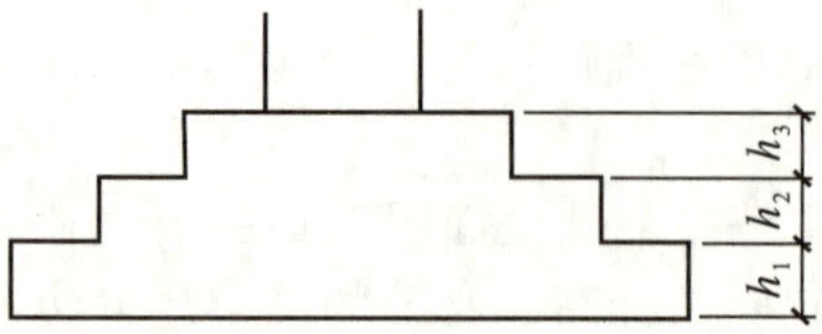

图 3-17　阶形截面普通基础竖向尺寸

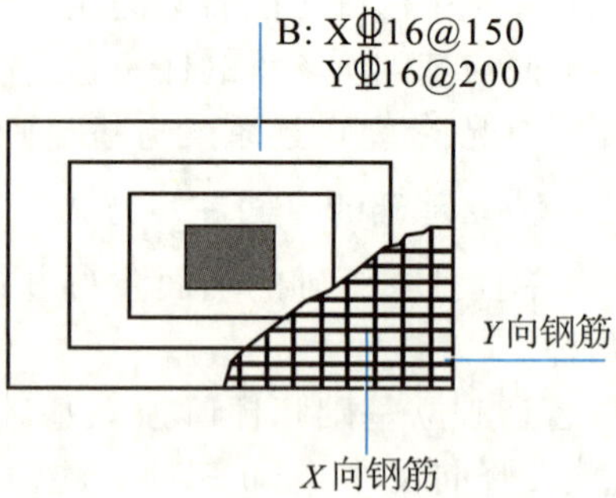

图 3-18　独立基础底板底部双向配筋示意

当普通独立基础埋深较大，设置短柱时，短柱配筋应注写在独立基础中。以 DZ 代表普通独立深基础短柱；先注写短柱纵筋，再注写箍筋，最后注写短柱标高范围。

图3-19 表示独立基础的短柱设置在-2.500～-0.050 m 高度范围内，配置 HRB 400 级竖向钢筋和 HPB 300 级箍筋。其竖向钢筋为 4 根直径为 20 mm 的角筋；5 根直径为18 mm的 X 边中部筋；5 根直径为 18 mm 的 Y 边中部筋；其箍筋直径为 10 mm，间距为 100 mm。

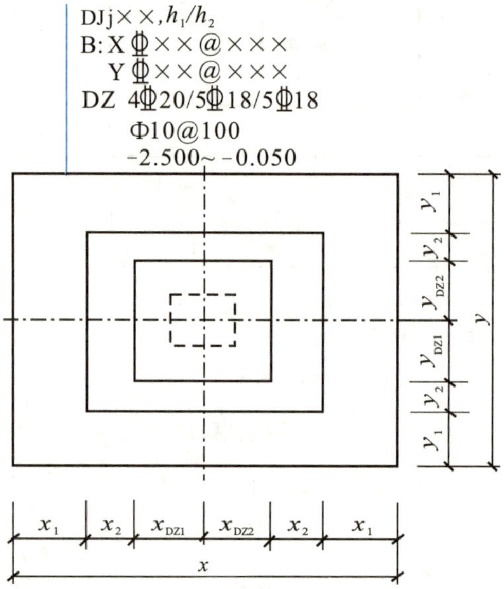

图 3-19　带短柱独立基础平面注写方式设计表达示意

④注写基础底面标高（选注）。当独立基础的底面标高与基础底面基准标高不同时，应将独立基础底面标高直接注写在“（）”内。

⑤必要的文字注解（选注）。当独立基础的设计有特殊要求时，宜增加必要的文字注解。例如，基础底板配筋长度是否要求采用减短方式等，可在该项内注明。

2）独立基础的原位标注是在基础平面布置图上标注独立基础的平面尺寸。对相同编号的基础，可选择一个进行原位标注，其他相同编号者仅注编号。

普通独立基础原位标注的具体内容规定如下：原位标注 x、y、x_i、y_i，i = 1、2、3，其中 x、y

为普通独立基础的两向边长，x_i、y_i 为阶宽或锥形平面尺寸（当设置短柱时，还应标注短柱的截面尺寸），如图 3-16 所示。

（2）多柱独立基础的平面表示方法　多柱独立基础的编号、几何尺寸和配筋的标注方法与单柱独立基础相同。

1）双柱独立基础。当为双柱独立基础且柱距较大时，除在基础底部配筋外，尚需在两柱间配置基础顶部钢筋或设置基础梁。

当双柱独立基础为基础底板与基础梁相结合时，注写基础梁的编号、几何尺寸和配筋。如 JL××(1) 表示该基础梁为 1 跨，两端无外伸；如 JL××(1A) 表示该基础梁为1 跨，一端有外伸；如 JL××(1B) 表示该基础梁为 1 跨，两端均有外伸。基础梁的宽度宜比柱截面宽不小于 100 mm（每边不小于 50 mm）。双柱独立基础之间配置基础顶板顶部钢筋（用T 表示基础顶部配筋），注写为：梁间受力钢筋/分布筋。如图 3-20 所示双柱独立基础，两柱间设置基础梁，并引注基础梁编号、截面尺寸、底板配筋等。图3-21 为双柱独立基础顶板顶部配筋，表示独立基础顶部配置纵向受力 HRB 400 级钢筋，直径为 18 mm，设置 11 根，间距 100 mm，分布筋为 HPB 300 级钢筋，直径为 10 mm，间距 200 mm。

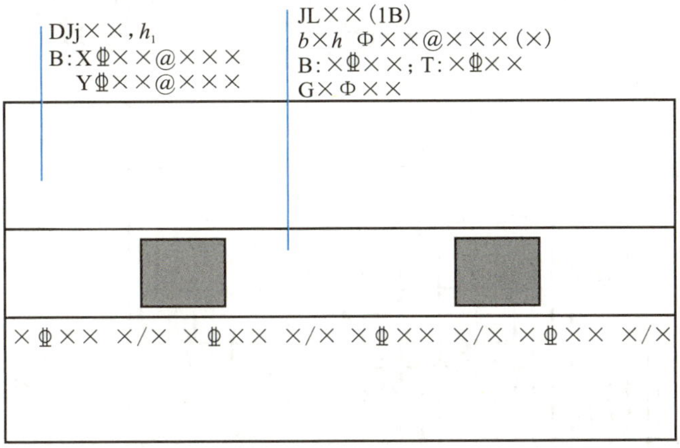

(a)

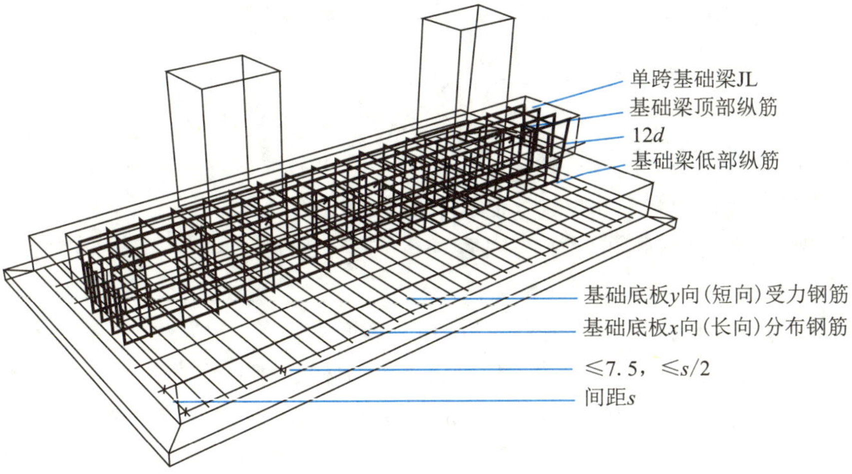

(b)

图 3-20　双柱独立基础的基础梁配筋示意

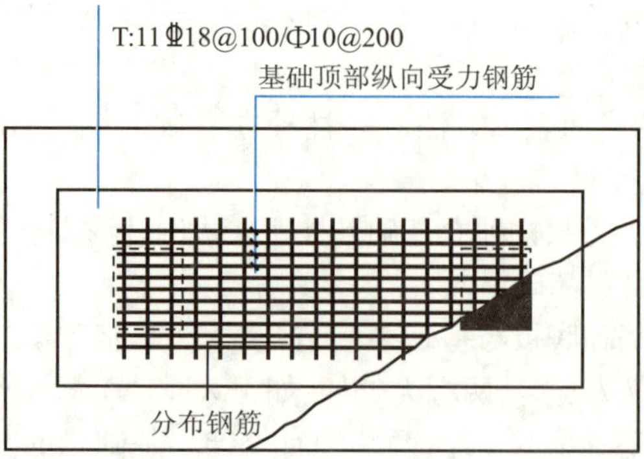

图 3-21 双柱独立基础顶部配筋示意

2)四柱独立基础。当为四柱独立基础时，通常可设置两道平行的基础梁，需要时可在两道基础梁之间配置基础顶部钢筋。

图3-22 为四柱独立基础梁间配筋，表示四柱独立基础顶部两道基础梁之间配置 HRB 400 级受力钢筋，直径为 16 mm，间距 120 mm；分布筋为 HPB 300 级钢筋，直径为10 mm，间距 200 mm。

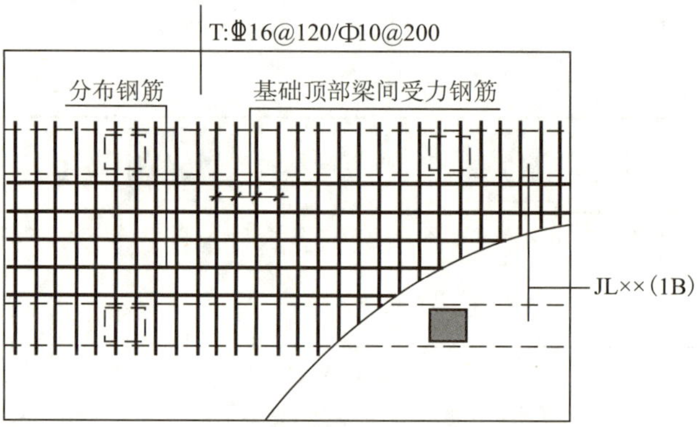

图 3-22 四柱独立基础底板顶部基础梁间配筋注写

3.2.4.2 独立基础截面注写方式

(1)截面注写方式，应对图纸上所有基础进行编号。

(2)对单个基础进行截面标注的内容和形式，与传统“单构件正投影表示方法”基本相同。

(3)对多个同类基础，可采用列表注写(结合截面示意图)的方式，表中内容为基础截面的几何数据和配筋等，在截面示意图上应标注与表中栏目相对应的代号。普通独立基础列表中应注写编号几何尺寸、配筋，基本与平面注写方式相同，如表3-7 所示。

表 3-7 普通独立基础几何尺寸配筋表

基础编号/截面号	截面几何尺寸						底部配筋(B)	
	x	y	x_i	y_i	h_1	h_2	x 向	y 向

注:表中可根据实际情况增加栏目。例如:当基础底面标高与基础底面基准标高不同时,加注基础底面标高;当为双柱独立基础时,加注基础顶部配筋或基础梁几何尺寸和配筋;当设置短柱时,增加短柱尺寸及配筋等。

独立基础截面注写方式如图 3-23 所示。

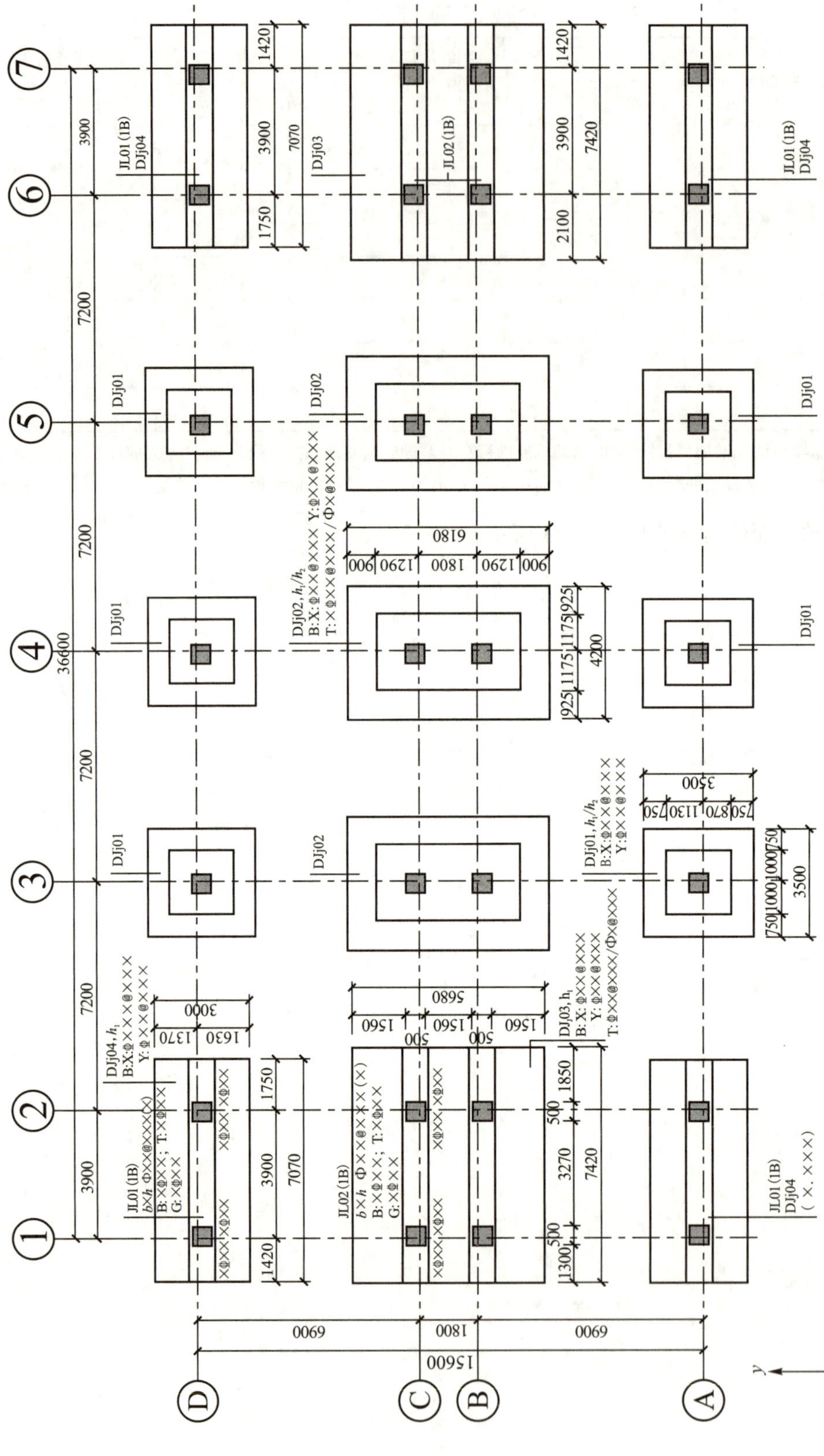

独立基础平法施工图平面注写方式示例

图 3-23　采用平面注写方式表达的独立基础施工图示意

3.2.4.3　独立基础的构造要求

（1）柱插筋在基础中锚固　柱插筋在基础中锚固构造，如图 3-24 所示。

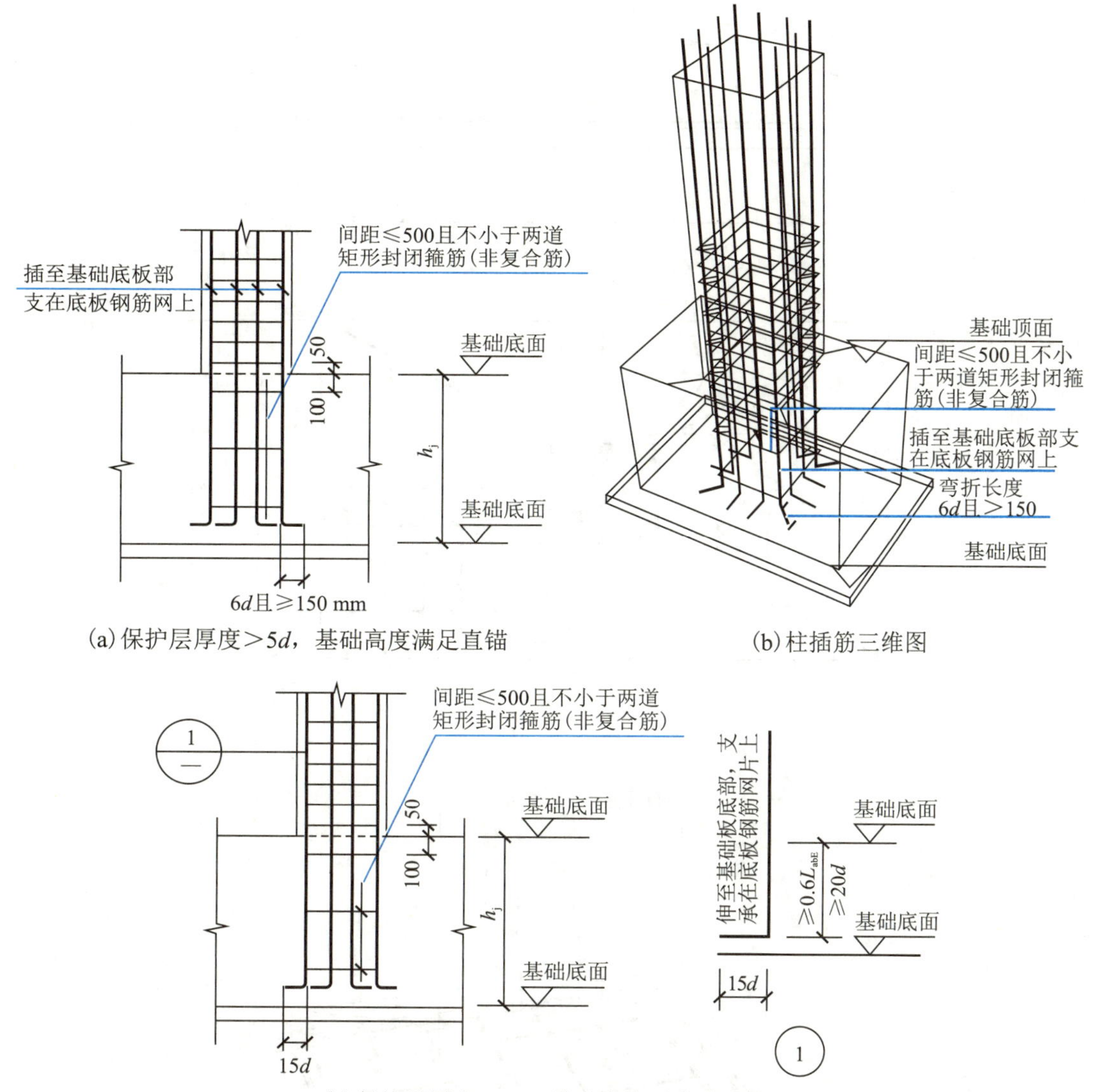

(a) 保护层厚度＞5*d*，基础高度满足直锚

(b) 柱插筋三维图

(c) 保护层厚度＞5*d*，基础高度不满足直锚

图 3-24　柱插筋在基础中锚固构造

（2）独立基础底板配筋构造　独立基础底板双向交叉配筋长向设置在下，短向设置在上，如图3-25 所示。

（3）双柱基础底板配筋构造　双柱独立基础底部双向交叉钢筋，根据基础两个方向从柱外缘至基础外缘伸出长度 *ex* 和 *ex′* 的大小，较大者方向的钢筋设置在下，较小者方向的钢筋设置在上，如图3-26 所示。

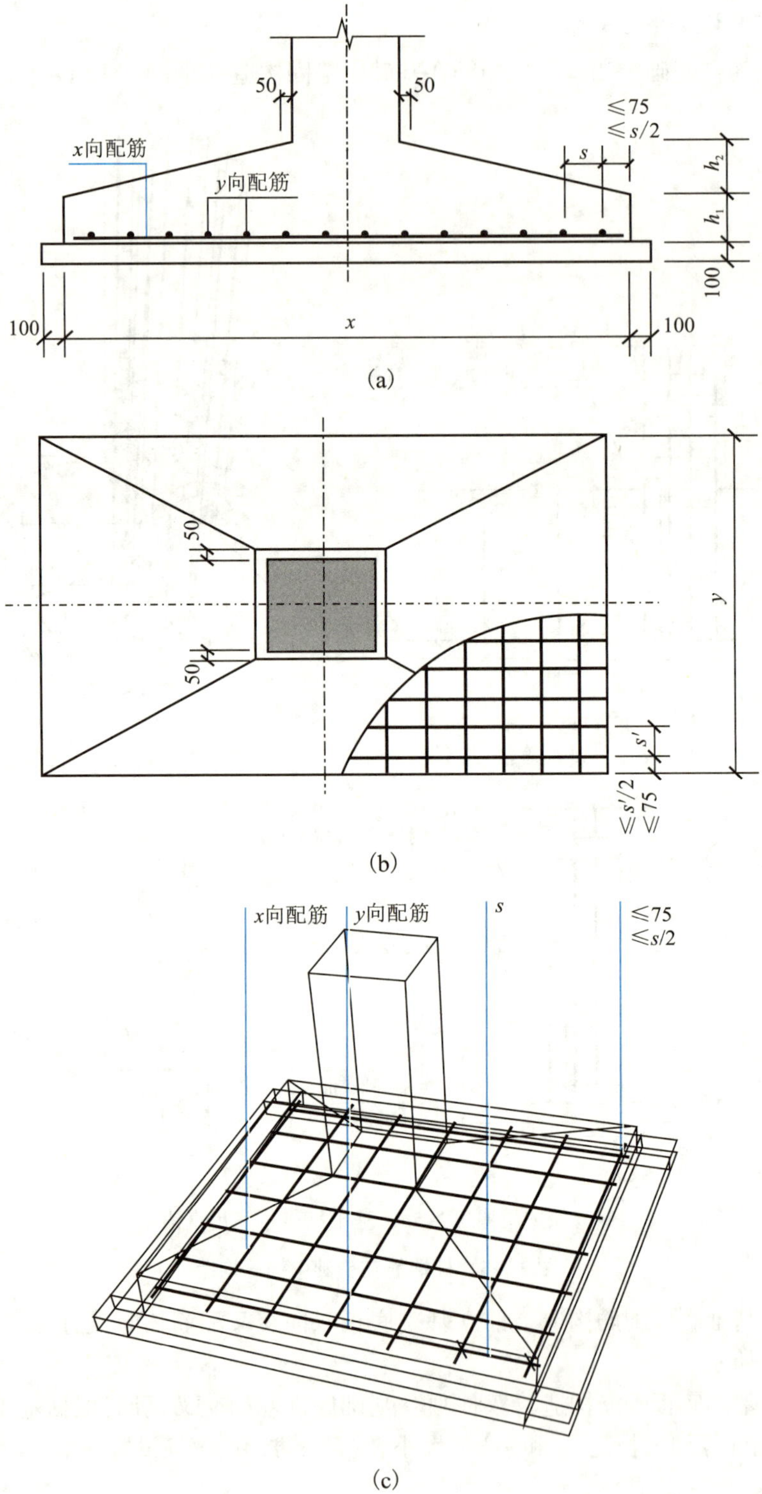

图 3-25　独立基础底板配筋构造

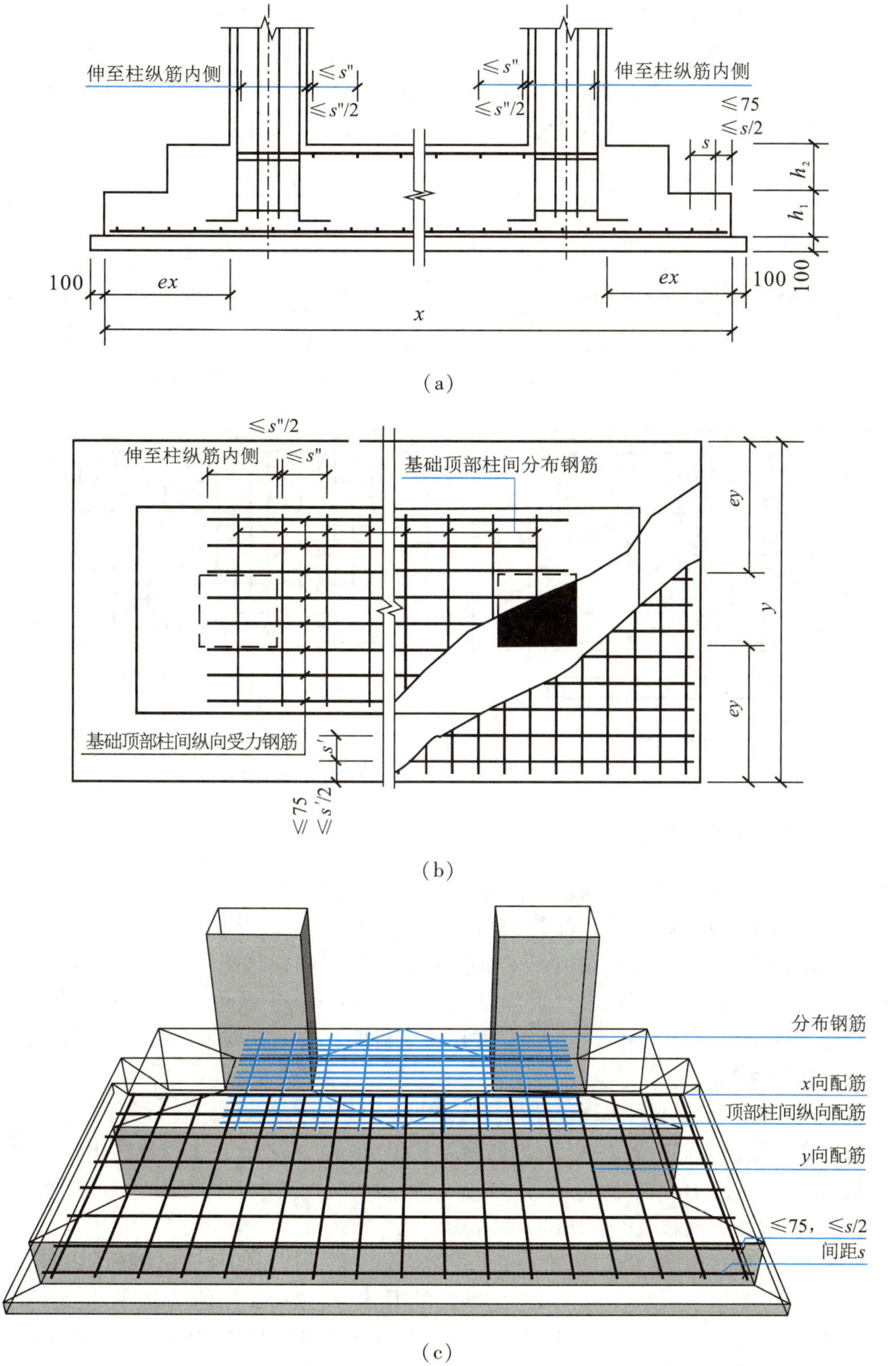

图 3-26　双柱普通独立基础配筋构造

(4)独立基础底板配筋长度减短 10%构造　当独立基础底板长度大于或等于 2500 mm 时，除外侧钢筋外，底板配筋长度可取相应方向底板长度的 0.9 倍，交错放置，四边最外侧钢筋不缩短。当非对称独立基础底板长度大于或等于 2500 mm，但该基础某侧从柱中心至基础底板边缘的距离小于 1250 mm 时，钢筋在该侧不应减短，如图 3-27 所示。

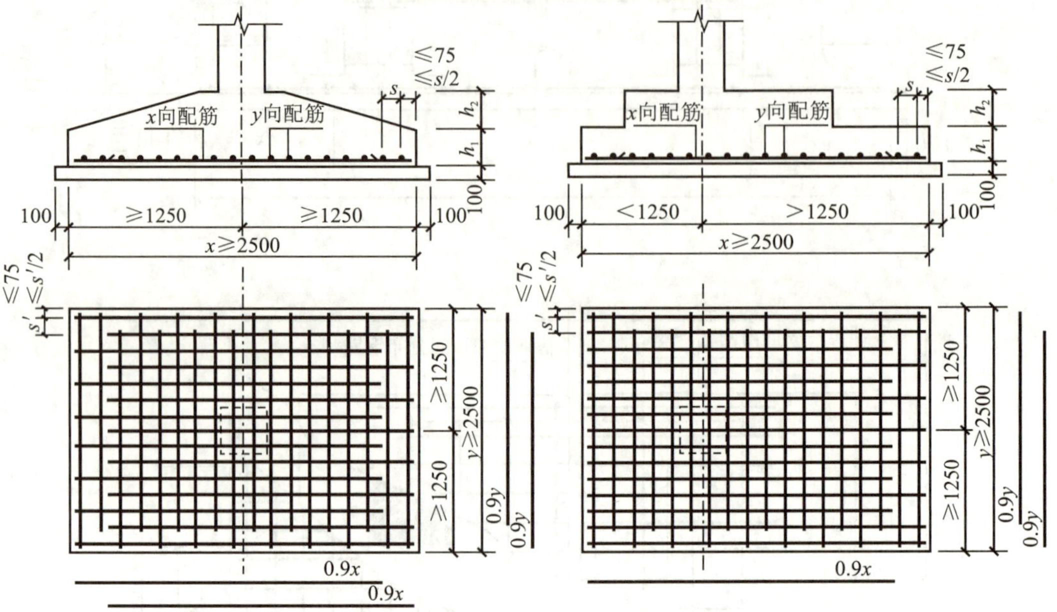

(a)对称独立基础　　(b)非对称独立基础

图 3-27　独立基础底板配筋长度减短 10%构造

3.2.5　工程实例识读

以配套图集结施-02 为例说明识读基础平面布置图方法。

(1)识读图名、比例：基础平面图布置图，比例 1:100。

(2)识读定位轴线及编号：图中定位轴线及其编号均同建筑施工图，即①轴线到⑪轴线间尺寸都是 4200 mm，⑪轴线到⑭轴线间尺寸都是 3900 mm。纵向轴线Ⓐ~Ⓔ，轴线间距尺寸分别是 3300 mm、2700 mm、6900 mm。并用文字说明标注填充墙平面布置同建施，以及-0.030 m 处作刚性地面。

(3)识读基础墙、柱的平面布置位置，基础的类型、尺寸及其与定位轴线的关系：基础的类型有独立基础(如 J-1 至 J-8)和条形基础(如 TJ-1)。例如 J-1 布置在Ⓑ轴线对应的④轴线到⑭轴线处，中心线与Ⓑ轴线偏 80 mm，除⑭轴线外其余对称布置。图中涂黑的方块为框架柱，基础底部投影线一般用细实线表示。

(4)识读基础的配筋：例如基础 J-1 的配筋，表达形式是采用独立基础通用图和列表的形式表达，结合图和表中的数据可以看出基础的形状、尺寸和配筋的情况等，基础底面标高为-1.500 m，设 100 mm 厚的基础垫层。J-1 为锥形独立基础，基础底部尺寸是 1800 mm×1800 mm，基础端部高度 200 mm，根部高度 400 mm，基础底板配筋为双向配筋，X、Y 方向配筋均为⌽12@180。

J-7 为双柱锥形基础，基础底部尺寸是 5900 mm×3200 mm，基础端部高度 300 mm，根部高度 600 mm，基础底板配筋为双向配筋，X、Y 方向配筋均为Φ12@120，基础顶部为双向配筋，X 方向配筋Φ16@100，分布筋为Φ8@200，基础顶部柱周边 50 mm 的尺寸方便模板安装。

TJ-1 为条形基础，基础底面宽度为 3000 mm 的钢筋混凝土基础，标高-1.500 m，基础底板配筋受力筋为Φ12@150，分布筋为Φ8@200。

3.2.6　CAD 绘制基础平面图

以配套图集结施-02 为例说明基础平面布置图绘制方法。

3.2.6.1　新建图形文件

（1）选择样板图　可选择提前做好的 1∶1模板图，进入模板，另存为基础平面图的文件名。

（2）修改图层

1）修改图层名称。打开“图层管理器”选中“墙线”图层，改为“基础连梁”图层。

2）清理图层。执行菜单栏中的“文件”|“绘图实用程序”|“清理”命令，打开“清理”对话框并展开图层选项，如图3-28 所示。

（3）修改部分参数

1）打开“格式”|“线型”|“线型管理器”|“全局比例因子”改为“100”。

2）打开“格式”|“标注样式”|“修改”|“调整”选项中“使用全局比例因子”，改为“100”。

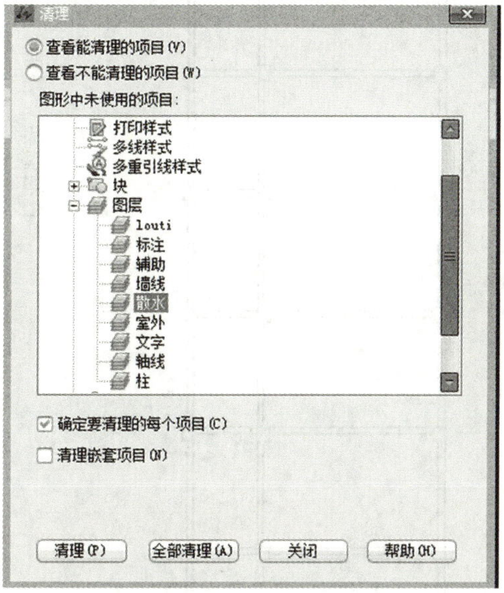

图 3-28　“清理”对话框

3.2.6.2　图形准备

将配套图集结施-02 的平面图中轴线、墙线、柱等文件复制，也可以利用画好的平面图另存为基础平面图，除轴线、墙线、柱外其余删除，如图3-29 所示状态，在此基础上绘制基础平面图。

3.2.6.3　绘制基础大放脚

（1）绘制独立基础　利用“偏移”命令，绘制独立基础底部轮廓线，例如 J-3，将柱往外偏移 1500-250＝1250，如图3-29（a）所示。

（2）绘制条形基础和双柱基础　利用“多线”命令或“偏移”命令，如图 3-29（b）所示。

3.2.6.4　修正图形

加粗基础墙和柱轮廓。标注轴线、尺寸、基础编号和图名，结果如配套图集结施-02 所示。

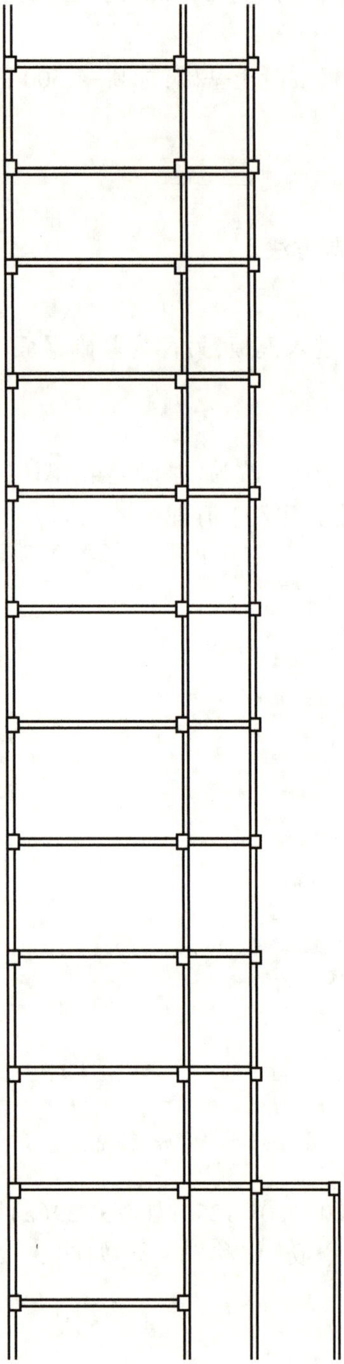

(a)绘制独立基础

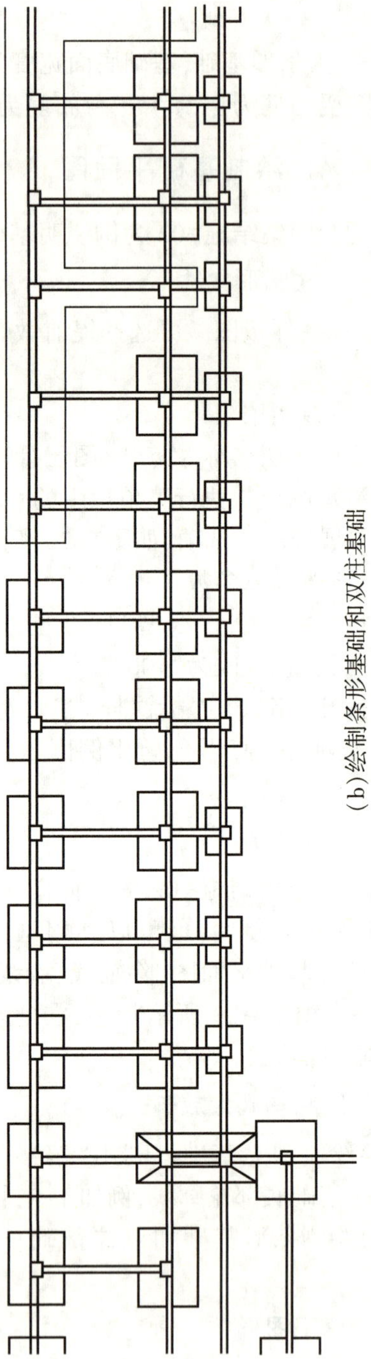

(b)绘制条形基础和双柱基础

图 3-29　绘制基础底轮廓

【案例探讨】

2009 年 6 月 27 日，上海的一栋竣工未交付使用的高楼整体倒塌，倒塌后，其整体结构基本没有遭到破坏，大楼底部的桩基则基本完全断裂，网友戏称为"楼脆脆"。搜索此案例进行学习，认识地基与基础的重要性，使学生认识到，作为工程人要有严谨求实的工作作风，时刻对工作保持敬畏之心，要有责任感与负责担当的职业操守。

【课堂讨论】

1.基础平面布置图和基础详图分别表示哪些内容？

2.防潮层的作用是什么？布置位置有什么要求？

【能力训练】

识读配套图集结施-02，完成下列识读记录。

1.本工程基础的类型是＿＿＿＿＿＿＿＿＿＿。

2.本工程地基基础设计等级为＿＿＿＿＿＿。

3.中柱插筋中两道箍筋的间距不能大于＿＿＿＿，上面的箍筋距基础顶面＿＿＿＿mm。

4.基础平法施工图中③轴处 DJj 01 基底标高为＿＿＿＿。

5.本工程中基础墙体采用了＿＿＿＿。

6.基础平法施工图中"DJz 03，250/150"的含义是＿＿＿＿＿＿＿＿＿＿＿＿＿＿。

7.识读 J-2、J-4、J-8 的基础底面尺寸、基础高度、垫层、平面尺寸、基础顶面标高、基础底面标高、坑底标高、基础底板配筋等信息。

8.CAD 绘制配套图集结施-02 基础平面图。

任务 3.3 识读与绘制柱平法施工图

【学习任务】

1.柱平法施工图的表示方法。

2.识读图 3-34,完成能力训练要求的识图记录。

3.培养学生一丝不苟、严谨认真的职业素养。

柱平法施工图系在柱平面布置图上采用列表注写方式或截面注写方式表达柱构件的截面形状、几何尺寸、配筋等设计内容,并用表格或其他方式注明包括地下和地上各层的结构层楼(地)面标高、结构层高及相应的结构层号(与建筑楼层号一致)。

柱内主要钢筋包括纵筋、箍筋及拉结筋,如图 3-30 所示。

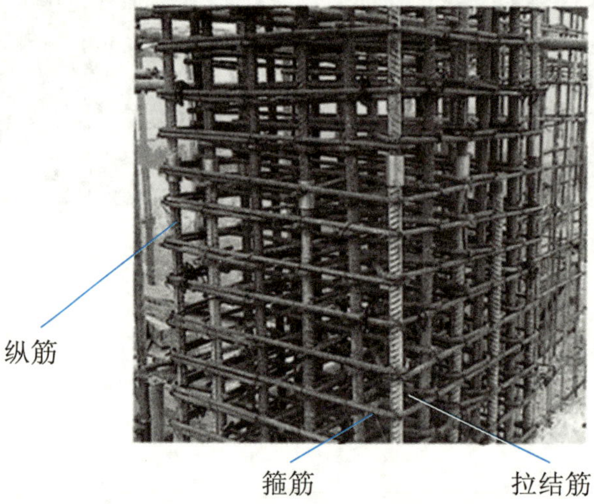

图 3-30 框架柱的钢筋

3.3.1 柱平法施工图表示方法

柱平法施工图是在柱平面布置图上采用截面注写方式或列表注写方式来表达的施工图。

柱的标注包括柱的编号、柱高、截面尺寸、纵向钢筋(角部纵筋、b 边中部纵筋和 h 边中部纵筋)、箍筋规格和间距的标注方法。

3.3.1.1 截面注写方式

需要在相同编号的柱中选择一根柱,将其在原位放大绘制"截面配筋图",并在其上直接引注几何尺寸和配筋,对于其他相同编号的柱仅需标注编号和偏心尺寸。截面配筋图在原位需适当放大的倍数应满足视图需要,如图3-31(a)所示。

层面2	65.670	
塔层2	62.370	3.30
层面(塔层1)	59.070	3.30
16	55.470	3.60
15	51.870	3.60
14	48.270	3.60
13	44.670	3.60
12	41.070	3.60
11	37.470	3.60
10	33.870	3.60
9	30.270	3.60
8	26.670	3.60
7	23.07	3.60
6	19.470	3.60
5	15.870	3.60
4	12.270	3.60
3	8.670	3.60
2	4.470	4.20
1	−0.030	4.50
−1	−4.530	4.50
−2	−9.030	4.50
层号	标高(m)	层高(m)

结构层楼面标高
结 构 层 高

注：上部结构嵌固部位：−4. 530 m。

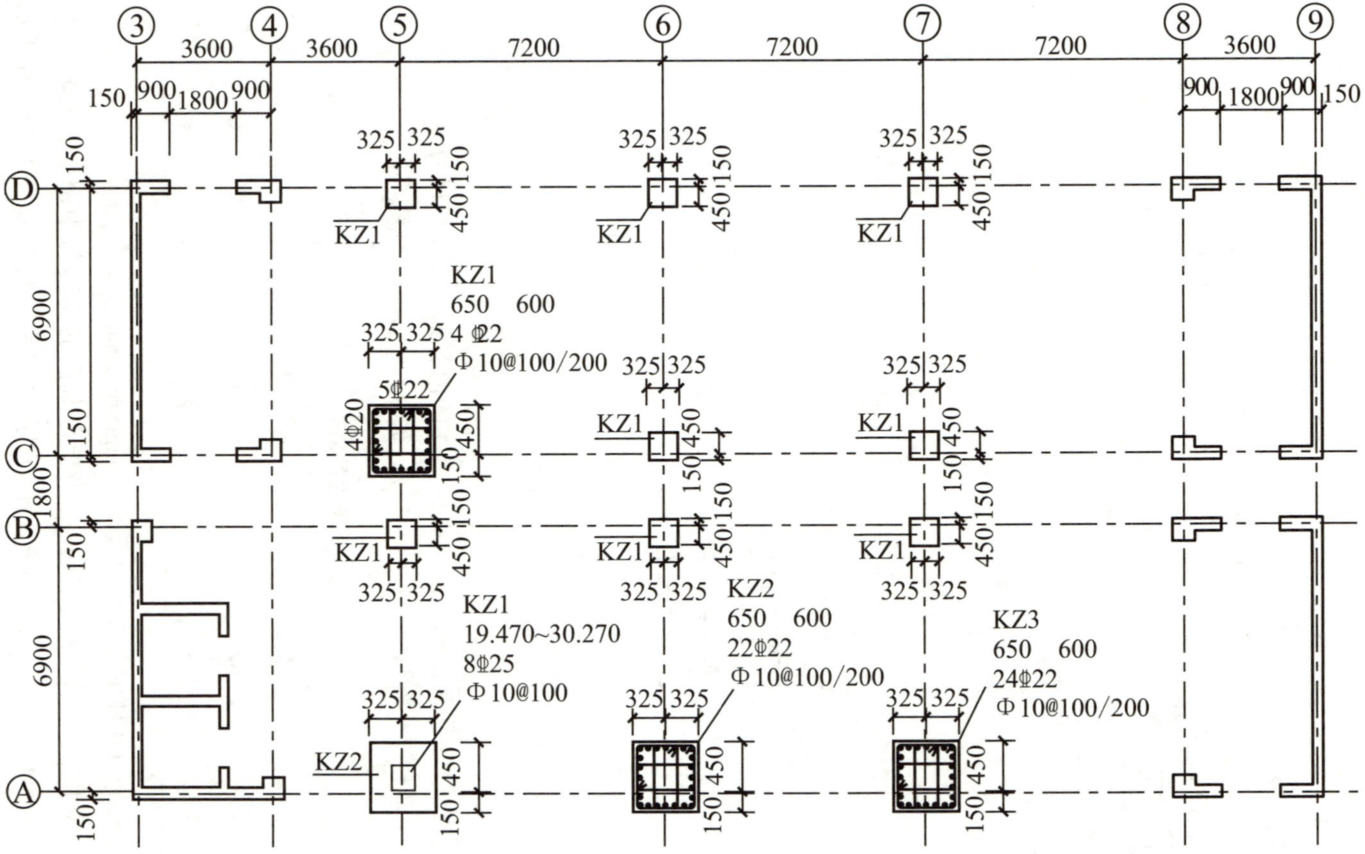

19.470~37.470柱平法施工图

（a） 柱平法施工图(截面注写方式)

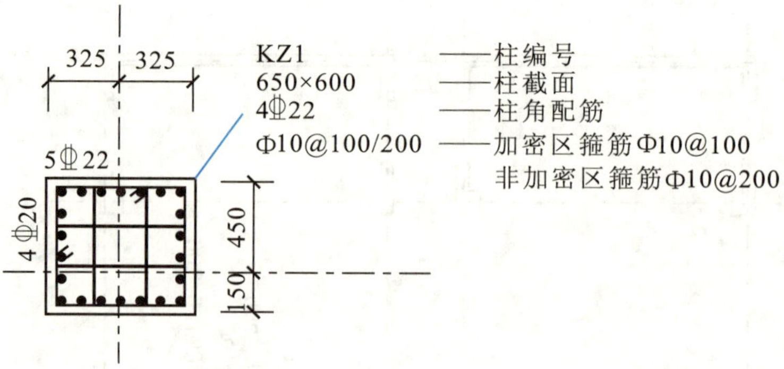

(b)柱截面配筋图表达的内容(一)

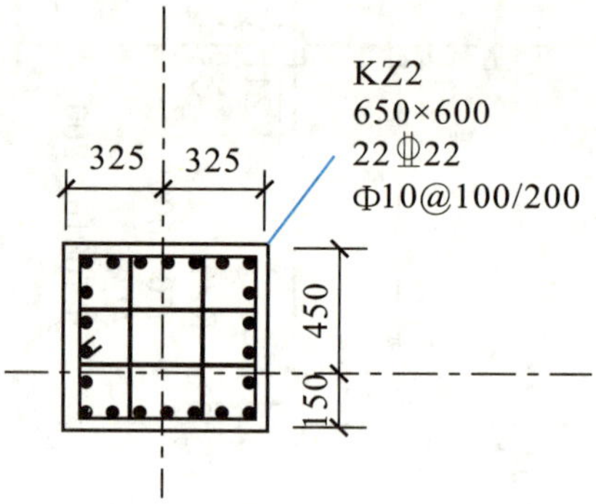

(c)柱截面配筋图表达的内容(二)

图 3-31　柱平法施工图截面注写方式示例

采用截面注写方式,在柱截面配筋图上直接引注的内容如图 3-31(b)所示。

(1)柱编号由代号和序号组成,如表 3-8 所示,如 KZ1 表示 1 号框架柱。

表 3-8　框架柱的编号

柱类型	框架柱	框支柱	芯　柱
代号	KZ	ZHZ	XZ
序号	××	××	××

(2)截面尺寸,650×600 柱的截面尺寸是 650 mm×600 mm。

(3)纵向钢筋(即角筋或全部纵向钢筋)。当矩形截面的角筋与中部筋直径不同时,可在直接引注中仅注写角筋,然后在截面配筋图上原位注写中部筋;如图3-31(b)所示,KZ1 的纵向钢筋 4 Φ 22,表示柱的纵向角筋是 4 根直径为22 mm的 HRB 400 的钢筋,*b* 侧面中部筋各为 5 根直径为 22 mm 的 HRB 400 的钢筋,*h* 侧面中部筋各为 4 根直径为 20 mm的 HRB 400 的钢筋,该柱纵向钢筋共为 22 根。

当矩形截面的角筋与中部筋直径相同、各边根数也相同时,可直接引注纵向钢筋,如图3-31(c)所示,KZ2 的纵向钢筋共 22 根直径为 22 mm 的 HRB 400 的钢筋。

(4)箍筋。表示箍筋的级别、直径及加密区与非加密区的间距。Φ10@ 100/200 表示箍筋为直径为 10 mm 的 HPB 300 钢筋,加密区箍筋中心间距 100 mm,非加密区箍筋中心间距 200 mm。

(5)标注柱截面与轴线关系。如图 3-31(a)所示,KZ1 中心线与⑤轴线重合,与Ⓒ轴线偏心距离 150 mm。

3.3.1.2　列表注写方式

列表注写方式是在柱平面布置图上,分别在同一个编号的柱中选择一个(有时要选择几个)截面标注几何参数代号,在柱表中注写柱号、柱段起止标高、几何尺寸(含柱截面对轴线的偏心情况)与配筋的具体数值,并配以各种柱截面形状及配筋类型图的方式来表达柱平法施工图,如图3-32 所示。

柱表包括柱号、各段柱的起止标高、截面尺寸、偏中情况、纵向钢筋(角部纵筋、b 边一侧中部筋和 h 边一侧中部筋)、箍筋类型号和箍筋规格间距。

(1)柱号　同截面注写方式。

(2)柱高　注写柱高,自柱根部往上以变截面位置或截面未变但配筋改变处为界分段注写,分段柱可以注写为起止层数,也可以注写为起止标高。

(3)截面尺寸　矩形截面注写为 $b×h$ (b、h 为等截面的宽、高);圆形截面注写为直径数字前加 d 表示。

(4)柱偏心尺寸　注写截面横边和竖边与两向轴线的几何关系 b_1、b_2($b= b_1+ b_2$)和 h_1、h_2($h= h_1+ h_2$)。当柱截面向上缩小或平移至截面 b 边或 h 边到轴线的另一侧时,b_1或 b_2,h_1或 h_2为零或为负值,但其代数和仍为 $b=b_1+ b_2$,$h=h_1+h_2$。对于圆柱截面,其与轴线的关系也用 b_1、b_2和 h_1、h_2表示,且 $d=b_1+ b_2=h_1+ h_2$。

(5)纵向钢筋　注写全部纵筋或角部纵筋、b 边一侧中部筋和 h 边一侧中部筋。当该段柱纵筋采用同一种直径,且截面各边中部筋根数相同,可以直接注写全部纵筋,如图 3-32 中柱表 KZ1 在-0.030~19.470 m 标高段中 24 Φ 25,否则,应分别注写角部纵筋、b 边一侧中部筋和 h 边一侧中部筋,如 19.470~37.470 m 标高段中纵向钢筋。

(6)柱箍筋　注写箍筋类型号及肢数($m×n$)、箍筋直径、间距箍筋常见类型详见国家建设标准设计图集 22G101-1,如图 3-32 所示。如柱表节选中标注的,矩形截面的柱箍筋可定为类型 1。

层面2	65.670	
塔层2	62.370	3.30
层面(塔层1)	59.070	3.30
16	55.470	3.60
15	51.870	3.60
14	48.270	3.60
13	44.670	3.60
12	41.070	3.60
11	37.470	3.60
10	33.870	3.60
9	30.270	3.60
8	26.670	3.60
7	23.07	3.60
6	19.470	3.60
5	15.870	3.60
4	12.270	3.60
3	8.670	3.60
2	4.470	4.20
1	-0.030	4.50
-1	-4.530	4.50
-2	-9.030	4.50
层号	标高(m)	层高(m)

结构层楼面标高
结 构 层 高

注：上部结构嵌固部位：-4. 530 m。

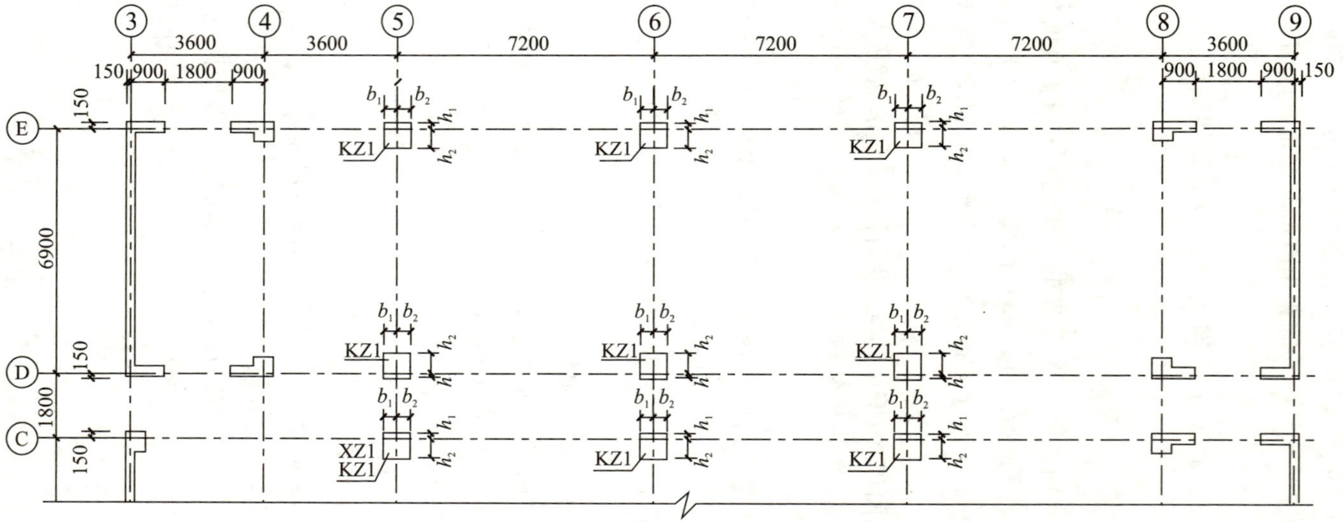

柱表

柱编号	标高(m)	$b\times h$(mm×mm)(圆柱直径 D)	b_1(mm)	b_2(mm)	h_1(mm)	h_2(mm)	全部纵筋	角筋	b边一侧中部筋	h边一侧中部筋	箍筋类型号	箍筋	
KZ1	-4.530~-0.030	750×700	375	375	150	550	28 Φ 25				1(6×6)	Φ10@100/200	—
	-0.030~19.470	750×700	375	375	150	550	24 Φ 25				1(5×4)	Φ10@100/200	
	19.470~37.470	650×600	325	325	150	450		4 Φ 22	5 Φ 22	4 Φ 20	1(4×4)	Φ10@100/200	
	37.470~59.070	550×500	275	275	150	350		4 Φ 22	5 Φ 22	4 Φ 20	1(4×4)	Φ8@100/200	
XZ1	-4.530~8.670						8 Φ 25				按标准构造详图	Φ10@100/200	⑤×Ⓒ轴 KZ1中设置

-4. 530~59. 070柱平法施工图(局部)

图 3-32 柱平法施工图(列表注写方式)

3.3.2 柱的标准构造详图

3.3.2.1 箍筋加密区构造要求

框架柱根部、每层柱的上下端及梁柱相交的节点是容易受到地震影响而发生破坏的地方。这些部位箍筋加密对柱纵向钢筋形成强有力的横向约束,这些部位既是箍筋加密区也是纵向钢筋的非连接区。除具体工程设计标注有箍筋全高加密的框架柱外,框架柱箍筋加密区范围应按 22G101-1 图集给出的框架柱箍筋构造详图取值,如图 3-33 所示。

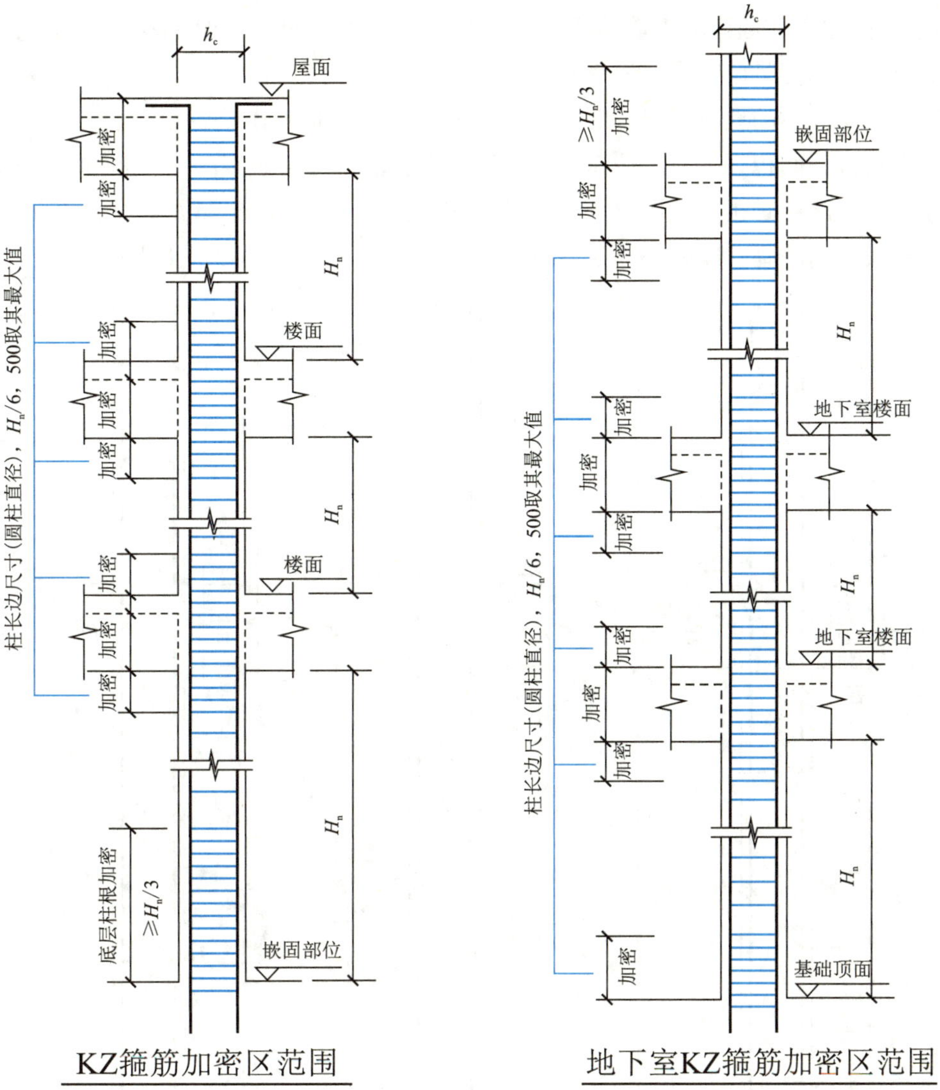

(a) (b)

图 3-33 框架柱(KZ)箍筋加密区和地下室框柱箍筋构造详图

箍筋加密区范围包括:底层柱根部嵌固部位以上不小于 $H_n/3$,梁柱节点即框架梁高范围,每层柱上下两端不小于 $H_n/6$、柱长边尺寸和 500 mm 三者之中的最大值。除上述部位箍筋需要加密外，在底层刚性地面上下各 500 mm 范围的箍筋也需加密。

22G101-1 图集第 69 页还给出了框架柱箍筋加密区高度选用表，也可直接查框架柱箍筋加密区高度选用表来确定框架柱箍筋加密区高度，但应注意表内数值未包括框架嵌固部位柱根部箍筋加密区范围。

3.3.2.2 框架柱(KZ)纵向钢筋连接构造

框架柱(KZ)纵向钢筋连接方式有绑扎搭接连接、机械连接、焊接连接三种方式。22G101-1 图集第 65 页 KZ(框架柱)纵向钢筋连接构造详图要求柱相邻纵向钢筋连接接头相互错开，在同一截面内钢筋接头面积百分率不宜大于 50%。纵筋接头部位也是受力薄弱部位，尽量避开框架柱根部、每层柱的上下端及梁柱相交的节点，这些是容易受到地震影响而发生破坏的地方，故框架柱(KZ)箍筋加密区也是非连接区。

为满足接头面积百分率的要求，绑扎搭接时相邻纵向钢筋接头之间的垂直净距不小于 $0.3l_{lE}$；机械连接时相邻纵向钢筋接头之间的垂直净距不小于 $35d$；焊接连接时相邻纵向钢筋接头之间的垂直净距不小于 $35d$，且不小于 500 mm，如图 3-34 所示。

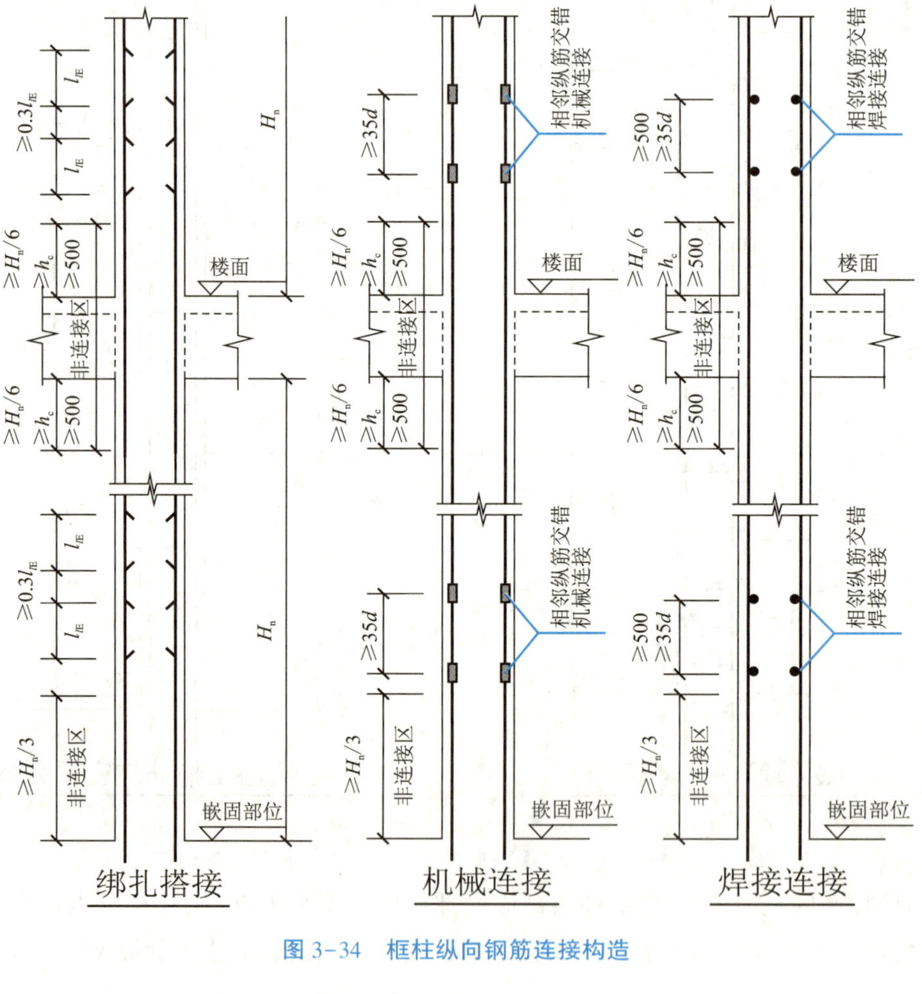

图 3-34 框柱纵向钢筋连接构造

上柱钢筋根数比下柱多时，连接点在下柱，上柱比下柱多出的钢筋伸入下柱 $1.2l_{aE}$，如图 3-35(a)所示；上柱钢筋直径比下柱钢筋直径大时，连接点在下柱，如图 3-35(b)所示；下柱钢筋比上柱多时，连接点在上柱，下柱比上柱多出的钢筋伸入上柱 $1.2l_{aE}$，如图 3-35(c)所示。

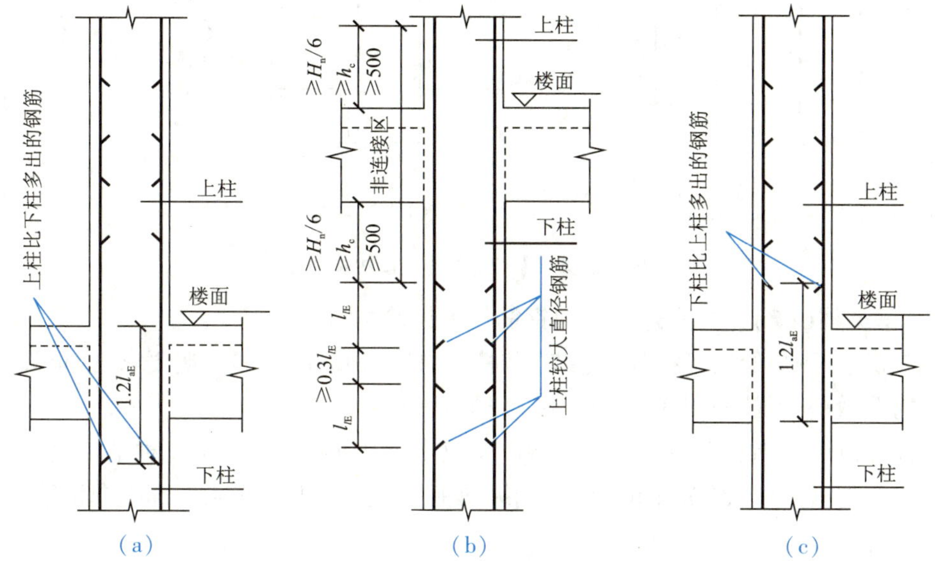

图 3-35　上柱钢筋与下柱钢筋根数和直径不同

3.3.2.3　框架柱(KZ)柱顶纵向钢筋构造

(1)框架柱(KZ)柱顶纵向钢筋构造要求

如果设计者没有指定构造做法，可按照 22G101-1 图集中的构造做法，如图 3-36 所示。

当梁高减去保护层厚度小于 l_{ae} 时，把框架柱(KZ)柱顶纵向钢筋伸至柱顶，再向内弯折 $12d$，如图 3-36(a)所示。

当梁高减去保护层厚度小于 $2l_{ae}$，且柱顶有不小于 100 mm 的现浇板时，可把框架柱(KZ)中柱柱顶纵向钢筋伸至柱顶，再向外弯折 $12d$，如图 3-36(b)所示。

当梁高减去保护层厚度小于 l_{ae} 时，可把框架柱(KZ)中柱柱顶纵向钢筋伸至柱顶，再在其端部加锚头或锚板，如图 3-36(c)所示。

当梁高减去保护层厚度不小于 l_{ae} 时，可把框架柱(KZ)中柱柱顶纵向钢筋伸至柱顶截断，如图 3-36(d)所示。

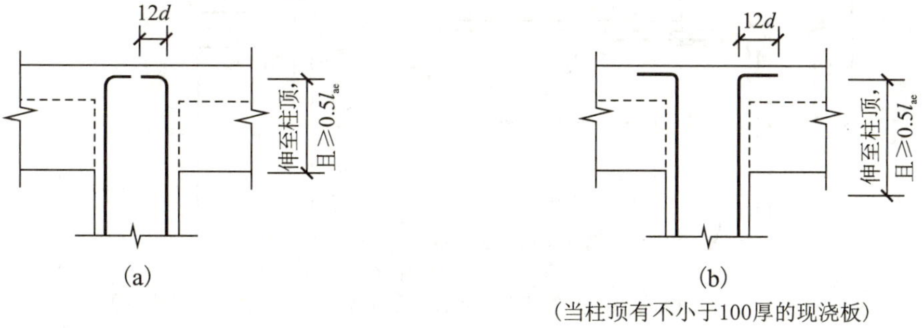

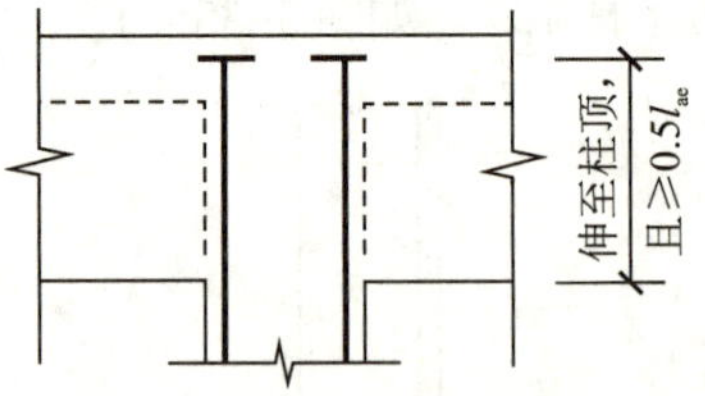

(c)
柱纵向钢筋端头加锚头(锚板)

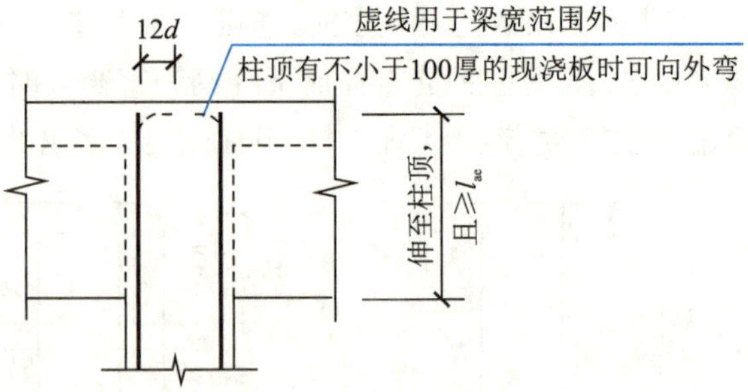

(d)
(当直锚长度≥l_{ac}时)

图 3-36　框架柱(KZ)中柱柱顶纵向钢筋构造

(2)框架柱(KZ)角柱和边柱纵向钢筋柱顶钢筋构造

22G101-1 图集给出了框架柱(KZ)角柱、边柱柱顶纵向钢筋构造要求，如果设计者没有指定构造做法，可按照图 3-37、图 3-38 构造做法。

当柱外侧纵向钢筋直径不小于梁端部支座上部钢筋时，可选用此种节点构造。这种构造做法是把框架柱(KZ)和角柱柱外侧纵向钢筋弯入梁内兼作梁上部纵向钢筋。

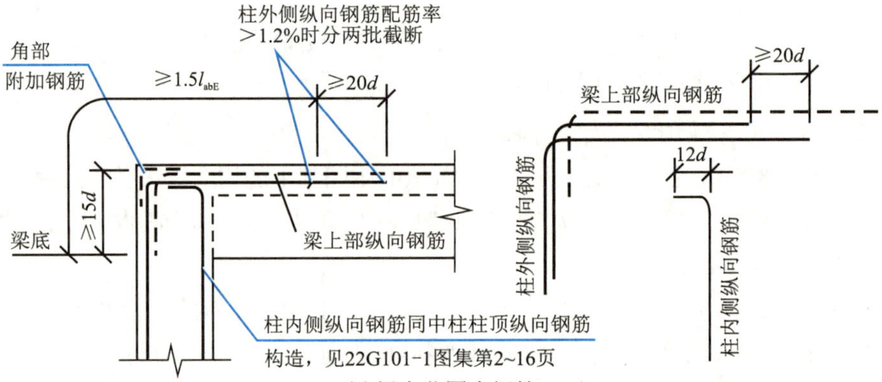

(a)梁宽范围内钢筋
[伸入梁内柱纵向钢筋做法(从梁底算起1.5l_{abE}超过柱内侧边缘)]

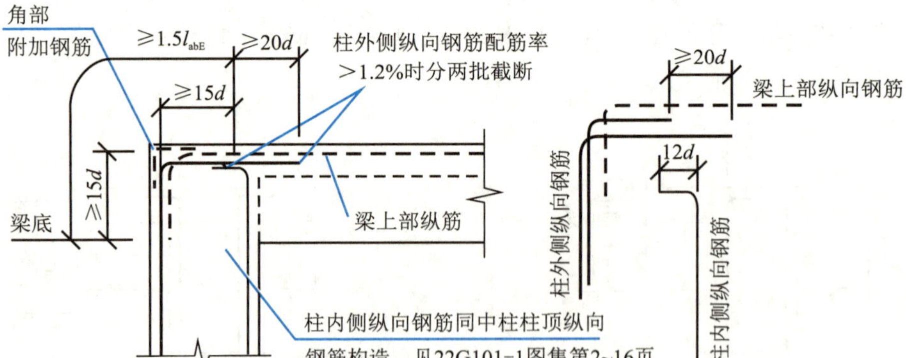

(b)梁宽范围内钢筋
[伸入梁内柱纵向钢筋做法(从梁底算起1.5l_{abE}未超过柱内侧边缘)]

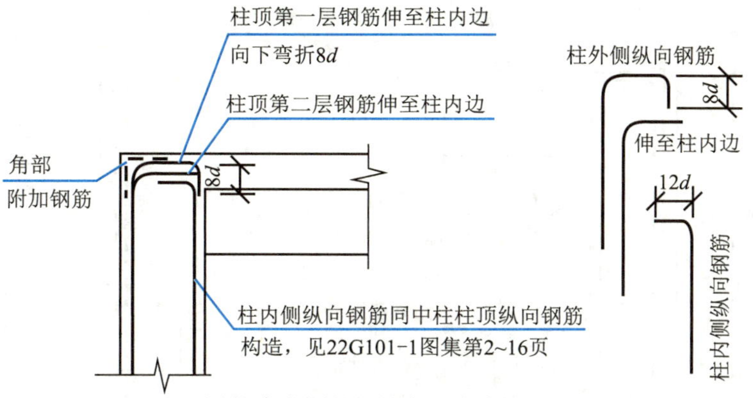

(c)梁宽范围外钢筋在节点内锚固

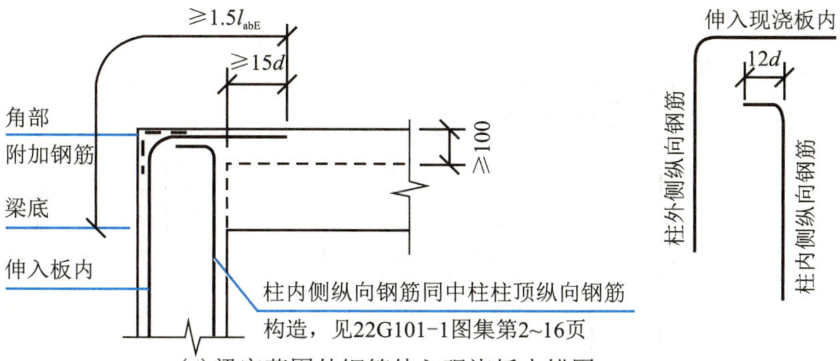

(d)梁宽范围外钢筋伸入现浇板内锚固
(现浇板厚度不小于100 mm时)

图 3-37　柱外侧纵向钢筋和梁上部纵向钢筋在节点外侧弯折搭接构造

图 3-37(a)构造做法，表示柱外侧纵向钢筋从梁底算起 $1.5l_{abE}$超过柱内侧边缘，把框架柱(KZ)边柱和角柱柱外侧纵向钢筋伸入梁内与梁上部纵向钢筋搭接连接，搭接长度不应小于 $1.5l_{abE}$，且伸入梁内的柱外侧纵向钢筋截面面积不宜少于柱外侧全部柱纵向钢筋截面面积的 65%。梁上部纵向钢筋应伸至柱外边并向下弯折到梁底标高。当柱外侧纵向钢筋配筋率大于 1.2%时，伸入梁内的柱纵向钢筋应满足以上规定，且宜分两批截断，其截断点之间的距离不宜小于 $20d$(d 为梁上部纵向钢筋的直径)。图 3-37(b)构造做法，是柱外侧纵向钢筋从梁底算起 $1.5l_{abE}$未超过柱内侧边缘，此时，柱外侧纵向钢筋除满足与梁上部纵向钢筋搭接长度不应小于 $1.5l_{abE}$的构造要求外，且其伸入柱顶后，水平延伸的距离不小于 $15d$。

图 3-37(c)、(d)构造做法，表示未伸入梁内的柱外侧纵向钢筋的构造做法。未伸入梁内的柱外侧纵向钢筋宜沿柱顶伸至柱内边。当该柱筋位于顶部第一层时，伸至柱内边后，宜向下弯折不小于 $8d$(d 为外侧柱纵向钢筋直径)后截断；当该柱筋位于顶部第二层时，可伸至柱内边后截断；当柱顶有不小于 100 mm 的现浇板时，需伸入板内锚固，且伸入板内长度不宜小于 $15d$。

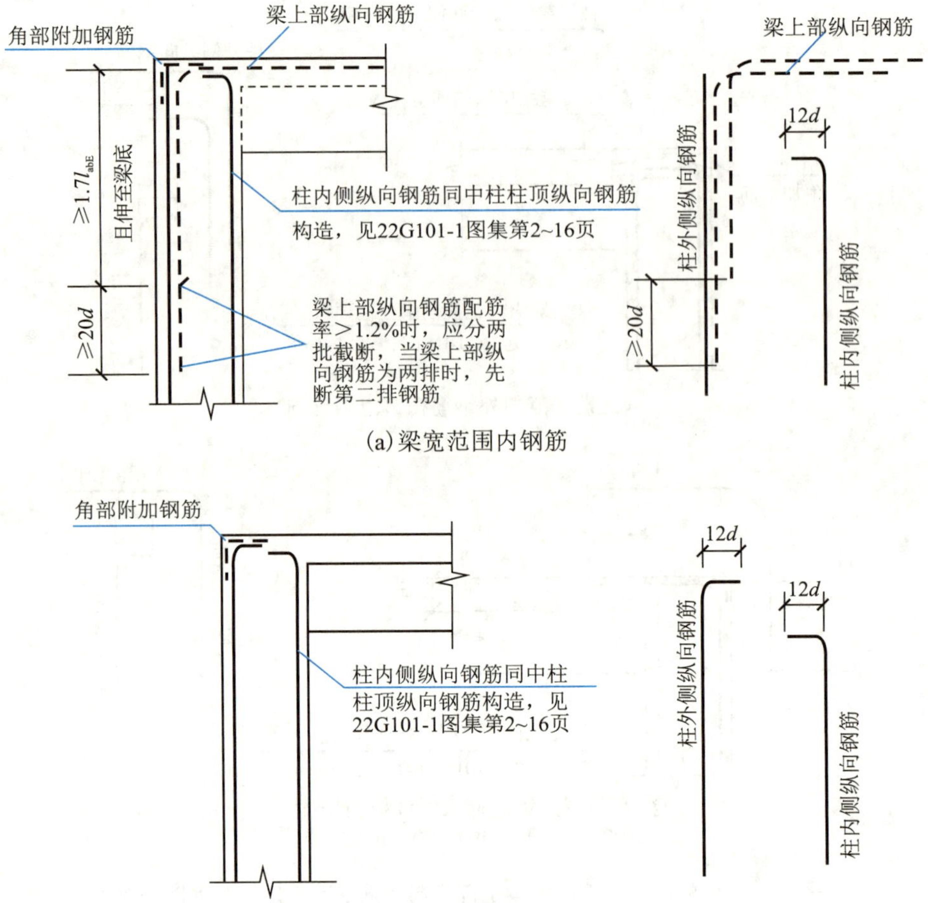

(b)梁宽范围外钢筋

图 3-38　柱外侧纵向钢筋和梁上部钢筋在柱顶外侧直线搭接构造

当梁上部钢筋较多时，顶层端节点处的梁上部纵向钢筋和柱外侧纵向钢筋的搭接连接也可沿节点外直线布置，图 3-38（a）所示，柱外侧纵向钢筋应伸至柱顶截断。梁上部纵向钢筋应伸至柱外边并向下弯折 1.7l_{abE}，当梁上部纵向钢筋配筋率大于 1.2%时，弯入柱外侧的梁上部纵向钢筋应分两批截断，其截断点之间的距离不宜小于 20d，d 为梁上部纵向钢筋直径。

3.3.2.4　框架柱（KZ）变截面纵向钢筋构造

当 $\Delta/h_b>1/6$ 时，下柱纵向钢筋断开伸到该层柱顶弯折 12d，上柱钢筋向下伸入 1.2l_{abE}，如图 3-39（a）所示；当 $\Delta/h_b\leq1/6$ 时，下柱纵向钢筋不需要断开，如图 3-39（b）所示。

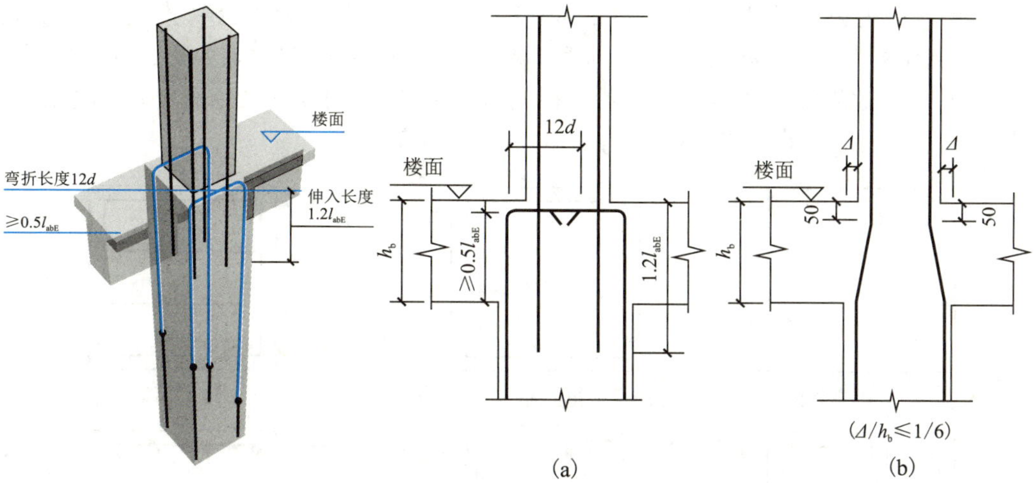

图 3-39 框架柱(KZ)变截面纵向钢筋构造

3.3.3 工程实例识读

以配套图集结施-03 柱网平面布置图为例说明识读柱平法施工图的方法。

(1)识读图名、比例:柱网平面图布置图,比例 1:100。

(2)识读定位轴线及编号:图中定位轴线及其编号均同建筑施工图,即①轴线到⑪轴线间尺寸都是 4200 mm,⑪轴线到⑭轴线间尺寸都是 3900 mm。纵向轴线Ⓐ~Ⓔ,轴线间距尺寸分别是 3300 mm、2700 mm、6900 mm。

(3)识读柱的编号及其平面布置位置:图中方块为框架柱 KZ1 至 KZ13,虚线是基础拉梁。例如 KZ1 布置在①轴线与Ⓔ轴线相交处,中心线距①轴线和Ⓔ轴线均为130 mm;KZ2 布置在Ⓔ轴线与①、②轴线相交处,中心线距Ⓔ轴线均为 130 mm,与②、③轴线重合。

(4)阅读结构设计总说明或有关说明,明确柱的混凝土强度等级。

(5)识读各个框柱配筋:根据各柱的编号,查阅图中截面标注或柱表,明确柱的标高、截面尺寸和配筋情况。再根据抗震等级、设计要求和标准构造详图,确定纵向钢筋和箍筋的构造要求(如纵向钢筋连接的方式、位置和搭接长度、弯折要求、柱头锚固要求、箍筋加密区的范围)。该柱网平面布置图利用列表注写方式。

例如 KZ1,由框架配筋表可以看出 KZ1 标高由基础~10.800 m,截面尺寸为 500 mm×500 mm,标高在基础~3.550 m 的纵向钢筋为 20 ⌀ 22,箍筋为 Φ10@ 100,标高在 3.550~10.800 m的纵筋为 4 ⌀ 22+10 ⌀ 18,表示角筋为 4 ⌀ 22,*b* 侧中部筋每侧 3 根直径为 18 mm 的 HRB 400 的钢筋,*h* 侧中部筋每侧 2 根直径为 18 mm 的 HRB 400 的钢筋,箍筋为 Φ10@ 100。

3.3.4 Auto CAD 绘制柱平法施工图

3.3.4.1 绘制框架柱截面图

(1)绘制框架柱轮廓 使用“矩形”命令绘制柱轮廓,绘图效果如图 3-40(a)所示。

(2)绘制内部钢筋 绘制钢筋使用到的命令有“偏移”“圆角”“圆”“填充”。使用

"偏移"命令向内偏移,绘图效果如图 3-40(b)所示。使用"定数等分""直线"命令,画内部钢筋,绘图效果如图 3-40(c)所示。使用"圆角"命令修改,绘图效果如图 3-40(d)所示。改变线宽,绘图效果如图 3-40(e)所示。补充内部钢筋,使用到的命令有"圆""填充""直线"或"多段线",绘图效果如图3-40(f)所示。

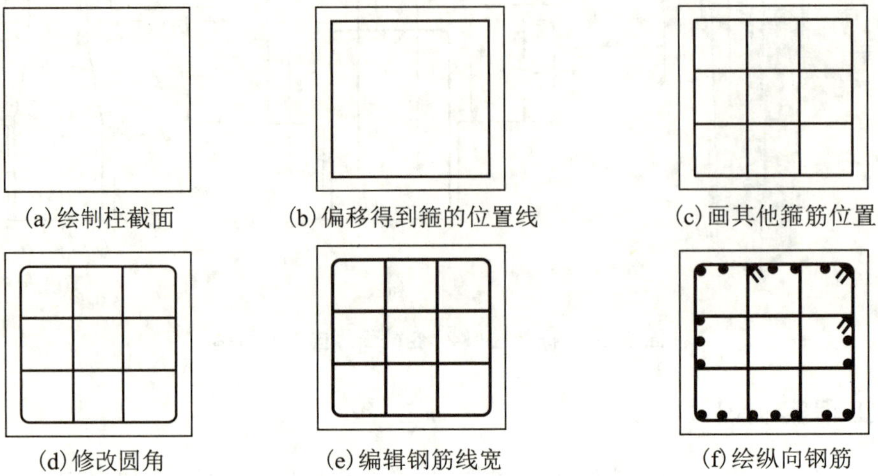

图 3-40　框架柱截面图绘制

最后标注出轴线编号、尺寸标注、钢筋型号。钢筋符号使用"直线""椭圆"绘制,绘图效果如图 3-41 所示。

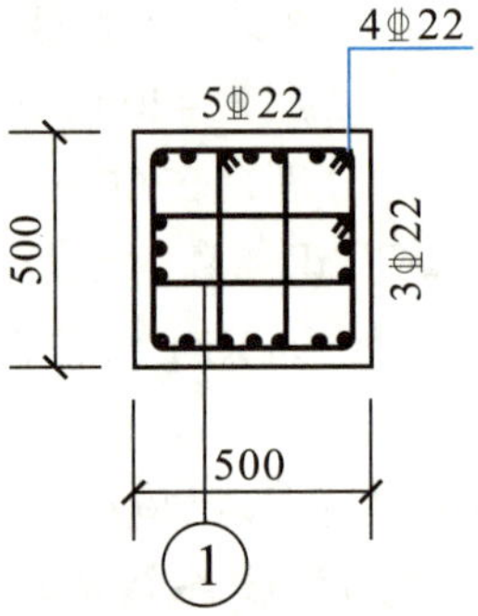

图 3-41　柱截面图

3.3.4.2　绘制框柱节点详图

绘图之前先分析图纸,配套图集结施-03 柱网及基础拉梁平面布置图,以 KZ2 为例,绘制柱一层顶节点构造详图。

(1)绘制柱纵剖轮廓线,并标注节点处梁顶标高及梁高。使用"直线""修剪""线性标注""多行文字"等命令,绘图效果如图 3-42(a)所示。

(2)绘制柱纵筋,此处下柱纵筋数量比上柱多,根据 22G101-1 平法图集第 65 页图 3 构造要求,将多出的钢筋断开,并标注断开点的位置。使用"多段线""多行文字""修剪"等命令,绘图效果如图 3-42(b)所示。

(3)绘制柱箍筋加密区,根据 22G101-1 平法图集第 67 页框架柱箍筋加密区范围,计算并标注具体范围数字。使用"多段线""多行文字""线性标注"等命令,绘图效果如图 3-42(c)所示。

(4)柱、梁相交节点处箍筋要全加密。使用"多段线"命令,效果如图 3-42(d)所示。

(5)标注尺寸和钢筋。

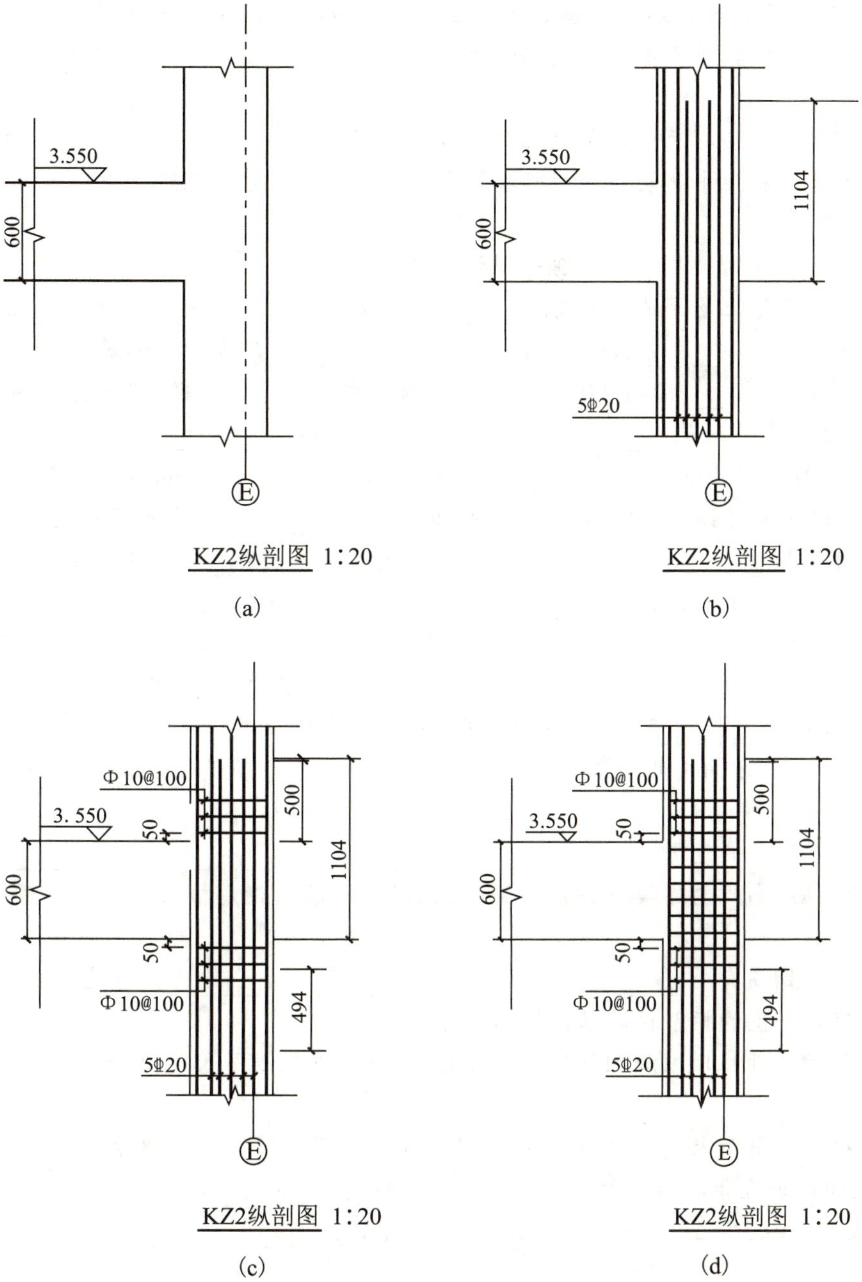

图 3-42　框架柱节点配筋图

【思考】

柱纵剖图在结构绘图中的重要性?

“建筑识图 1+X”职业技能等级证书主要考核基本构件识读规则、CAD 快速制图、结构工程平法施工图识读与房屋建筑构造等。柱纵剖图的 CAD 绘制,不仅要熟练掌握 CAD

命令并灵活运用于绘图，还要掌握结构平法中相关知识点，并计算出纵筋截断及箍筋加密区范围，是一个综合考核的内容，为进一步学习建筑相关岗位技能打下坚实基础。

【课堂讨论】

1.比较柱的平法标注中列表法注写与截面法注写的不同之处，各有什么优缺点？

2.柱的平法标注中列表法注写哪些信息？截面法注写方式表达了哪些内容？

【能力训练】

识读配套图集结施-03 完成下列识读记录。

1.KZ1 标高起止范围是__________m，截面尺寸________mm×________mm，标高 3.000 m 处纵向钢筋共____根，其中角筋的布置是________，X 方向中部筋是__________，Y 方向中部筋是_______，标高 7.000 m 处纵向钢筋共__________根，其中角筋的布置是________，X 方向中部筋是__________，Y 方向中部筋是__________。

2.KZ10 标高起止范围是__________m，截面尺寸________mm×________mm，标高 7.000 m 处纵向钢筋共____根，其中角筋的布置是________，X 方向中部筋是__________，Y 方向中部筋是__________，标高 10.800 m 处纵向钢筋共______根，其中角筋的布置是________，X 方向中部筋是__________，Y 方向中部筋是__________。

3.KZ13 标高起止范围是________m，截面尺寸________mm×________mm，标高 3.000 m 处纵向钢筋共____根，其中角筋的布置是________，X 方向中部筋是__________，Y 方向中部筋是__________；标高 13.900 m 处纵向钢筋共______根，其中角筋的布置是__________，X 方向中部筋是__________，Y 方向中部筋是__________，箍筋布置是________。

4.箍筋加密区的范围是______________________________________。

5.柱相邻纵向钢筋连接接头相互错开，在同一截面内钢筋接头面积百分率不宜大于______。

6.柱纵向钢筋有__________、__________和__________三种连接方式。

7.没有地下室的框架柱的根部标高是指__________。

8.框架柱中柱柱顶纵向钢筋弯折锚固时，除满足垂直锚固长度以外，还需水平弯________。

9.柱纵向钢筋如采用焊接连接方式，为满足接头面积百分率的要求，相邻纵向钢筋接头中心之间的垂直距离不小于__________。

10.变截面柱，当 $\Delta/h_b>1/6$ 时，上柱钢筋向下伸入____________________。

任务 3.4　识读与绘制梁平法施工图

【学习任务】

1.梁平法施工图的表示方法。

2.识读配套图集结施-07 完成能力训练要求的识图记录。

3.CAD 绘制配套图集结施-07 梁 KL4 的断面图。

4.具备团队合作能力、创新意识,同时还要具有大国工匠精神。

梁平法施工图系在梁平面布置图上采用平面注写方式或引出断面注写方式来表达梁构件的断面形状、几何尺寸、配筋等设计内容。在梁平法施工图中,也应注明结构层的顶面标高及相应的结构层号(同柱平法标注)。值得注意的是,在柱、梁和剪力墙平法施工图中分别注明的楼层结构标高及层高、层号必须保持一致,以保证用同一标准竖向定位。通常情况下,梁平法施工图的图纸数量与结构楼层的数量相同,若某些楼层梁布置完全相同,则可用标准层代替。梁平面布置图应分别按梁的不同结构层(标准层),将全部梁和与其相关联的柱、墙、板一起采用适当比例绘制。对于轴线未居中的梁,应标注其偏心定位尺寸(贴柱边的梁可不标注)。

梁内钢筋包括梁顶贯通纵筋、梁顶非贯通纵筋、梁下部纵筋、构造筋、箍筋等,如图 3-43 所示。

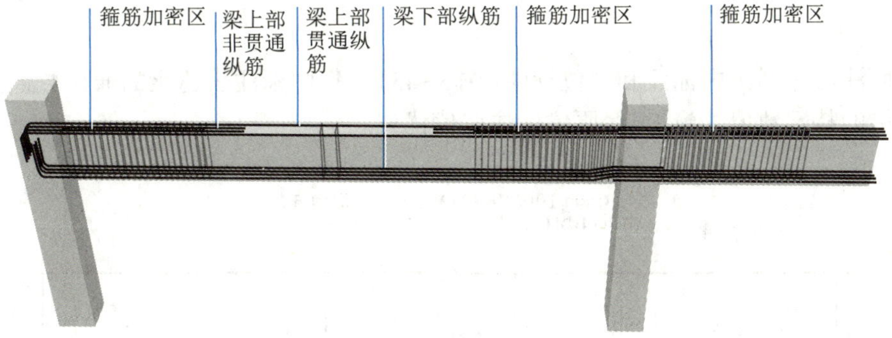

图 3-43　梁中的钢筋

3.4.1　梁平法施工图表示方法

梁平法施工图采用平面注写方式或截面注写方式来表达,一般采用平面注写方式来表示。

3.4.1.1　平面注写方式

平面注写方式是在梁平面布置图上,分别在不同编号的梁中各选一根梁,用在其上注写断面尺寸和配筋具体数值的方式来表达的梁平法施工图,如图 3-44 所示。

层面2	65.670	
塔层2	62.370	3.30
层面（塔层1）	59.070	3.30
16	55.470	3.60
15	51.870	3.60
14	48.270	3.60
13	44.670	3.60
12	41.070	3.60
11	37.470	3.60
10	33.870	3.60
9	30.270	3.60
8	26.670	3.60
7	23.070	3.60
6	19.470	3.60
5	15.870	3.60
4	12.270	3.60
3	8.670	3.60
2	4.470	4.20
1	-0.030	4.50
-1	-4.530	4.50
-2	-9.030	4.50
层号	标高(m)	层高(m)

结构层楼面标高
结　构　层　高

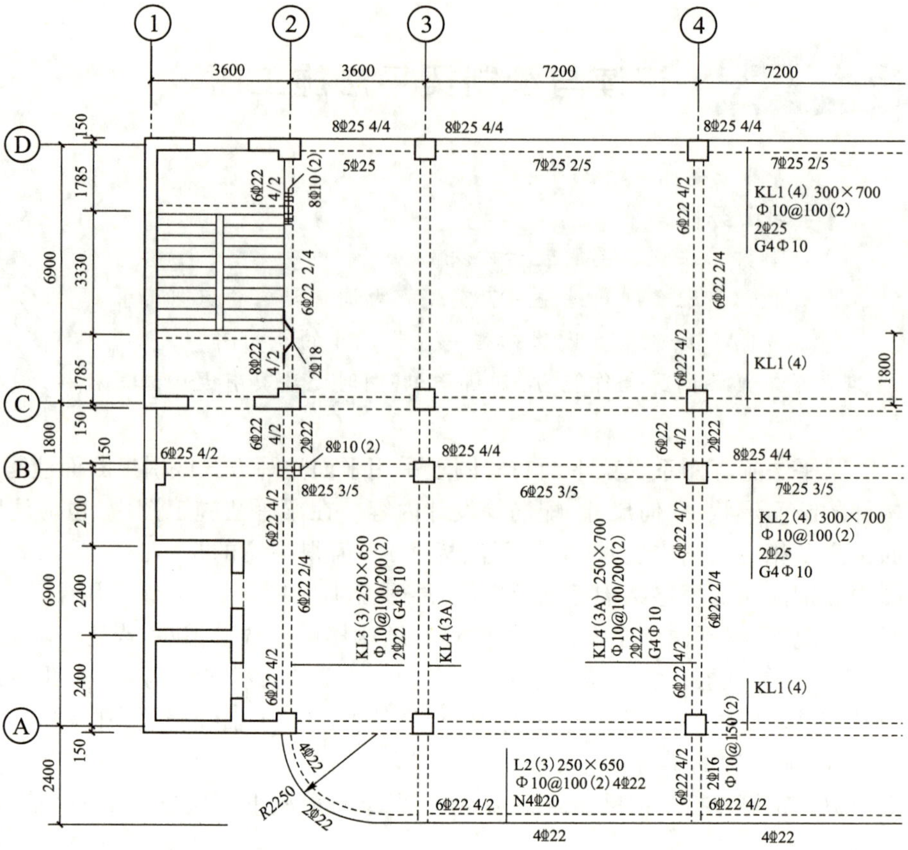

图 3-44　梁平法施工图

平面注写包括集中标注和原位标注(图 3-45)。集中标注表达梁的通用数值,原位标注表达梁的特殊数值。施工时,原位标注取值优先。

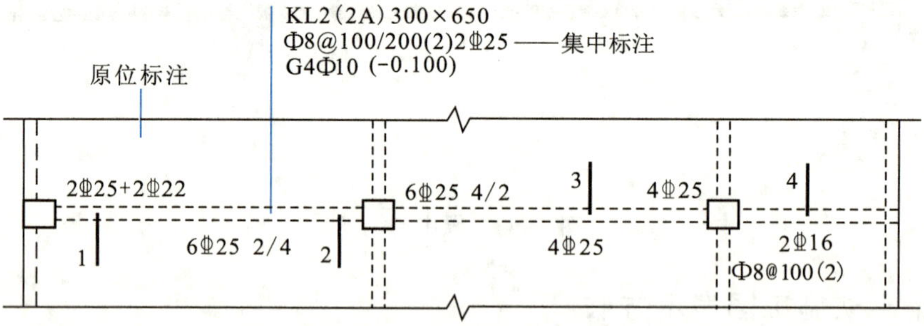

图 3-45　梁平面注写方式

框架梁平面表达法平面注写方式(集中标注)

(1)集中标注　在梁的集中标注中,有五项必注项和一项选注项,如图 3-46 所示,除梁顶面标高高差为选注项外,其他五项为必注项。

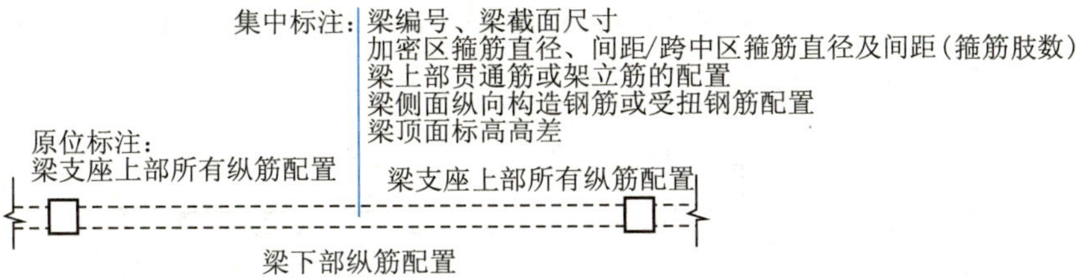

图 3-46 梁平面注写方式内容

1）梁编号。梁编号由梁类型代号、序号、跨数及有无悬挑代号组成，并应符合表 3-9 的规定。

例如，图 3-45 所示 KL2（2A）表示第 2 号框架梁，2 跨，一端有悬挑；L9（7B）表示第 9 号非框架梁，7 跨，两端有悬挑。

表 3-9 梁编号

梁类型	代号	序号	跨数及是否带有悬挑
楼层框架梁	KL	××	（××）（××A）或（××B）
楼层框架扁梁	KBL	××	（××）（××A）或（××B）
屋面框架梁	WKL	××	（××）（××A）或（××B）
框支梁	KZL	××	（××）（××A）或（××B）
托柱、转换梁	TZL	××	（××）（××A）或（××B）
非框支梁	L	××	（××）（××A）或（××B）
悬挑梁	XL	××	
井字梁	JZL	××	（××）（××A）或（××B）

注：（××A）为一端有悬挑，（××B）为两端有悬挑，悬挑不计入跨数。

2）梁截面尺寸：

①等截面梁，用 $b \times h$ 表示，如图 3-45 所示，300×650 表示梁截面尺寸为宽300 mm，高 650 mm。

②当有竖向加腋梁时，用 $b \times h$ Y$c_1 \times c_2$表示，其中 c_1 为腋长，c_2 为腋宽。如图 3-47 所示，300×750 Y500×250 表示梁宽 300 mm，梁高 750 mm，腋长 500 mm，腋宽 250 mm。

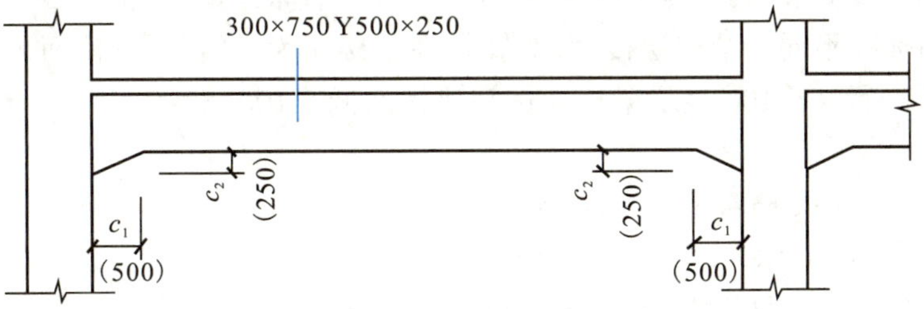

图 3-47 竖向加腋截面注写示意

③当有悬挑梁时，用 $b \times h_1/h_2$ 表示，如图 3-48 所示，300×700/500 表示悬臂梁根部高 700 mm，悬臂梁端部高 500 mm。

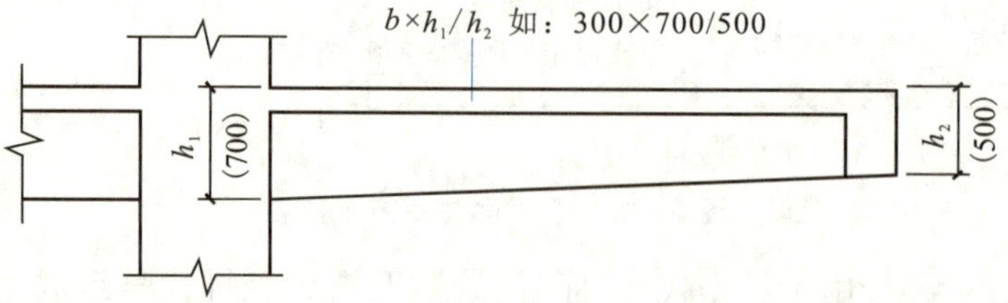

图 3-48　悬挑梁不等截面注写示意

3）梁箍筋。包括钢筋级别、直径、加密区与非加密区间距及肢数。

如图 3-45 所示，Φ8@100/200(2)表示箍筋用 HPB 300 钢筋、直径 8 mm、加密区间距 100 mm、非加密区间距 200 mm，均为双肢箍。

例如，Φ8@100(4)/200(2)表示箍筋用 HPB 300 钢筋、直径 8 mm、加密区间距 100 mm为四肢箍、非加密区间距 200 mm 为双肢箍。

4)梁上部通长筋或架立筋配置：

①当同排纵筋中既有通长筋又有架立筋时，应用"+"将通长筋和架立筋相连。

例如，2 Φ 22+(4 Φ 12)用于 6 肢箍，其中 2 Φ 22 为通长筋，4 Φ 12 为架立筋。

②当梁的上部纵筋和下部纵筋均为全跨相同，且多数跨配筋相同时，可加注下部纵筋的配筋值，用"；"将上部与下部纵筋的配筋值分隔。

例如，2 Φ 22;3 Φ 20 表示梁的上部配置 2 Φ 22 的通长筋，下部配置 3 Φ 20 的通长筋。

5)梁侧面纵向构造钢筋或受扭钢筋配置。当梁腹板高度 $h_w \geq 450$ mm 时，需配置纵向构造钢筋，所注规格与根数应符合规范规定。此项注写值以大写字母"G"打头，注写设置在梁两个侧面的总配筋值，且对称配置。

例如，G4Φ10，表示梁的两个侧面共配置 4Φ10 的纵向构造钢筋，每侧各 2Φ10。由于是构造钢筋，其搭接与锚固长度可取为 15*d*。

当梁侧面需配置受扭纵向钢筋时，此项注写值以大写字母"N"打头，注写配置在梁两个侧面的总配筋值，且对称配置。受扭纵向钢筋应满足梁侧面纵向构造钢筋的间距要求，且不再重复配置纵向构造钢筋。

例如，N6Φ18 表示梁的两个侧面共配置 6Φ18 的受扭纵向钢筋，两侧各配置 3Φ18。

6)梁顶面标高高差。此项为选注值，有高差时，需将其写入括号内，无高差时不注写。当梁顶面标高不同于结构层楼面标高时，高于楼面为正值，低于楼面为负值。

如图 3-45 所示-0.100 表示梁顶面标高比楼面低 0.100 m。

【识读】

图 3-44 中④轴线 KL4 集中标注含义。

KL4(3A)表示 4 号框架梁，三跨，一端悬挑。

250×700 表示梁截面尺寸梁宽 250 mm，梁高 700 mm。

Φ10@100/200(2)表示箍筋用 HPB 300 钢筋、直径 10 mm、加密区间距 100 mm、非加密区间距 200 mm，均为双肢箍。

2ф22 表示在梁上部纵筋为 2 根直径为 22 mm 的 HRB 400 的钢筋。

G4Φ10 表示梁两个侧面共配置 4Φ10 的纵向构造筋，每侧各 2Φ10。

【课堂讨论】

图 3-44 中 KL1、L1 集中标注含义。

框架梁平面表达法平面注写方式（原位标注）

(2)原位标注　原位标注的内容包括梁支座上部纵筋、梁下部纵筋、附加箍筋或吊筋，如图 3-45、图 3-46 所示。

1)梁支座上部纵筋：

①原位标注的梁支座上部纵筋应为包括集中标注的通长筋在内的所有钢筋。多于一排时，用“/”将各排纵筋自上而下分开。

②同排纵筋有两种直径时，用“+”将两种直径的纵筋相连，且角部纵筋写在前面。

例如图 3-45 所示，6ф25 4/2 表示支座上部纵筋共两排，上排 4ф25(包括集中标注的通长筋 2 根，还有 2 根非贯通筋)，下排 2ф25(为非贯通筋)；2ф25+2ф22 表示支座上部纵筋共四根一排放置，其中角部 2ф25(为贯通筋)，中间 2ф22(为非贯通筋)。

③当梁中间支座两边的上部纵筋相同时，仅在支座的一边标注配筋值；否则，须在两边分别标注。如图 3-45 所示的中间支座，两边都是 6ф25 4/2，仅标注一侧即可。

2)梁下部纵筋。梁下部纵筋标注在梁跨中表示下部筋为通长筋。

①多于一排时，用“/”将各排纵筋自上而下分开。

②同排纵筋有两种不同直径时，用“+”将两种直径的纵筋相连，且角部纵筋写在前面。例如，6ф25 2/4 表示下部纵筋共两排，上排 2ф25，下排 4ф25。

③当梁下部纵筋不全部伸入支座时，将梁支座下部纵筋减少的数量写在括号内。

例如：下部纵筋注写为 6ф25 2(-2)/4，表示上一排纵筋为 2ф25，且不伸入支座；下一排纵筋为 4ф25，全部伸入支座。又如：梁下部纵筋注写为 2ф25+3ф22(-3)/5ф25，则表示上一排纵筋为 2ф25 和 3ф22，其中 3ф22 不伸入支座；下一排纵筋为 5ф25，全部伸入支座。

3)附加箍筋或吊筋。直接画在平面图中的主梁上，用线引注总配筋值，附加箍筋的肢数注在括号内，如图 3-49 所示。

4)当在梁上集中标注的内容(某一项或某几项)不适用于某跨或某悬挑部分时，则将其不同数值原位标注在该跨或该悬挑部位。

如图 3-45 所示梁悬臂端，原位标注下部筋 Φ8@100(2)表示箍筋用 HPB 300 钢筋，直径 8 mm，间距 100 mm，为双肢箍。

【识读】

图 3-44 中④轴线 KL4 原位标注含义。

KL4 每跨的支座上部原位标注 6ф22 4/2，表示支座上部两侧都配置 6 根直径为 22 mm的 HRB 400 的钢筋，分两排，上边一排 4ф22，下边一排 2ф22。

悬臂端下部原位标注 2ф16，表示悬臂端下部配有 2ф16 纵筋，该段内箍筋为 HPB 300 钢筋，直径 10 mm，间距 100 mm，双肢箍。

在Ⓐ、Ⓑ轴线间梁的下部原位标注 6ф22 2/4，表示梁下部都配置 6 根直径为 22 mm 的 HRB 400 的钢筋，分两排，上边一排 2ф22，下边一排 4ф22 全部伸入支座。

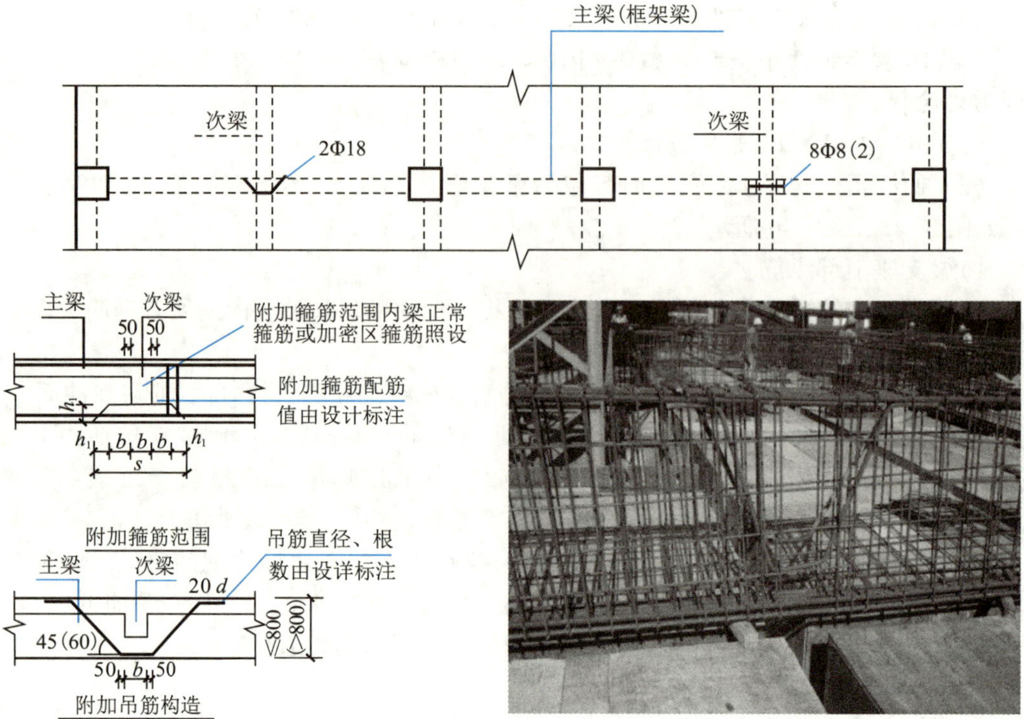

图 3-49　附加箍筋和吊筋的画法与构造

在Ⓑ、Ⓒ轴线间梁的下部原位标注 2 Φ 22,表示梁下部都配置 2 根直径为 22 mm 的 HRB 400 的钢筋,全部伸入支座。

在Ⓒ、Ⓓ轴线间梁的下部原位标注 6 Φ 22 2/4,表示梁下部都配置 6 根直径为 22 mm 的 HRB 400 的钢筋,分两排,上边一排 2 Φ 22,下边一排 4 Φ 22 全部伸入支座。

【课堂讨论】

图 3-44 中 KL1、L1 原位标注的含义。

3.4.1.2　截面注写方式

截面注写方式是在分标准层绘制的梁平面布置图上,分别在不同编号的梁中各选一根梁用剖面号引出配筋图,并在其上注写截面尺寸和配筋具体数值的方式来表达的梁平法施工图,如图 3-50 所示。

按上述梁编号规定对所有梁进行编号,从相同编号的梁中选择一根梁,用剖面符号引出截面位置,再将截面配筋详图画在本图或其他图上。当某梁的顶面标高与该结构层的楼面标高不同时,尚应在其梁编号后注写梁顶面高差(注写规定与平面注写方式相同)。

截面配筋详图上注写断面尺寸 $b \times h$、上部筋、下部筋、侧面构造筋或受扭筋以及箍筋的具体数值,其表达形式与平面注写方式相同。

在梁平法施工图的平面图中,当局部区域的梁布置过密时,除采用截面注写方式表达外,也可将过密区域用虚线框出,适当放大比例后再用平面注写方式表示。

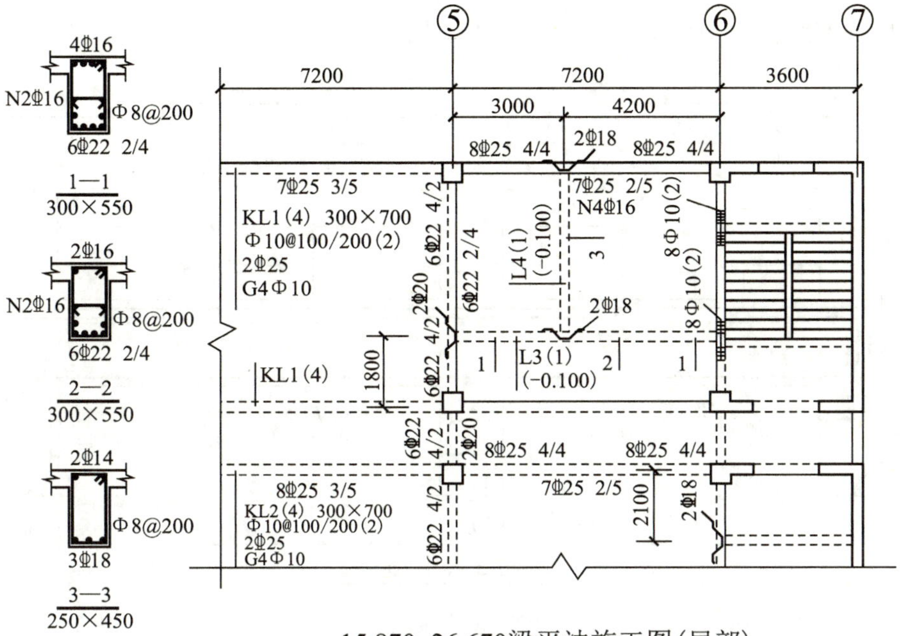

15.870~26.670梁平法施工图(局部)

图 3-50　梁截面注写方式

【识读】

用图 3-50 截面注写方式注写梁 Lg3、L4 在 1—1、2—2、3—3 截面处的配筋。

代号 L 表示“设计铰接时”的非框架梁，代号 Lg 表示“充分利用钢筋的抗拉强度时”的非框架梁。

由图 3-50 看出，⑤、⑥轴线间的 Lg3 为 1 跨，1—1 截面处，截面尺寸 300 mm×550 mm，梁上部纵筋 4 Φ 16；下部配置 6 根直径为 22 mm 的 HRB 400 的钢筋，分两排，上边一排2 Φ 22，下边一排 4 Φ 22；该段内箍筋为 HPB 300 钢筋，直径 8 mm，间距200 mm，双肢箍；两侧面共配置 2 Φ 16，每侧各一根。2—2 截面处梁跨中上部纵筋 2 Φ 16，其余同 1—1 截面。

L4 截面尺寸 250 mm×450 mm，在 3—3 截面处梁跨中，梁上部纵筋 2 Φ 14，下部配置 3 Φ 18；箍筋为 HPB 300 钢筋，直径 8 mm，间距 200 mm，双肢箍。

3.4.2　梁的标准构造详图

22G101-1 图集中给出楼层、屋面框架梁(KL、WKL)纵向钢筋、箍筋、侧面构造筋以及纯悬挑梁(XL)和非框架梁(L、Lg)的构造要求如下。

3.4.2.1 楼层框架梁(KL)纵向钢筋构造

框架梁钢筋构造要求(二)

楼层框架梁(KL)纵向钢筋构造和三维图见图 3-51。

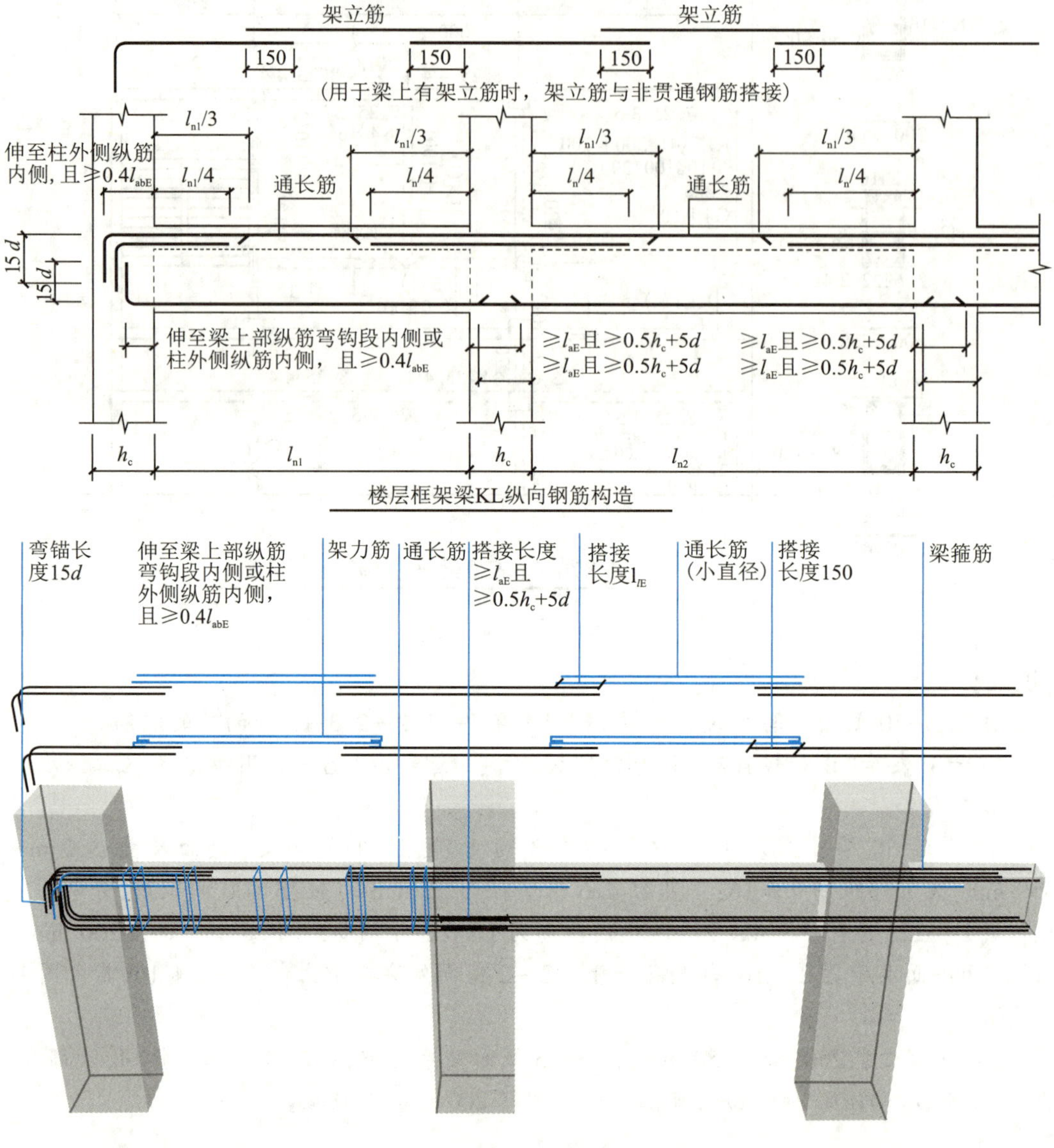

图 3-51 楼层框架梁(KL)纵向钢筋构造和三维图

(1)楼层框架梁(KL)通长筋 梁上部通长钢筋与非贯通钢筋直径相同时，连接位置宜位于跨中 $l_{ni}/3$ 范围内；梁下部钢筋连接位置宜位于支座 $l_{ni}/3$ 范围内，且在同一连接区段内连接钢筋接头面积百分率不宜大于 50%。当相邻跨钢筋直径不同时，搭接位置应位于较小直径一跨，如图 3-52 所示。

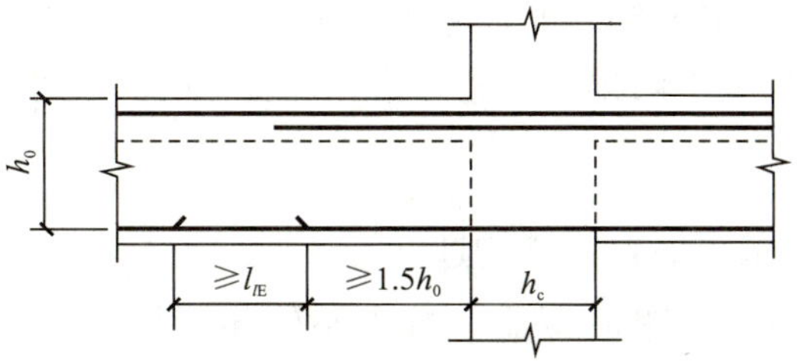

图 3-52　梁下部筋在节点外搭接

(2)楼层框架梁(KL)非通长钢筋构造　如图 3-51 所示,楼层框架梁(KL)支座上部非通长纵向钢筋的截断点位置规定:第一排非通长筋从柱边起延伸至 1/3 净跨 l_n 位置;第二排非通长筋延伸至 l/4 净跨 l_n 位置。l_n 的取值规定为:对于端支座,为本跨的净跨值;对于中间支座,l_n 为支座两边较大一跨的净跨值。

当梁下部纵向钢筋不全部伸入支座时,不伸入支座的梁的下部纵筋的截断点距支座边缘的距离 $0.1l_{ni}$(本跨梁的净跨值),如图 3-53 所示。

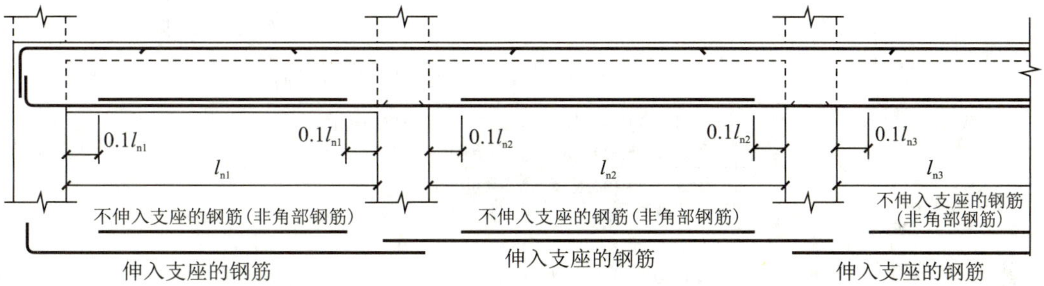

图 3-53　不伸入支座的梁下部纵向钢筋断点位置

(3)楼层框架梁(KL)架立筋构造　如楼层框架梁(KL)设置有架立筋,架立筋应与支座上部纵向钢筋中的非通长筋两端连接。如采用绑扎搭接连接,搭接长度取 150 mm,如图 3-51 所示。

(4)楼层框架梁(KL)端支座纵向钢筋的锚固构造　楼层框架梁(KL)端支座上部纵向钢筋(包括通长筋)应伸入端部支座锚固。不能直锚时,伸至柱外侧纵筋内侧,且 $\geqslant 0.4l_{abE}$ 向下弯折 15d。下部纵筋伸入端部同样向上弯折 15d,如图 3-51 所示。

(5)侧纵向钢筋构造　当 $h_w \geqslant 450$ mm 时,在梁的两个侧面应沿高度配置纵向构造钢筋;纵向构造钢筋间距 $a \leqslant 200$ mm。梁侧面构造纵筋的搭接与锚固长度可取 15d。梁侧面受扭纵筋的搭接长度:框架梁为 l_{lE},非框架梁为 l_l;锚固方式:框架梁同框架梁下部纵筋。

当梁宽≤350 mm 时，拉筋直径为 6 mm；梁宽>350 mm 时，拉筋直径为 8 mm。拉筋间距为非加密区箍筋间距的 2 倍。当设有多排拉筋时，上下两排拉筋竖向错开设置，如图 3-54 所示。

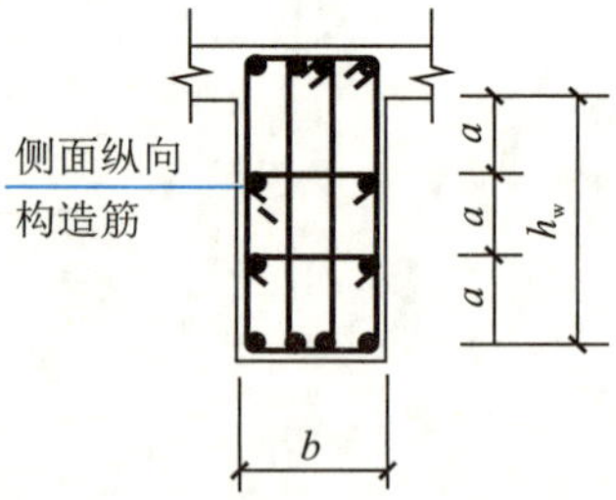

图 3-54　梁侧面纵向构造筋和拉筋

3.4.2.2　屋面框架梁（WKL）纵向钢筋构造

屋面框架梁（WKL）上部纵向钢筋在端支座处伸至柱外侧纵向钢筋内侧并向下弯折到梁底，在端支座处角部设计附加筋，其余钢筋构造与 KL 相同。

3.4.2.3　框架梁（KL）箍筋构造

如图 3-55 所示，箍筋加密区范围与抗震等级有关，当抗震等级为一级时，箍筋加密区的长度不应小于 $2.0h_b$ 且不应小于 500 mm；当抗震等级为二～四级时，箍筋加密区的长度不应小于 $1.5h_b$ 且不应小于 500 mm。靠近支座的第一道箍筋距离支座边缘的距离为 50 mm。

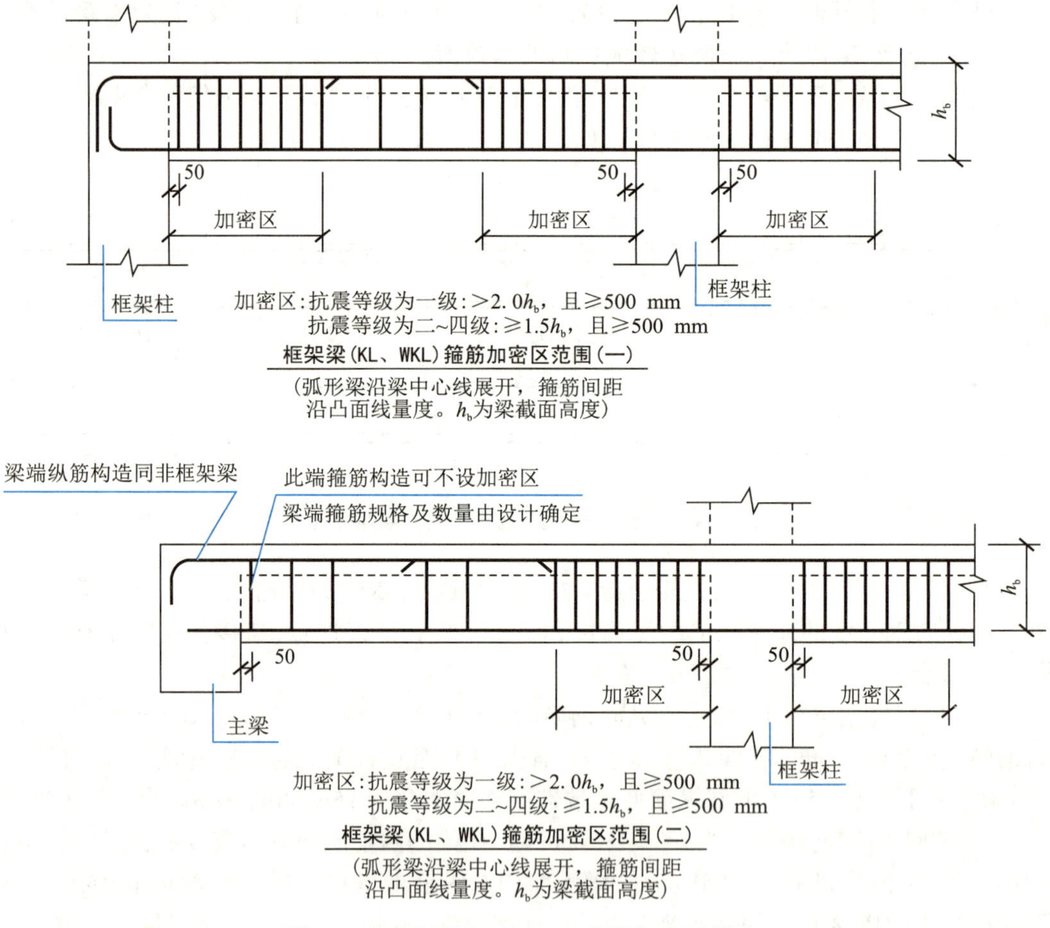

图 3-55　框架梁（KL、WKL）箍筋加密区范围

3.4.2.4　框架梁(KL)和屋面框架梁(WKL)变截面纵向钢筋构造

当 $\Delta_h/(h_c-50)\leqslant 1/6$ 时，纵筋可不截断，如图 3-56⑤节点所示，$\Delta_h/(h_c-50)>1/6$ 时，纵向钢筋断开，梁顶标高高的或梁底标高底的伸入柱外侧纵筋内侧弯折 15d，如果 WKL 梁顶标高高时，纵筋伸入柱外侧纵筋内侧弯折一个锚固长度l_{aE}，如图 3-56 所示。

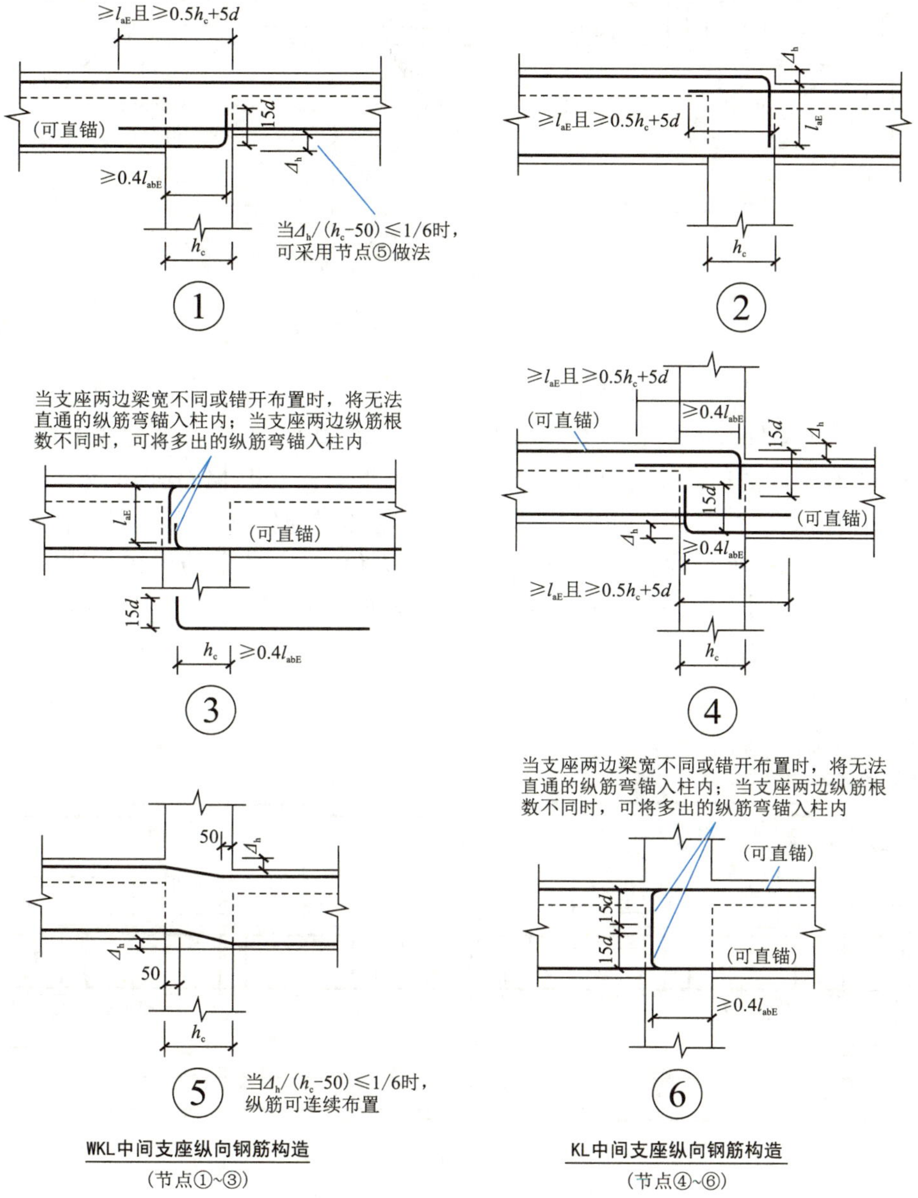

图 3-56　WKL、KL 变截面纵向钢筋构造

3.4.2.5　纯悬挑梁(XL)配筋构造

纯悬挑梁(XL)是指从混凝土墙或柱挑出的单独悬臂梁，上部纵向钢筋伸入支座不能

直锚时，弯锚时，上部纵筋伸至混凝土墙或柱外侧纵筋内侧，再向下弯折 $15d$，下部纵筋一端伸入支座锚固，锚固长度 $15d$，其他构造 22G101-1 图集给出要求如图 3-57 所示。

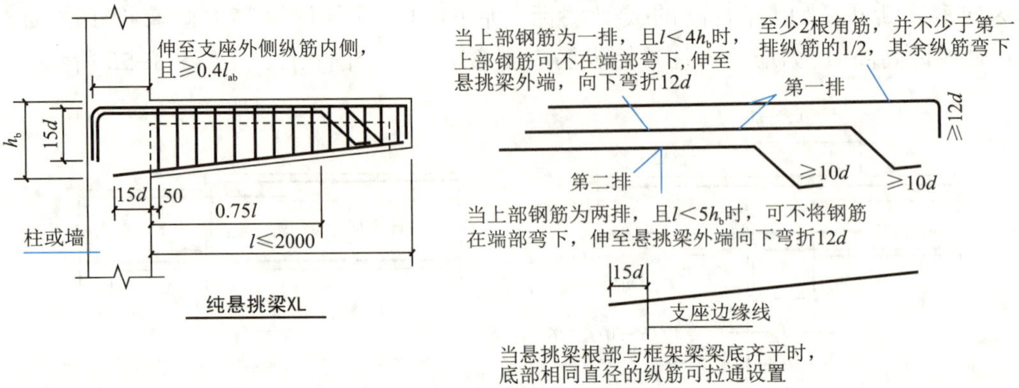

图 3-57　纯悬挑梁 XL 钢筋构造

3.4.2.6　非框架梁(L、Lg)配筋构造

(1)非框架梁(L、Lg)通长纵筋截断点构造　非框架梁(L、Lg)端支座上部非通长筋及与跨中直径不同的通长筋，伸出端支座边缘不小于 $l_{n1}/5$(设计铰接时)或 $l_{n1}/3$(充分利用钢筋的抗拉强度时)截断。跨中上部通长钢筋与非贯通钢筋直径相同时，连接位置宜位于跨中 $l_n/3$ 范围内，l_n 为支座左跨和右跨之较大值，梁下部钢筋连接位置宜位于支座 $l_{ni}/4$ 范围内；且在同一连接区段内连接钢筋接头面积百分率不宜大于 50%，如图 3-58 所示。

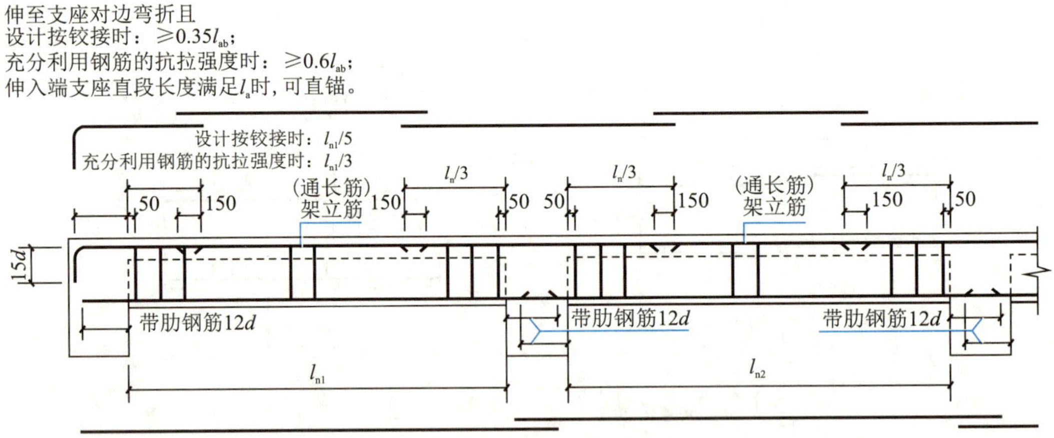

图 3-58　非框架梁配筋构造

(2)非框架梁(L、Lg)纵筋锚固构造　非框架梁(L、Lg)支座上部纵筋在端支座处应伸至主梁外侧纵筋内侧后弯折 $15d$，当直段长度不小于 l_a 时可不弯折。下部纵筋应伸入支座锚固，其锚固长度不应小于 $12d$，如图 3-58 所示。

3.4.3　工程实例识读

以配套图集结施-07 为例说明识读梁平法施工图的方法。

(1)查看图名、比例,图名一层顶梁配筋图,比例 1∶100。

(2)首先校核轴线编号及其间距尺寸,要求必须与建筑图、剪力墙施工图、柱施工图保持一致,定位轴线同基础施工图与柱施工图。

(3)与建筑配合,明确梁的编号、数量和布置,梁有 KL1~KL13 和非框梁 L1,例如 KL4 分别布置在④、⑥、⑧、⑩轴线处共 4 根;KL5 分别布置在⑤、⑦、⑨轴线处共 3 根;L1 布置在Ⓓ轴线处。

(4)阅读结构设计总说明或有关说明,明确梁的混凝土强度等级及其他要求,该梁的混凝土等级 C25。

(5)根据梁的编号,查阅图中标注或截面标注,明确梁的截面尺寸、配筋和标高。再根据抗震等级、设计要求和标准构造详图确定纵向钢筋、箍筋和吊筋的构造要求(如纵向钢筋的锚固长度、切断位置、弯折要求和连接方式、搭接长度等;箍筋加密区的范围;附加箍筋、吊筋的构造)。

例如 KL4,梁顶标高 3.550 m,集中标注:KL4(2)表示 4 号框架梁,2 跨,无悬挑;240×600 表示梁截面尺寸宽 240 mm,高 600 mm;Φ10@ 100/200(2)表示箍筋用 HPB 300 钢筋、直径 10 mm、加密区间距 100 mm、非加密区间距 200 mm,均为双肢箍;2 ф18 表示在梁上部纵筋为 2 根直径为 18 mm 的 HRB400 的钢筋。

KL4 原位标注含义:KL4 每跨的支座上部原位标注 2 ф18+2 ф20,表示支座上部两侧都配置 2 根直径为 18 mm 和 2 根直径为 20 mm 的 HRB 400 的钢筋;在Ⓑ、Ⓒ轴线间梁的截面尺寸是 240 mm×400 mm,下部原位标注 4 ф16,表示梁下部配置 4 根直径为16 mm的 HRB 400 的钢筋,全部伸入支座;在Ⓒ、Ⓓ轴线间梁的下部原位标注 3 ф20,表示梁下部都配置 3 根直径为 20 mm 的 HRB 400 的钢筋,全部伸入支座,G4 ф12 表示梁两侧构造筋共配置 4 根直径为 12 mm 的 HRB 400 的钢筋,每侧 2 根。

例如 L1,集中标注:L1(2)表示 1 号非框架梁,2 跨,无悬挑。

240×400 表示梁截面尺寸梁宽 240 mm,梁高 400 mm。

Φ10@ 200(2)表示箍筋用 HPB 300 钢筋、直径 10 mm、间距 200 mm,均为双肢箍。

2 ф16 表示在梁上部纵筋为 2 根直径为 16 mm 的 HRB 400 的通长钢筋。

3 ф18 表示在梁下部纵筋为 3 根直径为 18 mm 的 HRB 400 的通长钢筋。

L1 原位标注表示:L1 每跨的支座上部原位标注 3 ф16,表示支座上部两侧都配置 3 根直径为 16 mm 的 HRB 400 的钢筋;主梁与次梁交接处设置吊筋和附加箍筋,结合结构设计说明与梁平面图。

3.4.4　CAD 绘制梁的断面图

以配套图集结施-07 KL4 为例说明绘制梁断面图的方法。

3.4.4.1 绘制 1:50 的 KL4 纵断面图

(1)新建图形文件

1) 选择样板图。可选择提前做好的 1:1模板图,进入模板,另存为 KL4 纵断面图的文件名。

2)修改部分参数。打开“格式”|“标注样式”|“修改”|“调整”选项中“使用全局比例因子”改为“50”。

(2)绘制 1:50 的 KL4 纵断面图

1)绘制轴线、柱和梁的轮廓。

打开轴线图层,绘制轴线,利用直线和偏移的命令完成Ⓑ、Ⓒ、Ⓔ轴线绘制。绘制柱的轮廓线,在柱图层利用轴线Ⓑ向左偏移 280 mm 和向右偏移 120 mm,完成Ⓑ轴线框柱轮廓,Ⓒ、Ⓔ轴线处柱轮廓方式类同。在梁图层利用直线命令绘制梁顶轮廓线,利用偏移命令分别偏移 400 mm 和 600 mm,完成Ⓑ、Ⓒ跨和Ⓒ、Ⓔ跨梁底轮廓线,如图 3-59 所示。

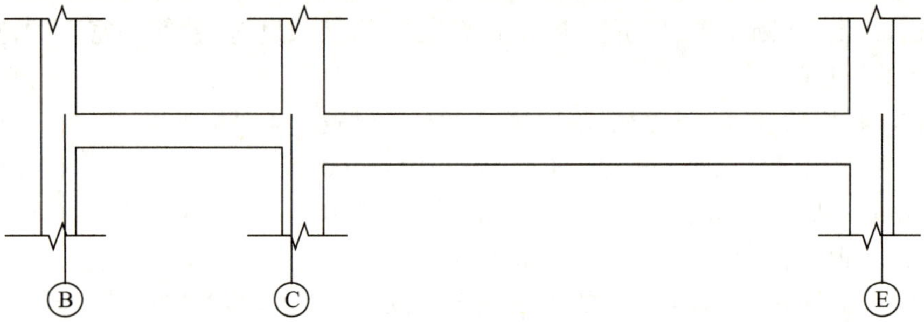

图 3-59 绘制轴线和柱、梁的轮廓

2)绘制 KL4 上部和下部纵筋。

在钢筋图层,利用偏移命令,用梁轮廓线偏移完成 KL4 上部纵筋和下部纵筋轮廓,然后将偏移以后的线置换到钢筋图层;用直线命令完成钢筋在端部的弯折 15d,Ⓑ、Ⓒ跨梁底纵筋右端伸入Ⓒ、Ⓔ跨一个锚固长度 46d 即 736 mm。

加粗钢筋线,命令行输入“PE”并按 Enter 键,启动“编辑多段线”命令,在“选择多段线或[多条(M)]”提示下,选择 M,在“输入选项”提示下,输入“W”后按 Enter 键,在“制定所有线段的新宽度”提示下,输入“25”,表示将线的宽度由“0”改为“25”,结果如图 3-60 所示。

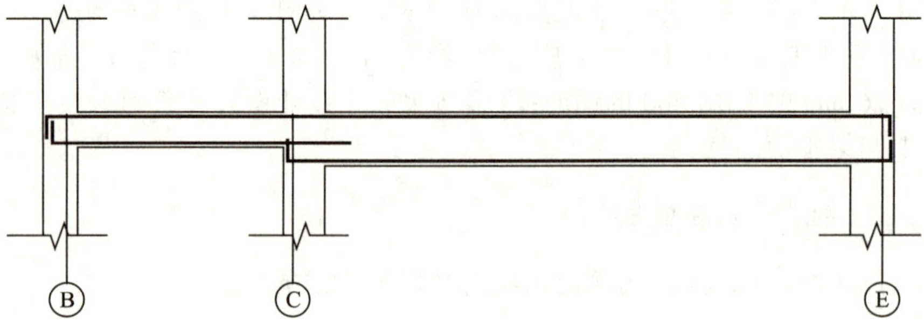

图 3-60 绘制 KL4 上部和下部纵筋

3)绘制 KL4 其他钢筋。

在钢筋图层,利用“多段线”命令,输入“PL”快捷键,修改线宽为 10 mm,绘制箍筋,确定加密区的范围,第一道箍筋距柱边 50 mm;第二跨的构造筋可以利用梁底纵筋偏移完成,梁上部非通长筋长度按 1/3 净跨确定位置,如图 3-61 所示。

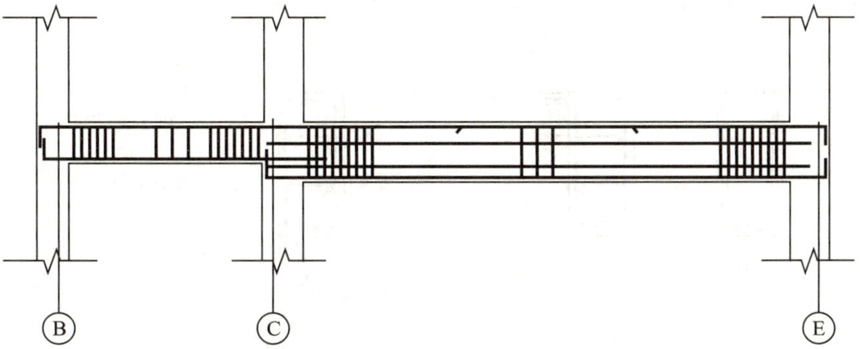

图 3-61　绘制 KL4 其他钢筋

4)完成绘制 KL4 纵剖图。

最后标注尺寸和钢筋编号和配筋,书写图名 KL4 纵剖图,比例 1:50,如图 3-62 所示。

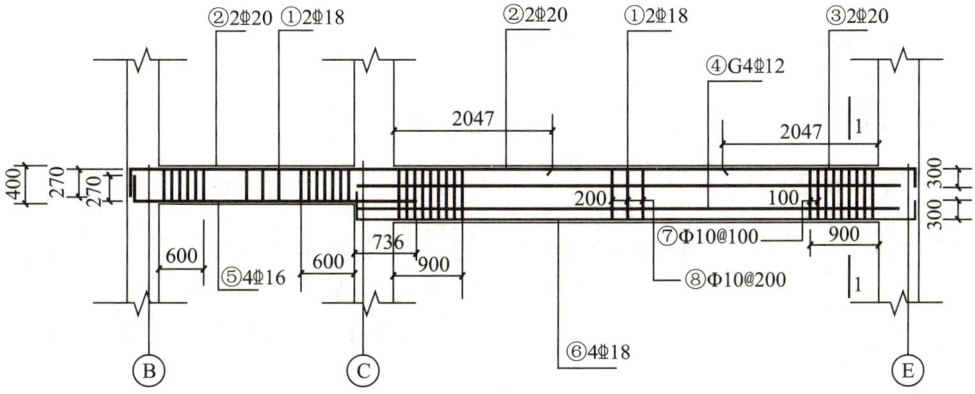

图 3-62　KL4 纵剖图

3.4.4.2　绘制 1:20 的 KL4 的 1—1 断面图

(1)设置梁为当前层。

(2)绘制梁的轮廓线以及钢筋线位置。

1)“矩形”命令画梁的轮廓线,矩形长 240 mm,高 600 mm。

2)“偏移”命令画钢筋线位置,梁外轮廓一次向内偏移 30 mm,再次向内偏移 30 mm,如图 3-63(a)所示。

(3)编辑箍筋线。“编辑多段线”命令,命令行输入“PE”,在“选择多段线或[多条(M)]”提示下,选择 M,在输入选项提示下,输入“W”后按 Enter 键,在“制定所有线段的新宽度”提示下,输入“10”。

(4)绘制梁内纵筋和构造筋。菜单中“绘图”/“圆环”命令,在“指定圆环的内径”提示下,输入“0”后按 Enter 键,在“指定圆环的外径”提示下,输入“10”后按 Enter 键,在“指定圆环的中心”提示下,分别捕捉梁内纵筋以及构造筋位置,如图 3-63(b)所示。

(5)用 10 mm 宽的段线在左上角绘制箍筋弯钩,用“多段线”命令画出拉结筋。

(6)按照 1:20 的出图比例标注尺寸、文字及图名,如图 3-63(c)所示。

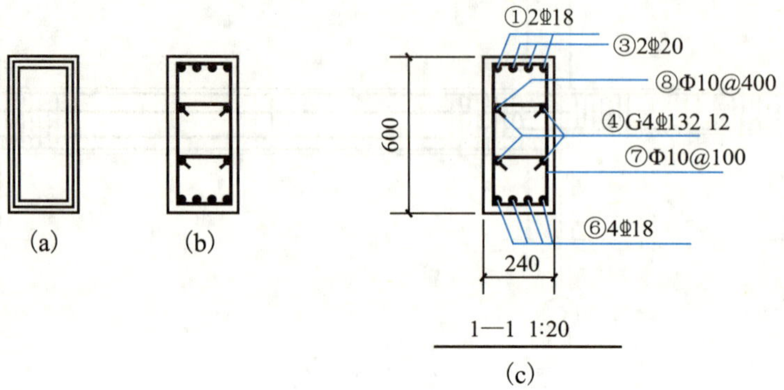

图 3-63 KL4 1—1 断面图

【课堂讨论】

1.比较梁的平法施工图平面注写与截面注写的表达方式,各有什么优缺点?

2.梁的平法施工图中集中标注哪些信息?原位标注哪些信息?

【能力训练】

识读配套图集结施-07,完成下列识图记录。

1.KL6 是________跨,跨度分别是________mm、________mm,截面尺寸分别是________mm、________mm。

2.KL6 梁在Ⓒ轴线与Ⓔ轴线的原位标注 4 Φ 18/2 Φ 16 表示的含义是________________________。原位标注 4 Φ 20 表示的含义是________________________。原位标注 N6 Φ 12 表示的含义是________________________。

3. KL13 在⑪轴线与⑫轴线的梁顶标高是________m。

4.箍筋加密区的范围是________________。

5.KL1 的第一跨跨中截面尺寸是________,上部纵筋有________根,下部纵筋有________根,第三跨左端支座处梁截面尺寸是________,上部纵筋有________根,分________排布置,下部纵筋有________根,梁侧纵筋有________根。

6.KL10 跨中截面上部纵筋有________根,下部纵筋有________根,梁侧纵筋有________根;右端支座处截面上部纵筋有________根,下部纵筋有________根,梁侧纵筋有________根,梁高度是________mm。

任务 3.5　识读现浇板平法施工图

【学习任务】

1.现浇板平法施工图的表示方法。

2.识读图例结施-04,完成能力训练要求的识图记录。

3.5.1　现浇板平法施工图图示内容和特点

现浇板配筋图在平法施工图中的表达分有梁楼盖平法施工图和无梁楼盖平法施工图两种,下面以有梁楼盖平法施工图为例说明,它适应于以梁为支座的楼面与屋面板平法施工图。

现浇楼盖中板的配筋图表达形式有两种:一种是传统表示,另一种是平法表示。传统表示用在结构平面布置图上,直接表示板的配筋形式和钢筋用量,如图 3-64(a)所示。现浇板内主要钢筋有板顶、板底受力筋及分布筋等。

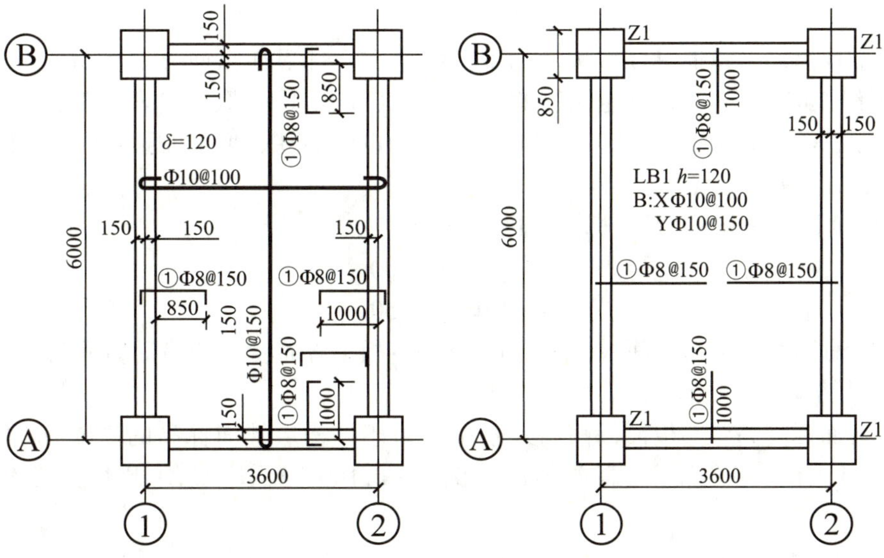

(a)板的传统标注　　(b)板的平法标注

图 3-64　现浇板的配筋图

3.5.2　有梁楼盖平法施工图表示方法

板块钢筋标注分为"集中标注"和"原位标注"两种。集中标注主要是针对板的贯通纵筋,原位标注主要是针对板的非贯通纵筋。

有梁楼盖的平法标注

3.5.2.1 板块集中标注

集中标注以“板块”为单位。对于普通楼面，两向均以一跨为一块板。板块集中标注的内容：板块编号、板厚、贯通纵筋以及当板面标高不同时的标高高差。

(1)板块编号　板块编号由板的类型代号、序号组成，并应符合表 3-10 的规定。

表 3-10　板块编号

板类型	代 号	序 号	例 子
楼面板	LB	××	LB1
屋面板	WB	××	WB2
悬挑板	XB	××	XB4

同一编号板块的类型、板厚和贯通纵筋均应相同，但板面标高、跨度、平面形状以及板支座上部非贯通纵筋可以不同，如同一编号板块的平面形状可为矩形、多边形及其他形状等。施工预算时，应根据其实际平面形状，分别计算各块板的混凝土与钢材用量。

(2)板厚注写　当板厚一致时，注写为：h=×××(h 为垂直于板面的厚度)。当悬挑板的端部改变截面厚度时，注写为：h=×××/×××(斜线前为板根的厚度，斜线后为板端的厚度)。

(3)贯通纵筋　贯通纵筋按板块的下部纵筋和上部贯通纵筋分别注写(当板块上部不设贯通纵筋时则不注)。贯通纵筋的标注中，以 B 代表下部，T 代表上部，B&T 代表下部与上部；X 向贯通纵筋以 X 打头，Y 向贯通纵筋以 Y 打头，两向贯通纵筋配置相同时以 X&Y 打头。

例如，如图 3-64(b)所示，标注：LB1 h=120

B：XΦ10@ 100

YΦ10@ 150

表示的是：编号为 LB1 的楼面板，厚度为 120 mm；板下部布置 X 向贯通纵筋为 Φ10@ 100，Y 向贯通纵筋 Φ10@ 150。

(4)板面标高高差　板面标高高差系指相对于结构层楼面标高的高差，应将其注写在括号内，且有高差则注，无高差不注。例如－0.100 表示本板块比本层楼面标高低 0.100 m。

3.5.2.2 板支座原位标注

板支座上部非贯通纵筋和纯悬挑板上部受力钢筋，应在配置相同跨的第一跨表达，采用垂直于板支座(梁或墙)的一段适宜长度的中粗实线来代表非贯通筋。

(1)在非贯通筋的上方注写钢筋编号、配筋值、横向连续布置的跨数(注写在括号内，且当为一跨时可不注)以及是否横向布置到梁的悬挑端。

(2)在非贯通筋的下方注写自支座边线向跨内的延伸长度。当中间支座上部非贯通筋向支座两侧对称伸出时，可仅在支座一侧线段下方标注伸出长度，另一侧不注，如图 3-65所示。

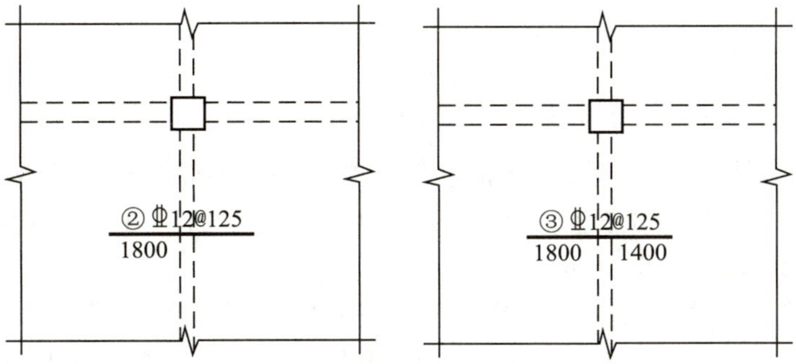

图 3-65　板的平法标注

以后图 3-71 为例，在③轴线处 LB2 和 LB5 之间的②钢筋，在钢筋上部标注②⌀10@100，下部单侧标注 1800，表示该编号为②的非贯通筋，规格和间距为⌀10@100，从梁边线向跨内延伸长度为 1800 mm（左右侧均为 1800）。

对线段画至对边贯通全跨或贯通全悬挑长度的上部通长纵筋，贯通全跨或伸出至全悬挑一侧的长度值不注，只注明非贯通纵筋另一侧的伸出长度值，如图 3-66 所示。

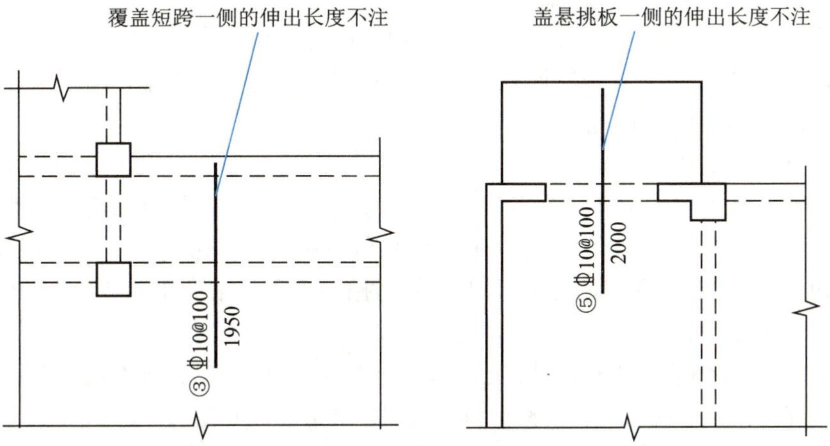

图 3-66　板支座上部非贯通筋贯通全跨或伸出至悬挑端

以后图 3-71⑥钢筋为例，在钢筋上部标注⑥⌀10@100(2)；下部单侧标注 1800。因 LB4 是悬挑板，所以⑥号非贯通筋伸向 LB5 内 1800 mm，在悬挑板上部的⑥号钢筋通长设置在悬挑板上部，“(2)”表示该非贯通筋为 2 跨。

这个非贯通筋上部标注的后面有带括号的内容：“(2)”说明这个非贯通筋⑥在相邻的两跨之内设置。实行标注的当前跨即是“第一跨”，第二跨在第一跨的右边。

与板支座上部非贯通纵筋垂直且绑扎在一起的构造钢筋或分布钢筋，应由设计者在图中注明。

3.5.3 现浇钢筋混凝土楼板标准构造详图

3.5.3.1 有梁楼盖楼面板 LB 和屋面板 WB 钢筋构造

(1)板贯通纵筋连接　板贯通纵筋连接方式有搭接连接、机械连接或焊接连接三种。

上部贯通纵筋的接头位置宜在跨中 1/2 净跨内，板下部贯通纵筋的接头位置宜在距支座 1/4 净跨内，如图 3-67 所示。

板贯通纵筋的连接要求同一连接区段内钢筋接头百分率不宜大于 50%。当相邻等跨或不等跨的上部贯通纵筋配置不同时，应将配置较大者越过其标注的跨数终点或起点，伸出至相邻跨的跨中连接区域连接。

(2)板钢筋布置范围　各板块边缘的钢筋距离支座边缘的距离为板筋间距的一半，如图 3-67 所示。

(3)板下部钢筋在中间支座锚固　板下部钢筋应伸入中间支座锚固，其锚固长度不小于 $5d$，且至少伸至支座中心线位置，如图 3-67 所示。

(4)板在端部支座的钢筋锚固

1)端部支座为梁时的锚固构造。

板上部纵筋在端支座应伸至梁支座外侧纵筋内侧后弯折 $15d$，当平直段长度分别 $\geqslant l_a$、$\geqslant l_{aE}$时可不弯折。普通楼屋面板下部纵筋应伸入端支座内锚固，锚固长度$\geqslant 5d$ 且至少到梁中线位置，如图 3-68 所示。

2)端部支座为剪力墙时的锚固构造。

板的端部支座为剪力墙中间层时，板上部纵筋在端支座应伸至剪力墙外侧水平分布钢筋内侧后弯折 $15d$，伸入端支座内水平锚固长度$\geqslant 0.4l_{ab}$($\geqslant 0.4l_{abE}$)，当平直段长度分别$\geqslant l_a$、$\geqslant l_{aE}$时可不弯折。板下部纵筋应伸入端支座内锚固，锚固长度$\geqslant 5d$ 且至少到墙中线位置，如图 3-69(a)所示。

板的端部支座为剪力墙顶层时，板上部纵筋在端支座应伸至剪力墙外侧水平分布筋内侧后弯折 $15d$，伸入端支座内水平锚固长度$\geqslant 0.35l_{ab}$(充分利用钢筋抗拉强度时$\geqslant 0.6l_{ab}$)，当平直段长度分别$\geqslant l_a$或$\geqslant l_{aE}$时可不弯折。板下部纵筋应伸入端支座内锚固，锚固长度$\geqslant 5d$ 且至少到墙中线位置，如图 3-69(b)所示。

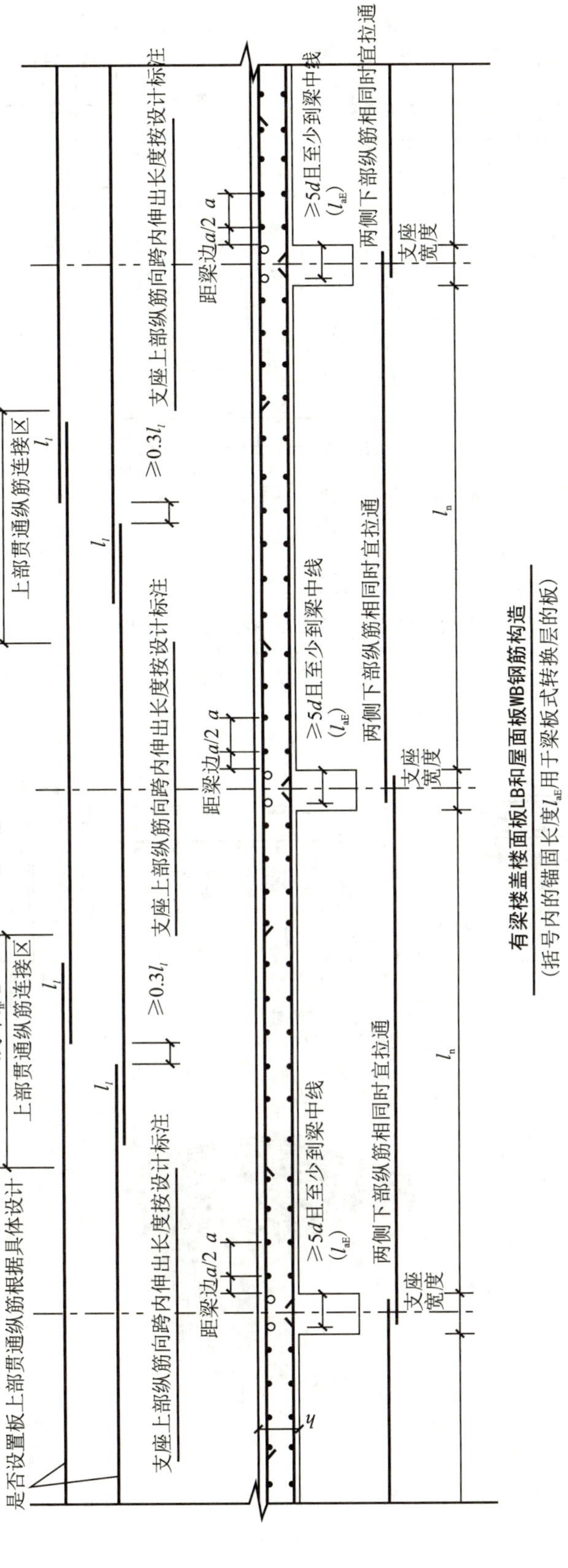

图 3-67　有梁楼盖钢筋构造

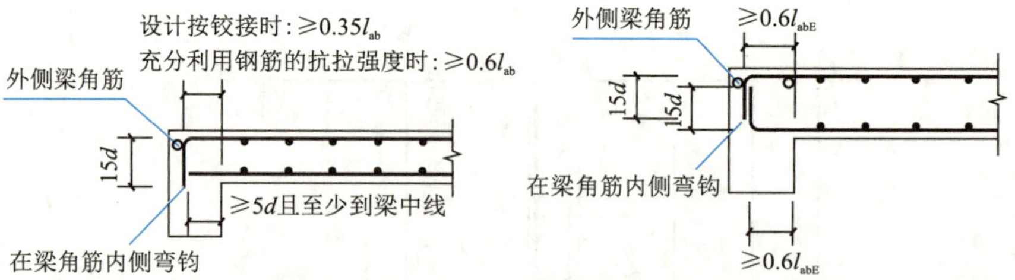

(a) 普通楼屋面板　　(b) 梁板式转换层的楼面板

图 3-68　板在端部支座为梁时的锚固构造

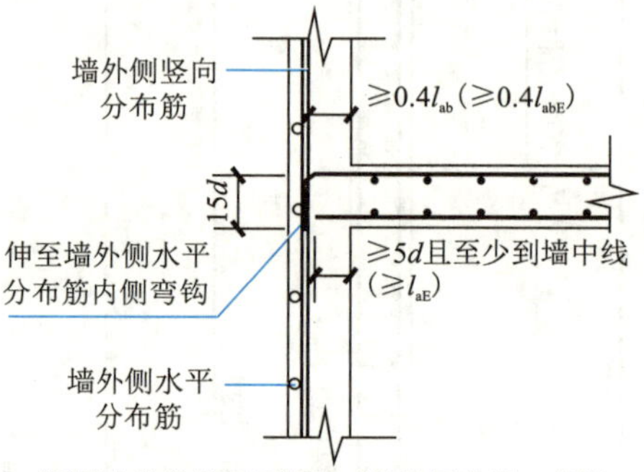

（括号内的数值用于梁板式转换层的板。当板下部纵筋直锚长度不足时，可弯锚）

(a) 端部支座为剪力墙中间层

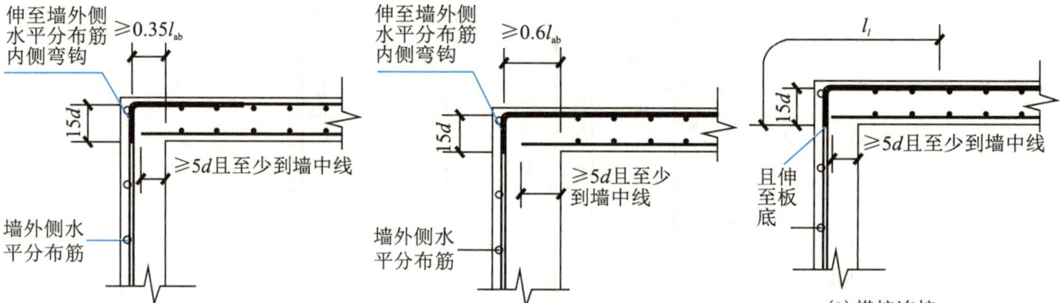

(1) 板端按铰接设计时　　(2) 板端上部纵筋按充分利用钢筋的抗拉强度时　　(3) 搭接连接

(b) 端部支座为剪力墙墙顶

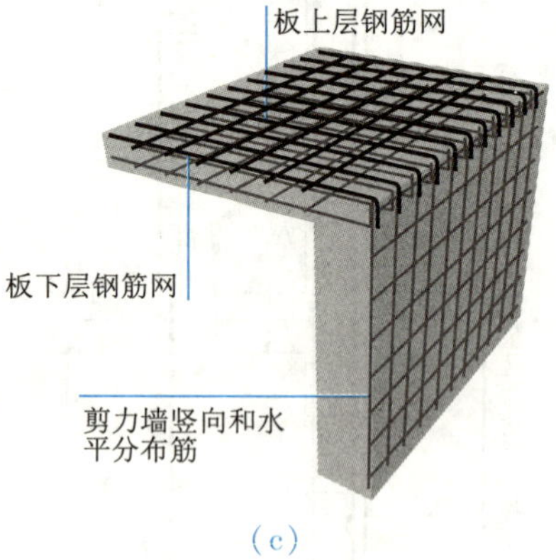

(c)

图 3-69　板在端部支座为剪力墙时的锚固构造

3.5.3.2 悬挑板 XB 钢筋构造

当悬挑板为跨内板外挑的悬挑板时，跨内板上部的受力钢筋伸到悬挑端部，再向下垂直弯折到板底截断。如下部有构造钢筋，则应将其伸入梁中锚固，其锚固长度不小于 12d 且至少伸至梁中心线位置，如图 3-70(a)所示。

当悬挑板为纯悬挑板时，板上部钢筋伸入外侧梁角筋内侧后向下弯折 15d，伸入梁内水平锚固长度应≥0.6l_{ab}。如下部有构造钢筋，则应将其伸入梁中锚固，其锚固长度不小于 12d 且至少伸至梁中心线位置，如图 3-70(b)所示。

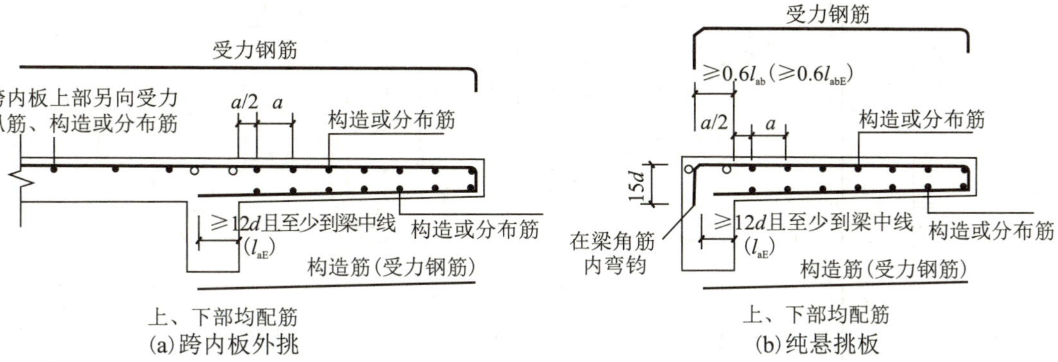

图 3-70 悬挑板 XB 钢筋构造

3.5.4 工程实例识读

以图 3-71 为例，说明识读方法。

(1)查看图名、比例：图名为 15.870~26.670 板平法施工图，由左侧结构层楼面标高可知是 5 层至 8 层的楼面板。

(2)首先校核轴线编号及其间距尺寸，要求必须与建筑图、剪力墙施工图、柱施工图、梁施工图保持一致：横向轴线①轴线到⑦轴线，间距分别为 3600 mm、3600 mm、7200 mm、7200 mm、7200 mm、3600 mm。纵向轴线Ⓐ轴线到Ⓓ轴线，间距分别为 6900 mm、1800 mm、6900 mm。

(3)与建筑配合，明确板块编号、数量和布置：板的编号由 LB1 到 LB5，例如 LB1 共 7 块分别布置在①~②轴线对应的Ⓐ~Ⓒ轴线之间，⑤~⑥轴线对应的Ⓒ~Ⓓ轴线之间，⑥~⑦轴线对应的Ⓐ~Ⓒ轴线之间。

(4)阅读结构设计总说明或有关说明，明确板的混凝土强度等级及其他要求：图名标注说明未注明分布筋为 Φ8@250。

(5)根据板的编号，查阅图中标注，明确板厚、贯通纵筋、板面标高不同时的标高高差、板支座上部非贯通纵筋和纯悬挑板上部受力钢筋，再根据抗震等级、设计要求和标准构造详图确定纵向钢筋、分布筋构造及末端弯钩。

层号	标高(m)	层高(m)
层面2	65.670	
塔层2	62.370	3.30
层面(塔层1)	59.070	3.30
16	55.470	3.60
15	51.870	3.60
14	48.270	3.60
13	44.670	3.60
12	41.070	3.60
11	37.470	3.60
10	33.870	3.60
9	30.270	3.60
8	26.670	3.60
7	23.07	3.60
6	19.470	3.60
5	15.870	3.60
4	12.270	3.60
3	8.670	3.60
2	4.470	4.20
1	-0.030	4.50
-1	-4.530	4.50
-2	-9.030	4.50

结构层楼面标高
结 构 层 高

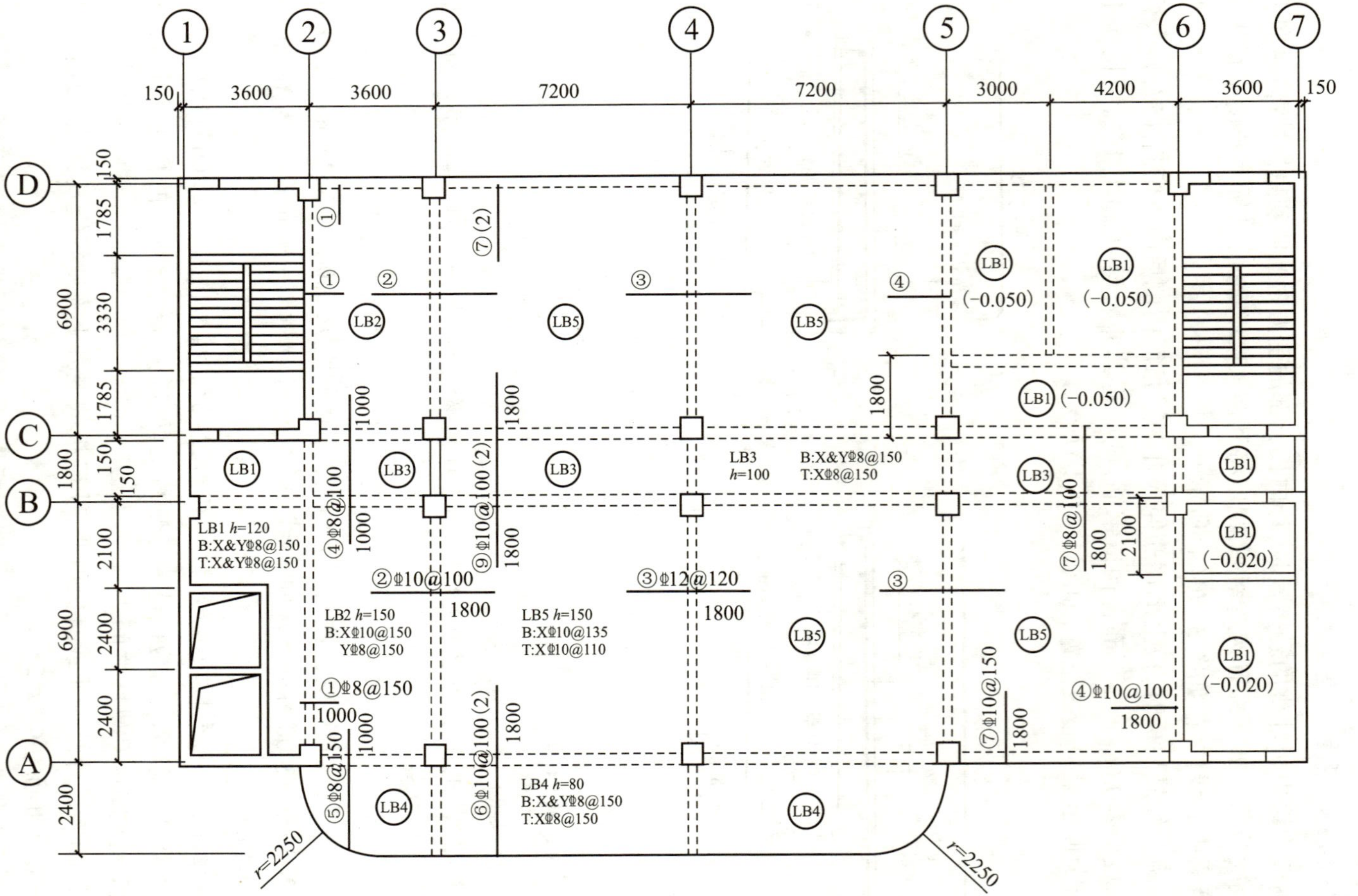

15.870~26.670板平法施工图
(未注明分布筋为Φ8@250)

图 3-71 板平法施工图

例如 LB1 在①~②轴线对应的Ⓐ~Ⓑ轴线之间，集中标注：

LB1 $h=120$，

B：X&Y ⏀8@150

T：X&Y ⏀8@150

表示板编号 LB1，板厚 120 mm，B：X&Y 表示板底部配置的贯通纵筋无论 X 向和 Y 向都是⏀8@150，T：X&Y 表示板顶部配置的贯通纵筋无论 X 向和 Y 向都是⏀8@150。

LB1 在⑤~⑥轴线对应的Ⓒ~Ⓓ轴线，除板面标高相对于结构层楼面标高低 0.050 m 外，其他与在①~②轴线对应的Ⓐ~Ⓑ轴线之间 LB1 相同。

【课堂讨论】

1.有梁楼盖的力是如何传递的？

2.图 3-66(a)现浇板配筋平面图中上部筋和下部钢筋画法有何不同？

【能力训练】

以图 3-73 为例，完成下列识图记录。

1.LB2，$h=150$ 的含义是________________________________。

2.LB2 在②~③轴线对应的Ⓐ~Ⓑ轴线，板的底部配筋是____________________，板的顶部支座负筋是____________________。

3.LB2 在②轴线对应的Ⓐ~Ⓑ轴线①号钢筋下方的 1000 表示的含义是____________________。

4.LB5 的板厚度是__________mm，板下部 X 向配置钢筋直径是__________mm，布置间距是__________mm。在④轴线布置的支座负筋直径是__________mm，布置间距__________mm，自梁中心线伸入板内长度__________mm。

任务 3.6　识读剪力墙平法施工图

【学习任务】

1.剪力墙平法施工图的表示方法。

2.识读图 3-68、图 3-70，完成能力训练要求的识图记录。

3.认识剪力墙身、墙柱、墙梁，勤学苦练，坚持实践出真理的学习理念。

框架结构中有时把框架梁柱之间的矩形空间设置一道现浇钢筋混凝土墙，用以加强框架的空间刚度和抗剪能力，这面墙就是剪力墙，如图 3-72 所示，这样的结构就称为“框架-剪力墙结构”。剪力墙主要作用是抵抗水平力，故而剪力墙的主要受力钢筋为水平分布筋。

剪力墙结构构件包含“一墙、二柱、三梁”，也就是说包含一种墙身、两种墙柱、三种墙梁，如图 3-73 所示。

（1）一种墙身　剪力墙的墙身就是一道钢筋混凝土墙，常见厚度在 200 mm 以上，一般配置两排钢筋网，更厚的墙可配置三排以上钢筋网，如图 3-74 所示。

图 3-72　**剪力墙**

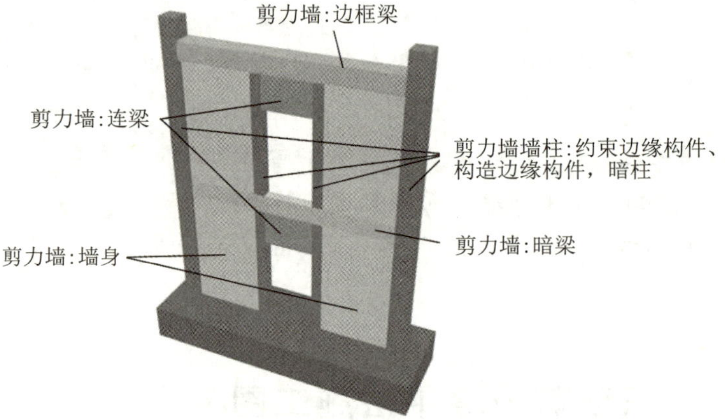

图 3-73　**剪力墙外部混凝土构造**

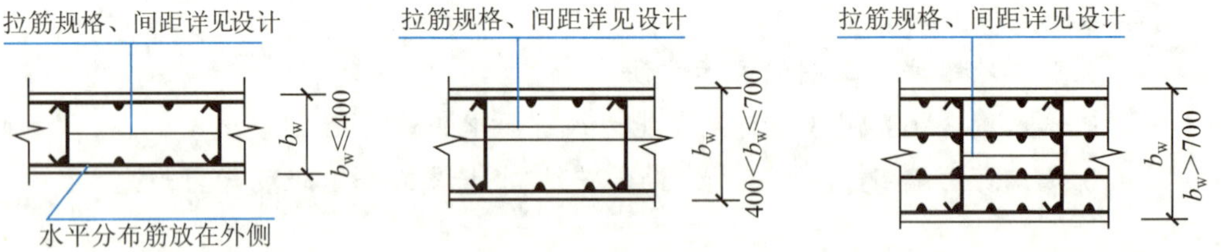

（a）剪力墙两排配筋　　（b）剪力墙两排配筋　　（c）剪力墙四排配筋

图 3-74　**剪力墙配筋**

墙身拉结筋应注明布置方式“矩形”或“梅花”，用于剪力墙分布钢筋的拉结，见图 3-75（图中 a 为竖向分布筋间距，b 为水平分布筋间距）。

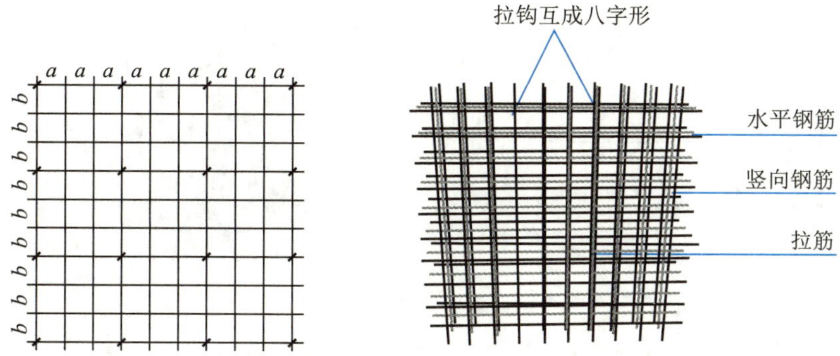

(a) 拉筋@3a3b双向(a≤200, b≤200)

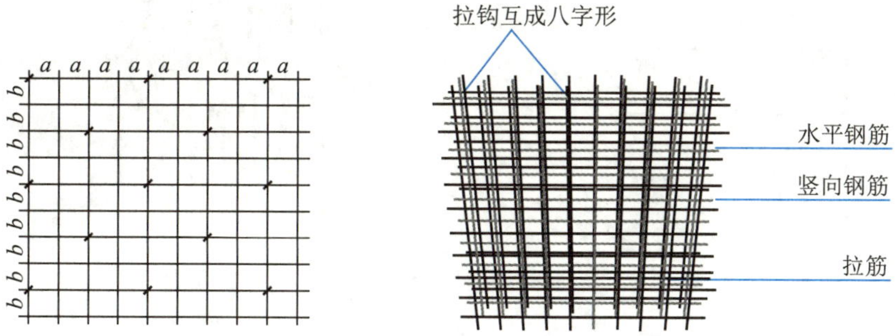

(b) 拉筋@4a4b梅花双向(a≤150, b≤150)

图 3-75　剪力墙墙身拉结筋布置

(2)两种墙柱　剪力墙柱分为暗柱和端柱两大类。暗柱的宽度等于墙的厚度,所以暗柱隐藏在墙内看不见。端柱的宽度比墙厚度要大,图集中把暗柱和端柱统称为边缘构件,这是因为这些构件被设置在墙肢的边缘部位,边缘构件又分为构造边缘构件和约束边缘构件两大类。

构造边缘构件包括构造边缘暗柱、构造边缘端柱、构造边缘翼墙、构造边缘转角墙四种,这是剪力墙的抗震构造措施,其箍筋不与剪力墙身拉结,如图 3-76 所示。

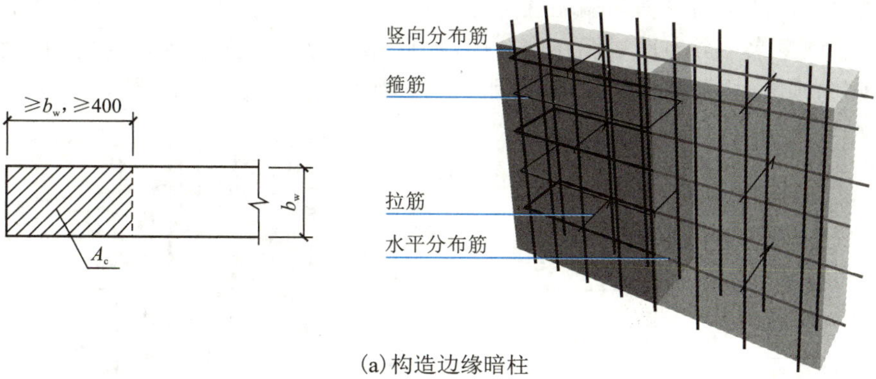

(a) 构造边缘暗柱

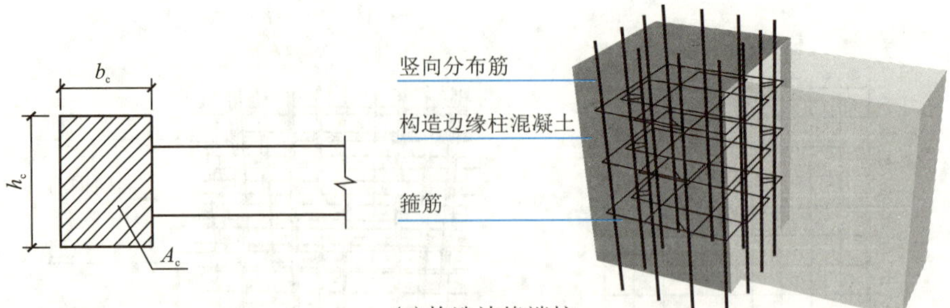

(b) 构造边缘端柱

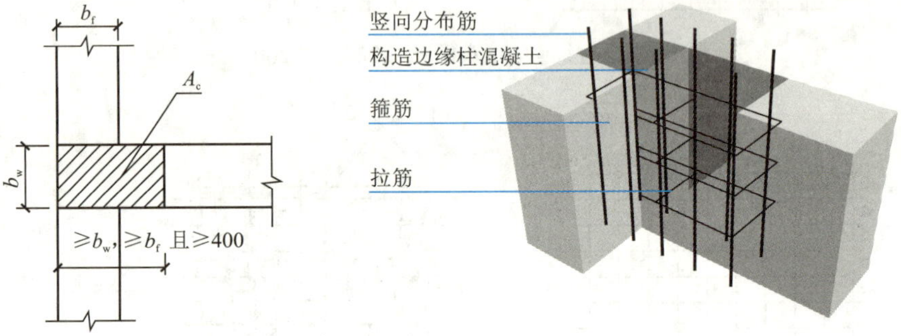

(c) 构造边缘翼墙

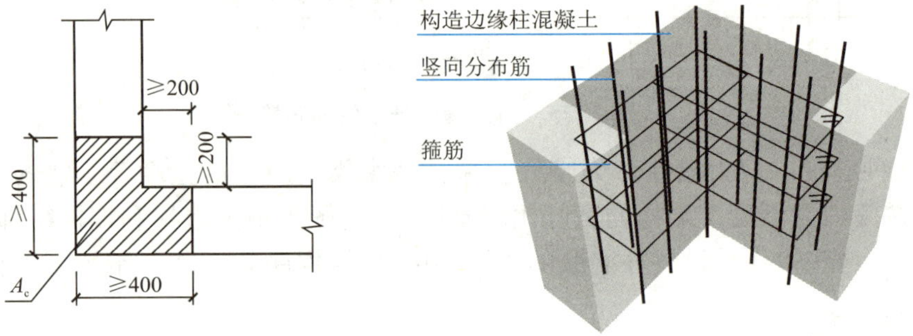

(d) 构造边缘转角墙

图 3-76 构造边缘构件

约束边缘构件是指将剪力墙墙柱部分箍筋伸入剪力墙墙身与墙身竖向钢筋绑扎，同时将剪力墙墙身水平分布筋锚固在墙柱中，如此相互拉结从而达到提高剪力墙整体稳定性，提高侧向刚度、抗震能力，减小上部水平位移的作用，如图 3-77 所示。

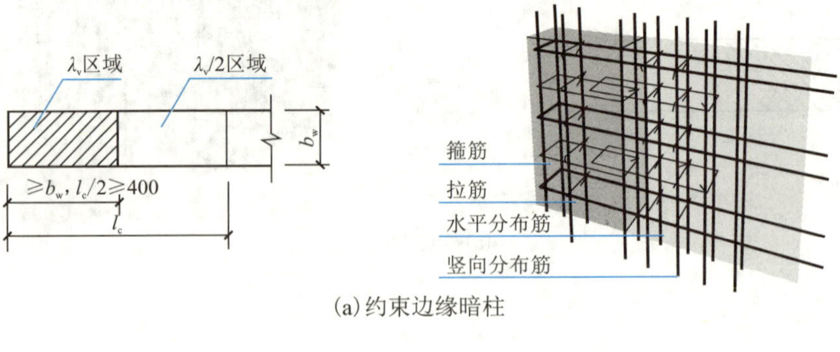

(a) 约束边缘暗柱

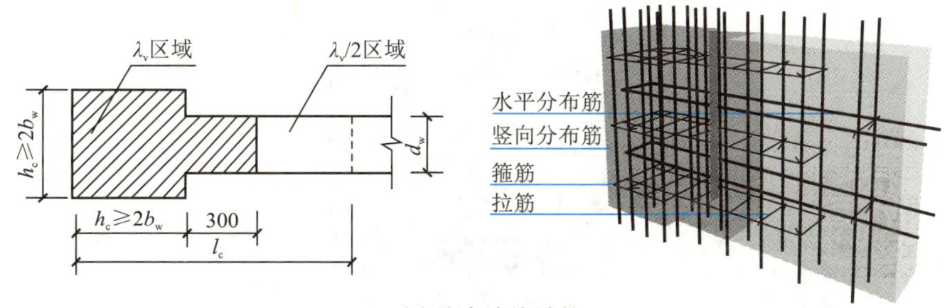

(b)约束边缘端柱

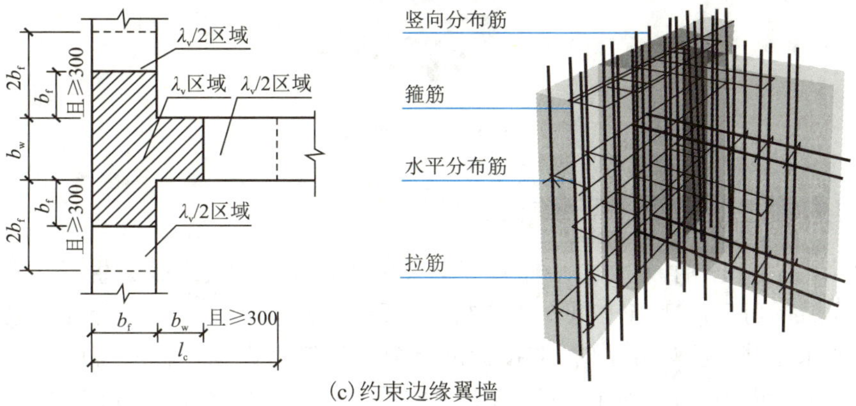

(c)约束边缘翼墙

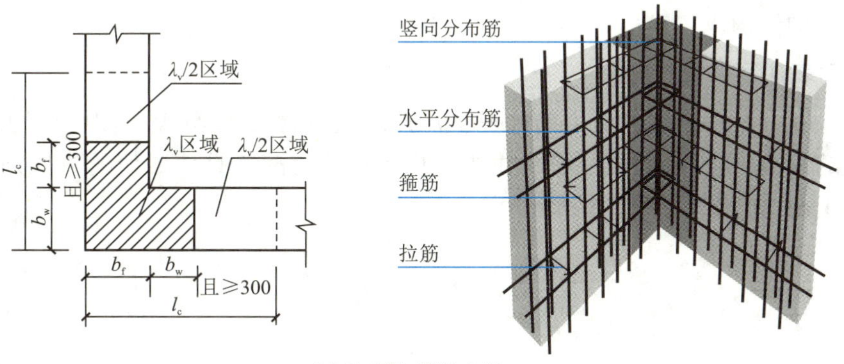

(d)约束边缘转角墙

图 3-77　约束边缘构件

扶壁柱是指为了增加剪力墙的强度或刚度,紧靠墙体并与墙体同时施工的柱,如图 3-78 所示。

(3)三种墙梁　墙梁有连梁(LL)、暗梁(AL)和边框梁(BKL)。连梁其实是一种特殊的墙身,它是上下楼层窗(门)洞口之间的那部分水平的窗间墙。暗梁与暗柱有些共同性,因为它们都是隐藏在墙身内部看不见的构件。它们都是墙身的一个组成部分。事实上,剪力墙的暗梁和砖混结构的圈梁有共同之处,它们都是墙身的一个水平性“加强带”。一般设置在楼板之下。边框梁与暗梁有很多共同之处,边框梁也是一般设置在楼板以下部位,但边框梁的截面宽度比暗梁宽。也就是说,边框梁的截面宽度大于墙身厚度,因而形成了凸出剪力墙面的一个边框。

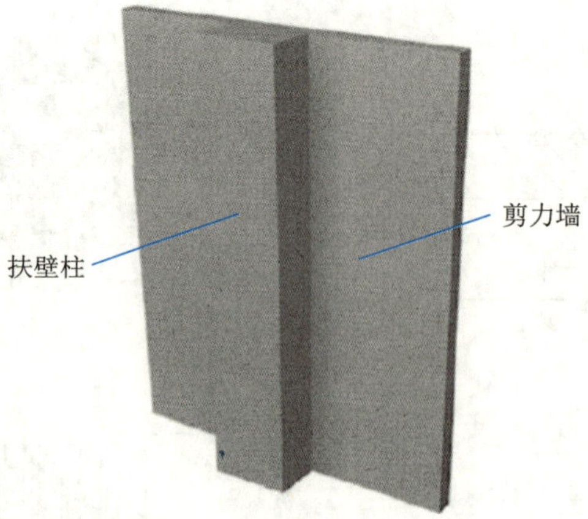

图 3-78 扶壁柱

3.6.1 剪力墙平法施工图表示方法

剪力墙平法施工图指在剪力墙布置图上采用列表注写方式或截面注写方式表示。剪力墙平面布置图可采用适当比例单独绘制,也可与柱或梁平面布置图合并绘制。当剪力墙较复杂或采用截面注写方式时,应按标准层分别绘制剪力墙平面布置图。对于轴线未居中的剪力墙(包括端柱),应标注其偏心定位尺寸。剪力墙由剪力墙柱、剪力墙身和剪力墙梁三类构件构成。

剪力墙
列表法

3.6.1.1 列表注写方式

列表注写方式指分别在剪力墙柱表、剪力墙身表和剪力墙梁表中,对应于剪力墙平面布置图上的编号,用绘制截面配筋图并注写几何尺寸与配筋具体数值的方式来表示剪力墙平法施工图,如图 3-79、图 3-80 所示。

层号	标高(m)	层高(m)
层面2	65.670	
塔层2	62.370	3.30
层面(塔层1)	59.070	3.30
16	55.470	3.60
15	51.870	3.60
14	48.270	3.60
13	44.670	3.60
12	41.070	3.60
11	37.470	3.60
10	33.870	3.60
9	30.270	3.60
8	26.670	3.60
7	23.07	3.60
6	19.470	3.60
5	15.870	3.60
4	12.270	3.60
3	8.670	3.60
2	4.470	4.20
1	-0.030	4.50
-1	-4.530	4.50
-2	-9.030	4.50

结构层楼面标高
结构层高

注：上部结构嵌固部位：-0.030 m

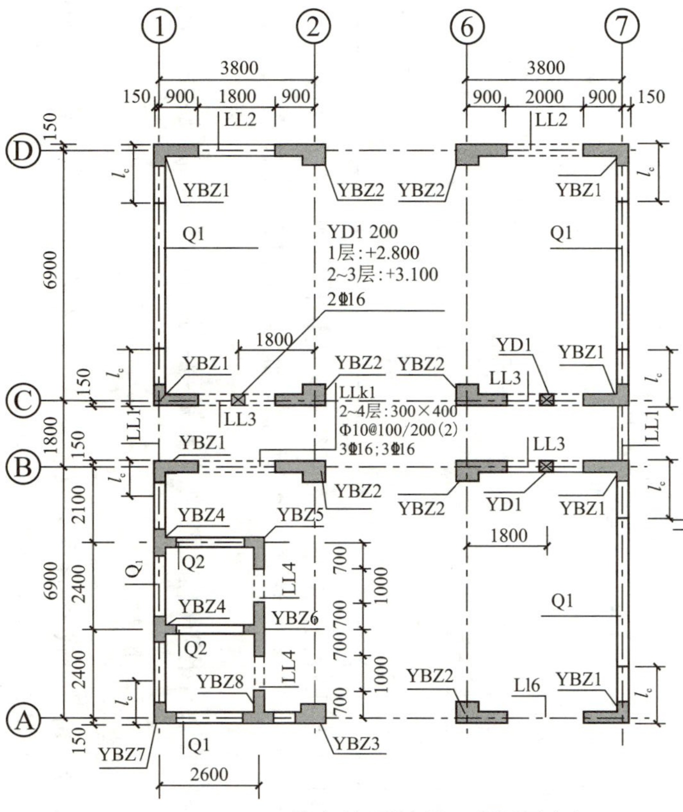

−0.030~12.270剪力墙平法施工图(局部)

剪力墙梁表

编号	所在楼层号	顶梁相对标高高差	梁截面 $b\times h$	上部纵筋	下部纵筋	侧面纵筋	墙梁箍筋
LL1	2~9	0.800	300×2000	4Φ25	4Φ25	同墙体水平分布筋	Φ10@100(2)
	10~16	0.800	250×2000	4Φ22	4Φ22		Φ10@100(2)
	屋面1		250×1200	4Φ20	4Φ20		Φ10@100(2)
LL2	3	-1.200	300×2520	4Φ25	4Φ25	22Φ12	Φ10@150(2)
	4	-0.900	300×2070	4Φ25	4Φ25	18Φ12	Φ10@150(2)
	5~9	-0.900	300×1770	4Φ25	4Φ25	16Φ12	Φ10@150(2)
	10~屋面1	-0.900	250×1770	4Φ22	4Φ22	16Φ12	Φ10@150(2)
LL3	2		300×2070	4Φ25	4Φ25	18Φ12	Φ10@100(2)
	3		300×1770	4Φ25	4Φ25	16Φ12	Φ10@100(2)
	4~9		300×1170	4Φ25	4Φ25	10Φ12	Φ10@100(2)
	10~屋面1		250×1170	4Φ22	4Φ22	10Φ12	Φ10@100(2)
LL4	2		250×2070	4Φ20	4Φ20	18Φ12	Φ10@125(2)
	3		250×1770	4Φ20	4Φ20	16Φ12	Φ10@125(2)
	4~屋面1		250×1170	4Φ20	4Φ20	10Φ12	Φ10@125(2)
AL1	2~9		300×600	3Φ20	3Φ20	同墙体水平分布筋	Φ8@150(2)
	10~16		250×500	3Φ18	3Φ18		Φ8@150(2)
BKL1	屋面1		500×750	4Φ22	4Φ22	4Φ16	Φ10@150(2)

注：当剪力墙厚度发生变化时，连梁LL宽度随墙厚变化。

剪力墙身表

编号	标高	墙厚	水平分布筋	垂直分布筋	拉筋(矩形)
Q1	−0.030~30.270	300	Φ12@200	Φ12@200	Φ6@600@600
	30.270~59.070	250	Φ10@200	Φ10@200	Φ6@600@600
Q2	−0.030~30.270	250	Φ10@200	Φ10@200	Φ6@600@600
	30.270~59.070	200	Φ10@200	Φ10@200	Φ6@600@600

注：1.可在“结构层楼面标高、结构层高”表中增加混凝土强度等级等栏目。
2.本示例中l_c为约束边缘构件沿墙肢的长度(实际工程中应注明具体值)。
3.层高表中，竖向粗线表示本页平面图所示剪力墙的起止标高为-0.030~12.270 m,所在层为1~3层；横向粗线表示本页平面图所示墙梁的楼面标高为2~4层楼面标高：4.470 m、8.670 m、12.270 m。

图 3-79　剪力墙平法施工图列表注写方式

截面	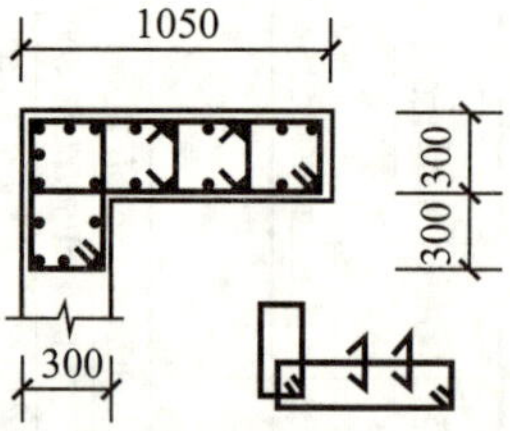	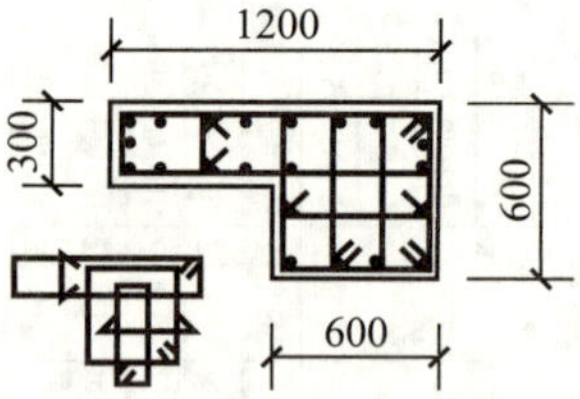
编号	YBZ1	YBZ2
标高	-0.30~12.270	-0.030~12.270
纵筋	24 Φ 20	22 Φ 20
箍筋	Φ10@100	Φ10@100

图 3-80　剪力墙柱表

(1)剪力墙柱表内容

1)注写墙柱编号以及绘制截面配筋图。编号由墙柱类型代号和序号组成,见表 3-11。

表 3-11　墙柱编号

墙柱类型	代号	序号
约束边缘构件	YBZ	××
构造边缘构件	GBZ	××
非边缘暗柱	AZ	××
扶壁柱	FBZ	××

2)注写各段墙柱的起止标高。自墙柱根部往上以变截面位置或截面未变但配筋改变处为界分段注写。墙柱根部标高指基础顶面标高(如为框支剪力墙结构则为框支梁顶面标高)。

3)注写各段墙柱的纵向钢筋和箍筋。纵向钢筋:注写总配筋值。箍筋:注写方式与柱箍筋相同。

(2)剪力墙身表内容

1)注写墙身编号。由墙身代号、序号以及墙身所配置的水平与竖向分布钢筋的排数组成,其中,排数注写在括号内。表达形式:Q××(××排)。

2)注写各段墙身起止标高。自墙身根部往上以变截面位置或截面未变但配筋改变处为界分段注写。墙身根部标高:指基础顶面标高(框支剪力墙结构则为框支梁的顶面标高)。

3)注写水平分布钢筋、竖向分布钢筋和拉筋的具体数值。

(3)剪力墙梁表内容

1)注写墙梁编号,见表 3-12。

表 3-12　墙梁编号

墙梁类型	代号	序号
连梁	LL	××
连梁(跨高比不小于 5)	LLk	××
连梁(对角暗撑配筋)	LL(JC)	××
连梁(对角斜筋配筋)	LL(JX)	××
连梁(集中对角斜筋配筋)	LL(DX)	××
暗梁	AL	××
边框梁	BKL	××

2)注写墙梁所在楼层号。

3)注写墙梁顶面标高高差。此标高高差指相对于墙梁所在结构层楼面标高的高差值,墙梁标高大于楼面标高为正值,反之为负值,当无高差时不注。

4)注写墙梁截面尺寸、上部纵筋、下部纵筋和箍筋的具体数值。

3.6.1.2　截面注写方式

截面注写方式指在分标准层绘制的剪力墙平面布置图上,以直接在墙柱、墙身、墙梁上注写截面尺寸和配筋具体数值的方式来表达剪力墙平法施工图。特点:选用适当比例原位放大绘制剪力墙平面布置图,其中对墙柱绘制配筋截面图;对所有墙柱、墙身、墙梁分别按规定进行编号,并分别在相同编号的墙柱、墙身、墙梁中选择一根墙柱、一道墙身、一根墙梁进行注写,如图 3-81 所示。

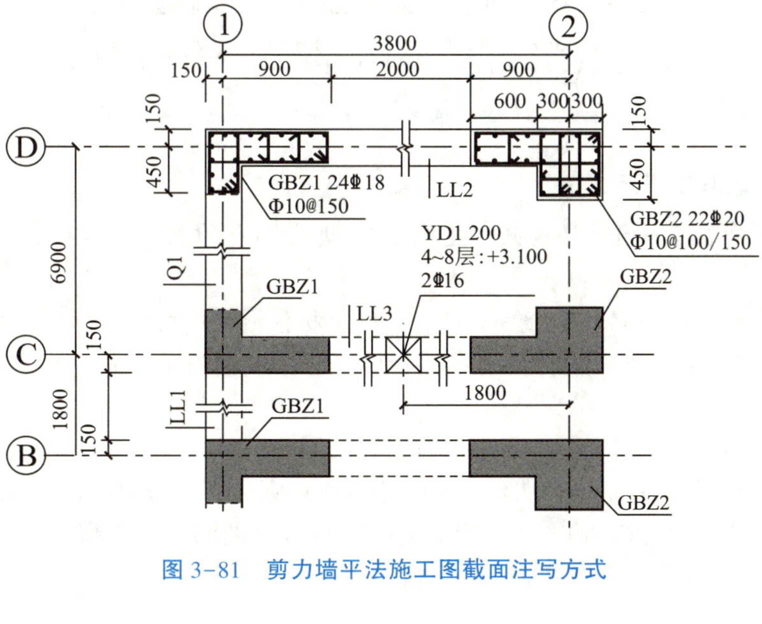

图 3-81　剪力墙平法施工图截面注写方式

(1)墙柱　从相同编号的墙柱中选择一个截面,标注全部纵筋及箍筋的具体数值,如图 3-81 所示的②轴线与Ⓓ轴线相交处 GBZ2。

(2)墙身　从相同编号的墙身中选择一道墙身,按顺序引注内容:墙身编号(应包括注写在括号内墙身所配置的水平与竖向分布钢筋的排数)、墙厚尺寸、水平分布钢筋、竖向分布钢筋和拉筋的具体数值,如图 3-82 所示的 Q2。

(3)墙梁　从相同编号的墙梁中选择一根墙梁,按顺序引注内容:墙梁编号、墙梁截面尺寸 $b \times h$、墙梁箍筋、上部纵筋、下部纵筋、墙梁顶面标高高差的具体数值,如图 3-82 所示的 LL4。

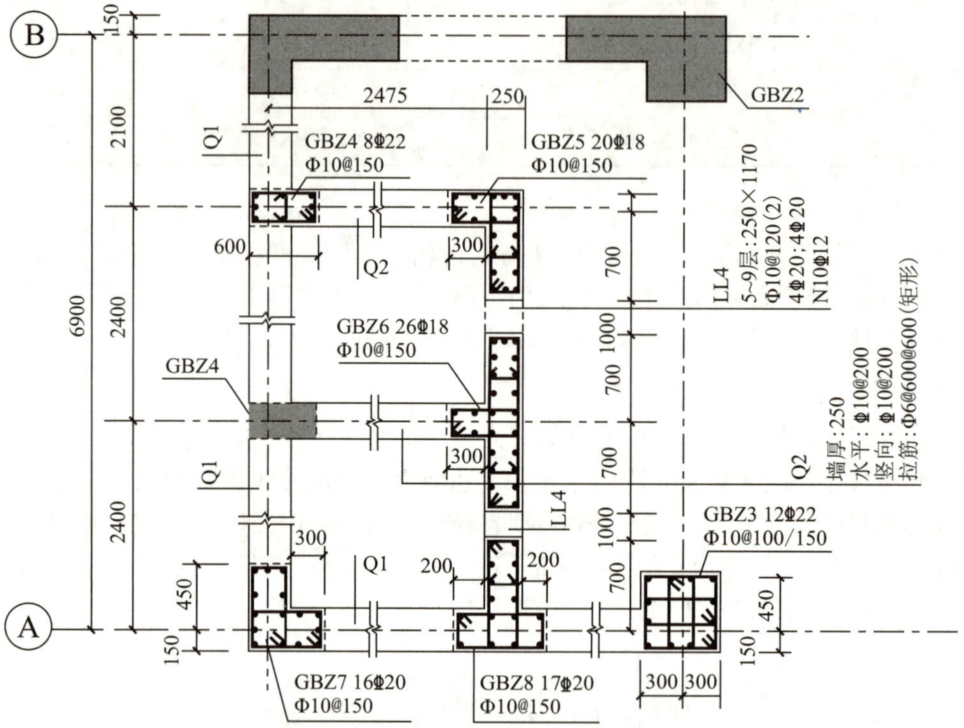

图 3-82　剪力墙平法施工图截面注写方式

3.6.1.3　剪力墙洞口表示方法

无论采用列表注写方式还是截面注写方式,剪力墙上的洞口均可在剪力墙平面布置图上原位表达。

(1)在剪力墙平面布置图上绘制洞口示意,并标注洞口中心的平面定位尺寸。

(2)在洞口中心位置引注洞口编号、洞口几何尺寸、洞口中心相对标高、洞口每边补强钢筋。

1)洞口编号,矩形洞口为 JD××(××为序号),圆形洞口为 YD××(××为序号)。

2)洞口几何尺寸,矩形洞口为洞宽×洞高($b \times h$),圆形洞口为洞口直径 D。

3)洞口中心相对标高,相对于结构层楼(地)面标高的洞口中心高度。当其高于结构层楼面时为正值,低于结构层楼面时为负值。

4)洞口每边补强钢筋,分以下几种不同情况。

①当矩形洞口的洞宽、洞高均不大于 800 mm 时,洞口周围设补强钢筋,具体要求如图 3-83 所示,此项注写为洞口每边补强钢筋的数值。

例如,JD2 400×300+3.100 3 ⌀ 12,表示 2 号矩形洞口,洞宽 400 mm,洞高 300 mm,洞口中心距本结构层楼面 3100 mm,洞口每边补强钢为 3 ⌀ 12。

②当矩形洞口的洞宽、洞高均大于 800 mm 时,在洞口的上、下需设置补强暗梁,此项注写为洞口上、下每边暗梁的纵筋与箍筋的具体数值(在标准构造详图中,补强暗梁梁高一律定为 400 mm,施工时按标准构造详图取值,设计不注。当设计者采用与该结构详图不同的做法时,应另行注明);当洞口上、下边为剪力墙连梁时,此项免注;洞口竖向两侧按边缘构件配筋,亦不在此项表达。具体要求如图 3-84 所示。

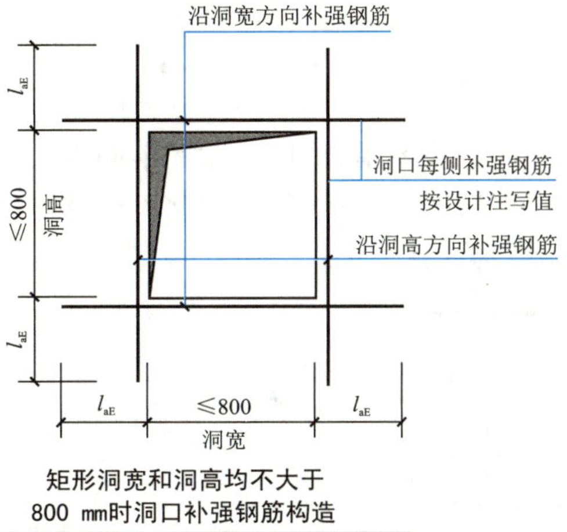

图 3-83 剪力墙洞口表达(一)

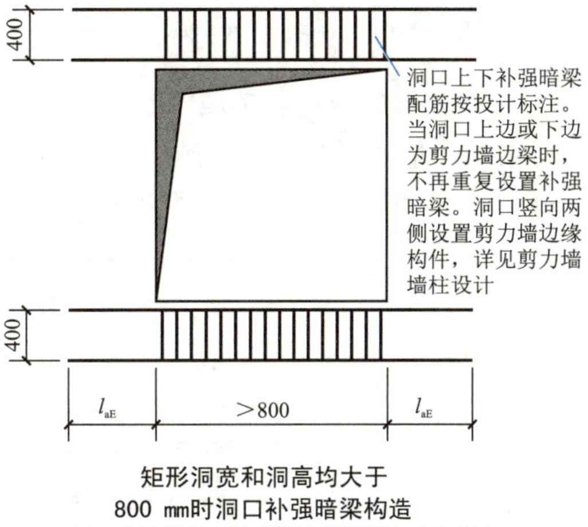

图 3-84 剪力墙洞口表达(二)

例如,JD5 1800×2100+1.800 6 ⌀ 20 Φ8@150,表示 5 号矩形洞口,洞宽 1800 mm,洞高 2100 mm,洞口中心距本结构层楼面 1800 mm,洞口上下设补强暗梁,每边暗梁纵筋为 6 ⌀ 20,箍筋为 Φ8@ 150。

例如,YD5 1000+1.800 6 ⌀ 20 Φ8@150 2 ⌀ 16,表示 5 号圆形洞口,直径 1000 mm,洞口中心距本结构层楼面 1800 mm,洞口上下设补强暗梁,每边暗梁纵筋为 6 ⌀ 20,箍筋为 Φ8@ 150,环向加强钢筋 2 ⌀ 16。

3.6.1.4 地下室外墙的表示方法

地下室外墙编号,由墙身代号、序号组成,表达为:DWQ××。地下室外墙平面注写方式,包括集中标注墙体编号、厚度、贯通筋、拉筋等和原位标注附加非贯通筋等两部分内容。当仅设置贯通筋而未设置附加非贯通筋时,则仅做集中标注。

地下室外墙的集中标注,规定如下:

(1)注写地下室外墙编号,包括代号、序号、墙身长度(注为×× ~ ×× 轴)。

(2)注写地下室外墙厚度 b_w =×××。

(3)注写地下室外墙的外侧、内侧贯通筋和拉筋。

地下室外墙的原位标注,主要表示在外墙外侧配置的水平非贯通筋或竖向非贯通筋(图 3-85)。

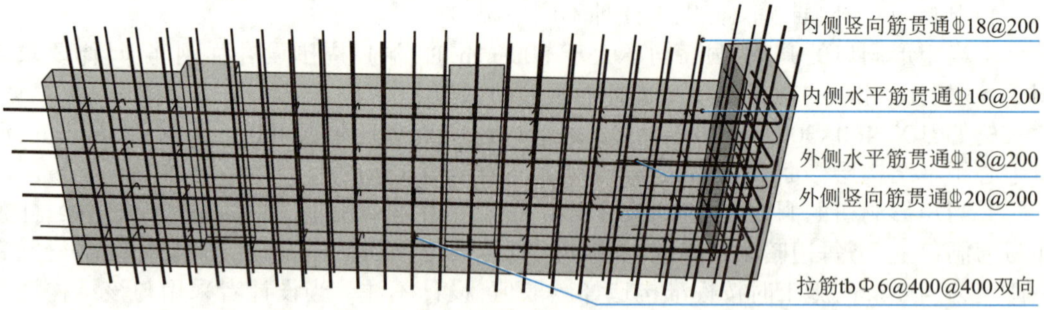

图 3-85　地下室外墙三维钢筋示意图

3.6.2　剪力墙标准图集构造

3.6.2.1　剪力墙墙身钢筋构造

(1)剪力墙水平分布筋构造　剪力墙水平分布筋交错搭接,同一截面钢筋接头百分率不宜大于 50%。错开间距≥500 mm,分布钢筋的搭接长度≥$1.2l_{aE}$,如图 3-86 所示。

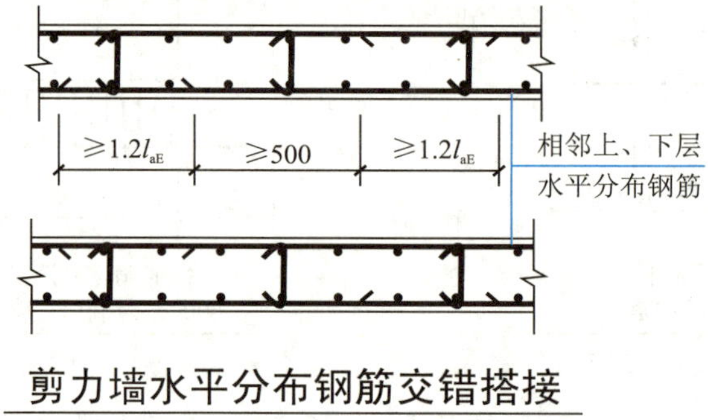

图 3-86　剪力墙水平分布筋交错搭接

1)剪力墙端部有边缘构件时。剪力墙端部有暗柱时,水平分布筋伸至暗柱紧贴角筋内侧弯折 10d,如图 3-87 所示。

剪力墙端部有端柱时,水平分布筋伸至端柱不能直锚时,水平分布筋伸至端柱对边紧贴角筋内侧弯折 15d,如图 3-88 所示。

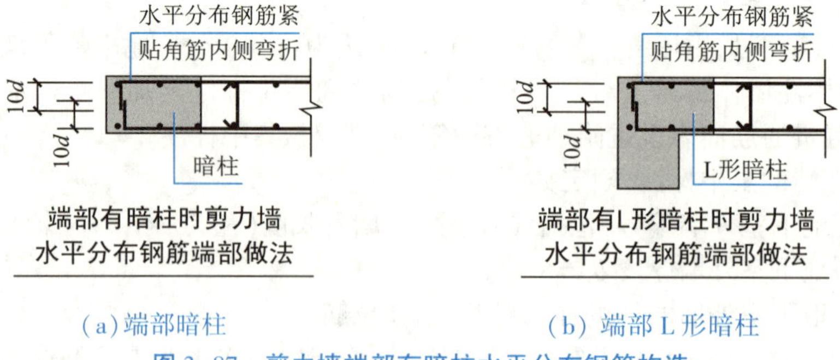

图 3-87　剪力墙端部有暗柱水平分布钢筋构造

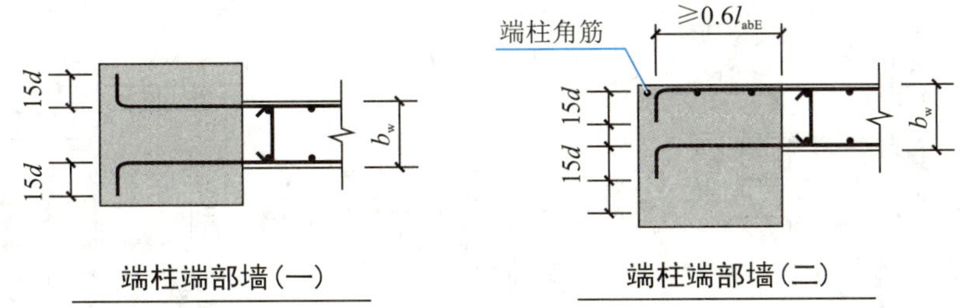

图 3-88　剪力墙端部有端柱水平分布钢筋构造

2)转角墙、翼墙水平钢筋构造。转角墙是暗柱时,外侧水平筋连续通过墙柱,内侧水平分布筋伸至暗柱对边紧贴角筋内侧弯折 15d,水平分布筋的连接区在墙柱范围外,当两侧墙体配筋量不同时,上下相邻两层水平分布钢筋在转角配筋量较小一侧交错搭接;当两侧墙体配筋量相同时,上下相邻两层水平分布钢筋在转角两侧交错搭接;外侧水平分布钢筋在转角处搭接时,搭接长度 1.6l_{aE},如图 3-89 所示。

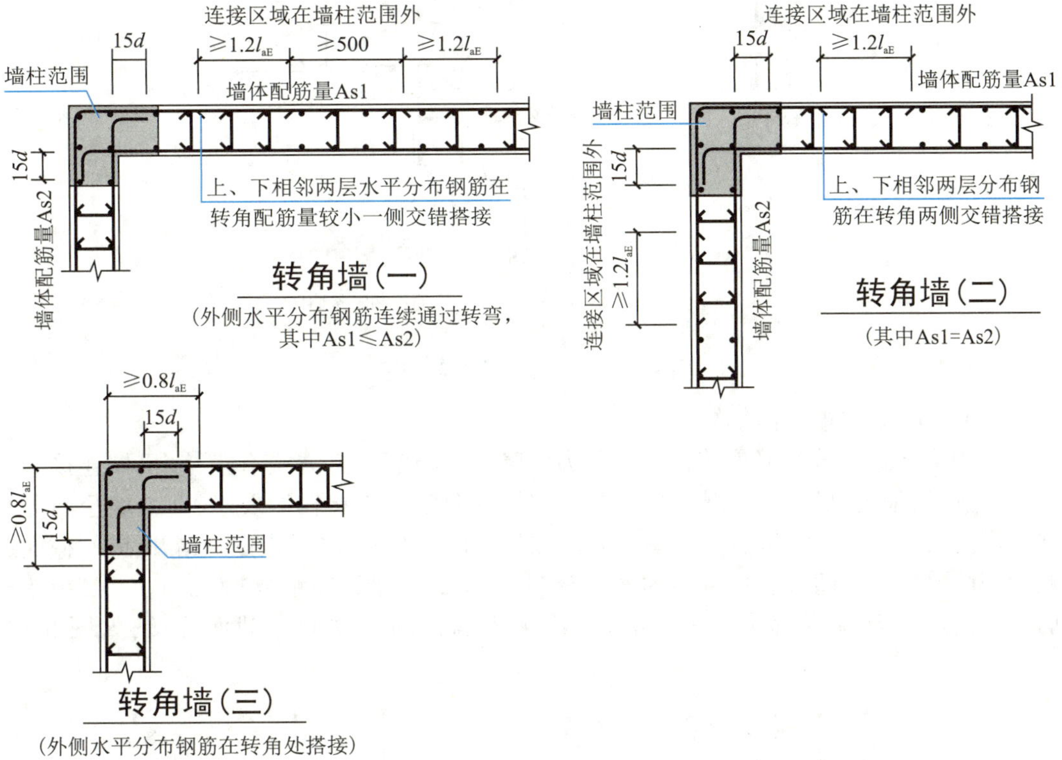

图 3-89　转角墙有暗柱时水平钢筋构造

转角墙是端柱时,水平分布筋伸至端柱对边紧贴角筋内侧弯折 15d,如图 3-90 所示。

当剪力墙端部有翼墙时,内墙两侧的水平分布筋均伸至暗柱或端柱对边紧贴角筋内侧弯折 15d,如图 3-91 所示。

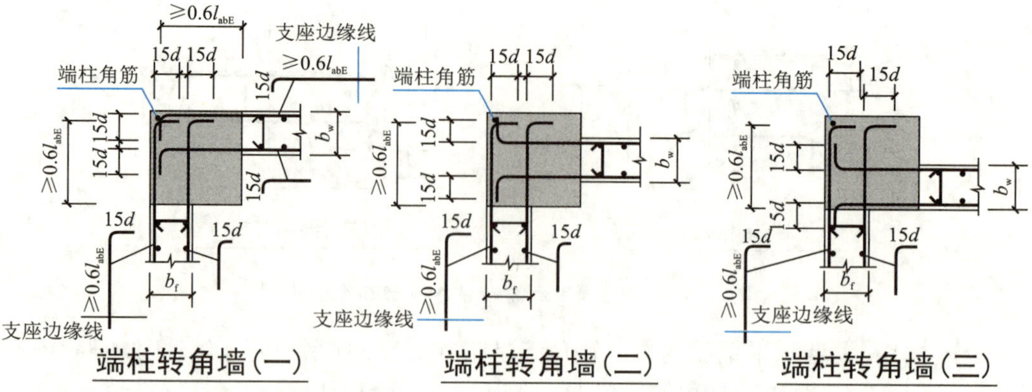

图 3-90 转角墙有端柱时水平钢筋构造

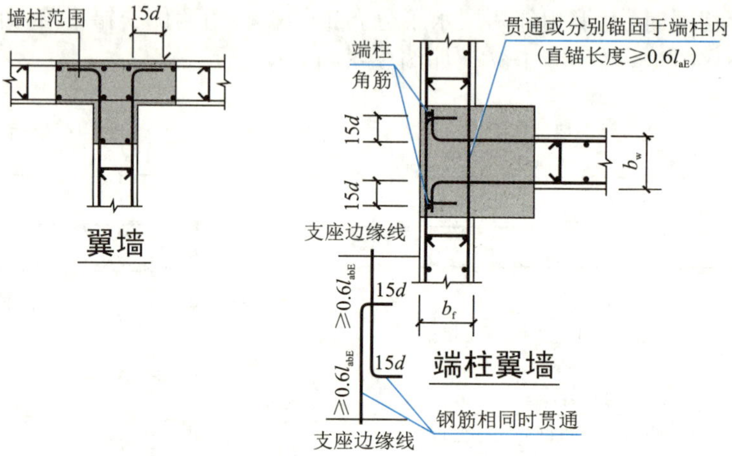

图 3-91 翼墙水平钢筋构造

(2)剪力墙竖向分布筋构造

1)剪力墙竖向分布筋连接构造。剪力墙竖向分布筋连接方式有搭接、机械连接和焊接三种方式,采用机械连接和焊接方式时,同柱纵向钢筋连接构造要求;剪力墙竖向分布筋采用搭接时,一、二级抗震剪力墙的底部加强部位,相邻钢筋接头位置错开,同一截面连接的钢筋数量不宜超过总数量的 50%,搭接长度 $1.2l_{aE}$,错开净距≥500 mm,一、二级抗震剪力墙的非底部加强部位或三、四级抗震剪力墙钢筋可在同一截面连接,如图 3-92 所示。

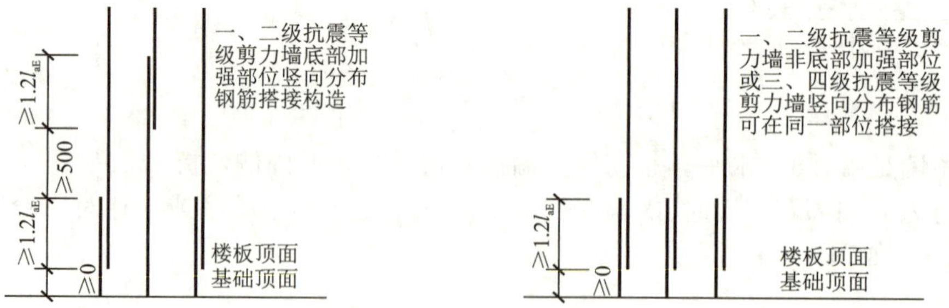

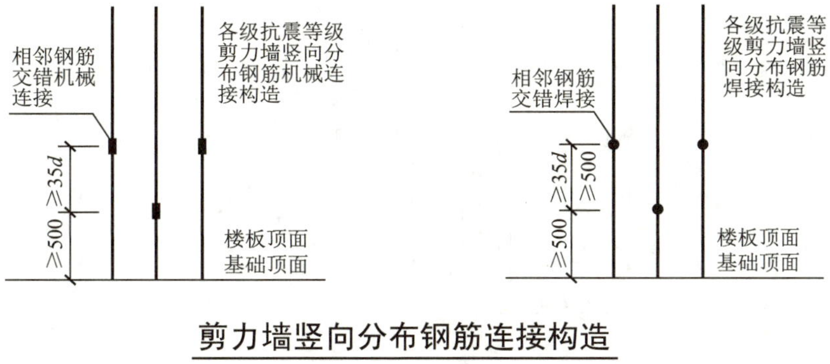

图 3-92　剪力墙竖向分布钢筋连接构造

2)剪力墙竖向分布筋顶部构造。剪力墙竖向分布钢筋顶部伸至屋面板不能直锚时，伸至屋面板内紧贴最上侧水平分布钢筋外侧弯折 12*d*，如图 3-93 所示。

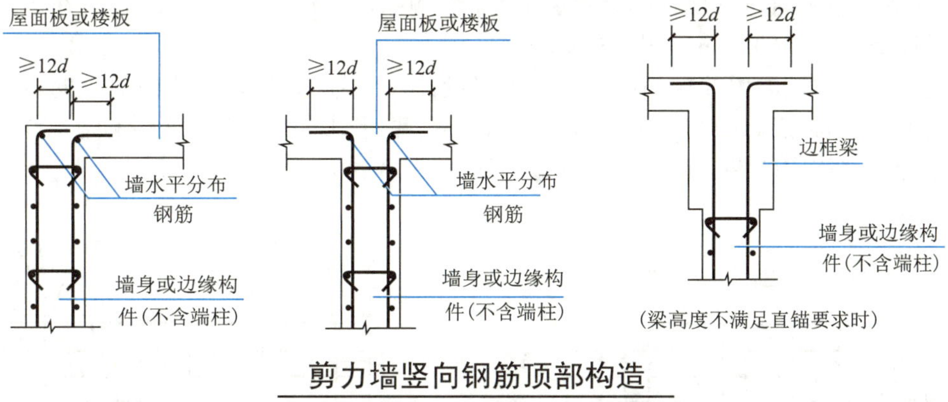

图 3-93　剪力墙竖向钢筋顶部构造

3.6.2.2　剪力墙墙柱钢筋构造

剪力墙墙柱纵向钢筋连接构造同柱纵筋连接构造，如图 3-94 所示。剪力墙上起边缘构件时，边缘构件纵筋伸入剪力墙锚固长度 $1.2l_{aE}$，如图 3-95 所示。

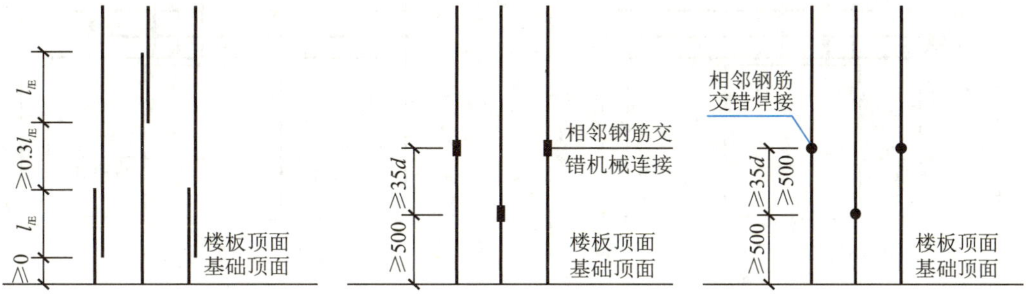

(a)绑扎搭接　(b)机械连接　(c)焊接

图 3-94　剪力墙边缘构件竖向分布筋连接构造

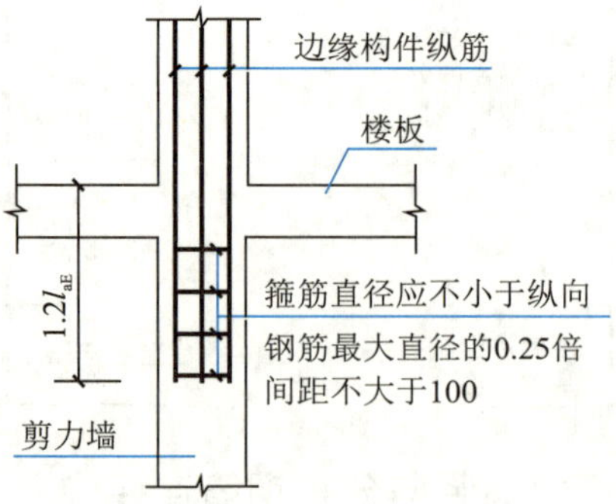

图 3-95　剪力墙上起边缘构件纵筋构造

3.6.2.3　剪力墙连梁 LL 钢筋构造

当端部洞口连梁的纵向钢筋在端支座的直锚长度≥l_{aE}且≥600 mm 时，可不必上下弯折；不能满足直锚时，连梁的纵向钢筋伸至墙外侧纵向钢筋内侧后弯折 15d；在中间支座直锚长度≥l_{aE}且≥600 mm，如图 3-96 所示。

连梁在洞口范围内的箍筋详见具体工程设计；顶层连梁伸入墙体内的纵向钢筋设置构造箍筋，构造箍筋直径同跨中，间距为 150 mm，靠近洞口的一道箍筋距洞边 100 mm；楼层连梁伸入墙体内的纵向钢筋不设构造箍筋，如图 3-96 所示。

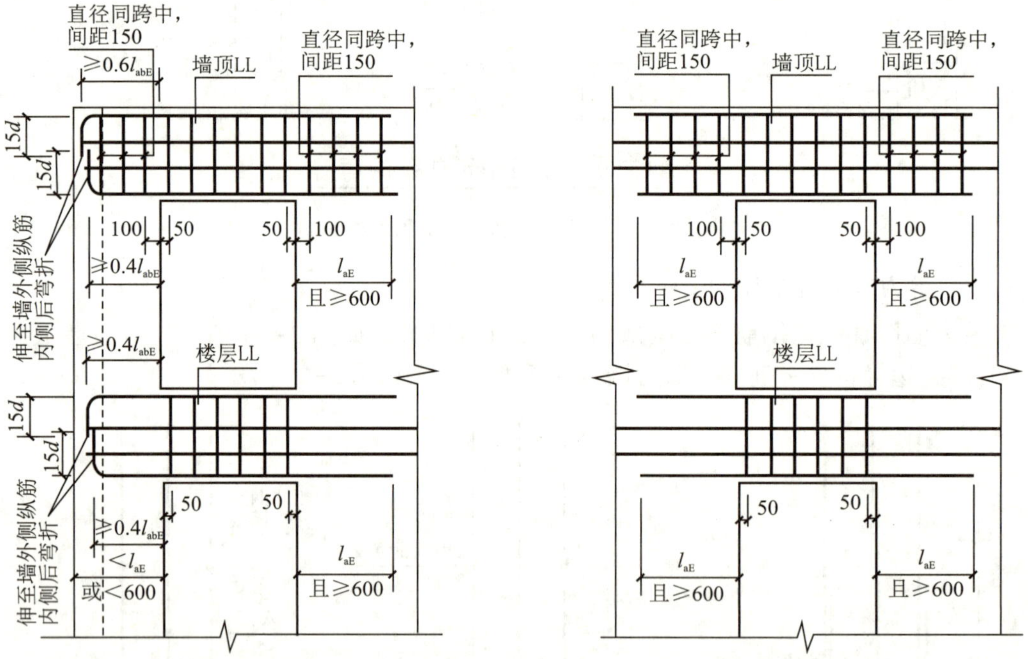

(a) 小墙垛处洞口连梁
(端部墙肢较短)

(b) 单洞口连梁(单跨)

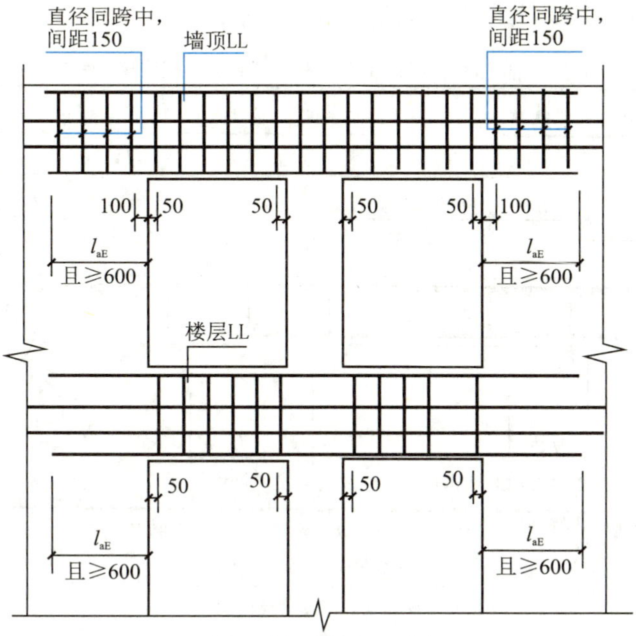

(c) 双洞口连梁(双跨)

图 3-96 连梁 LL 配筋构造

3.6.2.4 地下室外墙 DWQ 钢筋构造

(1)地下室外墙 DWQ 水平分布钢筋构造　地下室外墙 DWQ 水平分布钢筋布置在竖向分布筋内侧,外侧水平分布筋非连接区在 $l_{nx}/3$、$H_n/3$ 中取较小值,内侧水平分布筋连接区在支座处 $l_{nx}/4$、$H_n/4$ 中取较小值,如图 3-97 所示。

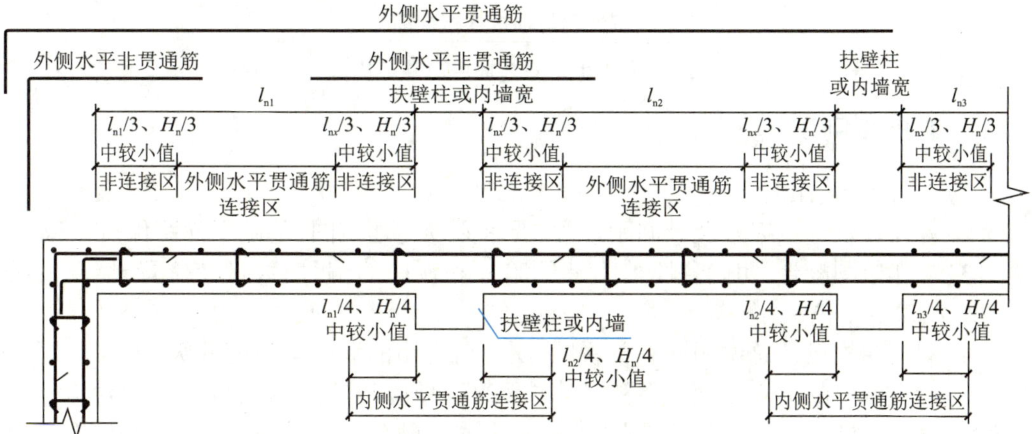

地下室外墙水平钢筋构造

($l_{nx}/3$为相邻水平跨的较大净跨值，H_n为本层净高)

图 3-97 地下室外墙水平钢筋构造

(2)地下室外墙 DWQ 竖向分布钢筋构造　地下室外墙 DWQ 外侧竖向贯通筋连接区应位于本层墙体净高中间 $H_n/3$ 范围外,内侧竖向贯通等连接区宜位于支承处 $H_n/4$ 范围内。竖向分布筋伸入地下室顶板钢筋如图 3-98 所示。

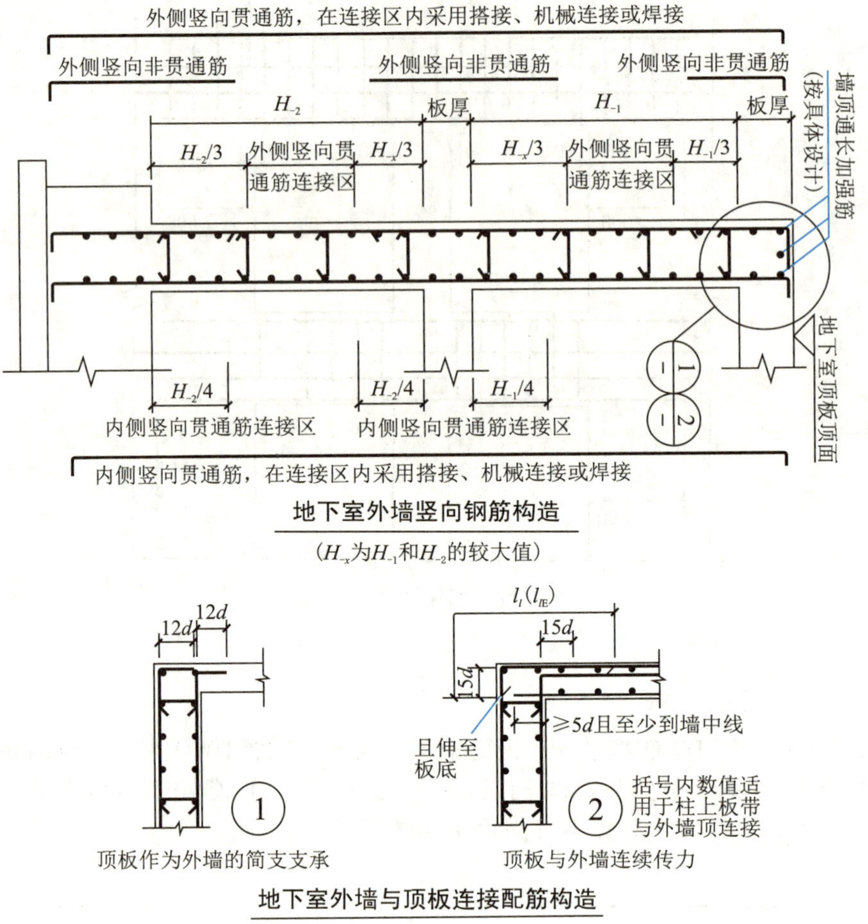

图 3-98　地下室外墙竖向钢筋构造

3.6.3　工程实例识读

(1)查看图名、比例。

(2)首先校核轴线编号及其间距尺寸,要求必须与建筑图、基础平面图保持一致。

(3)与建筑图配合,明确各段剪力墙的暗柱和端柱的编号、数量及位置,墙身的编号和长度,洞口的定位尺寸。

(4)阅读结构设计总说明或有关说明,明确剪力墙的混凝土强度等级。

(5)所有洞口的上方必须设置连梁,连梁的编号应与剪力墙洞口编号相对应。根据连梁的编号,查阅剪力墙梁表或图中标注,明确连梁的截面尺寸、标高和配筋情况。再根据抗震等级、设计要求和标准构造详图,确定纵向钢筋和箍筋的构造要求(如纵向钢筋伸入墙内的锚固长度、箍筋的位置要求等)。

(6)根据各段剪力墙端柱、暗柱和小墙肢的编号,查阅剪力墙柱表或图中截面标注等,明确暗柱、端柱和小墙肢的截面尺寸、标高和配筋情况。再根据抗震等级、设计要求和标注构造详图,确定纵向钢筋和箍筋的构造要求(如箍筋加密区的范围、纵向钢筋连接的方式、位置和搭接长度、弯折要求、柱头锚固要求)。

(7)根据各段剪力墙身的编号,查阅剪力墙身表或图中标注,明确剪力墙身的厚度、标高和配筋情况。再根据抗震等级、设计要求和标准构造详图,确定水平分布筋、竖向分布筋和拉筋的构造要求(如水平钢筋的锚固和搭接长度、弯折要求;竖向钢筋连接的方式、位置和搭接长度、弯折和锚固要求)。

(8)需要特别说明的是,不同楼层的剪力墙混凝土强度等级由下向上会有变化,同一楼层柱、墙和梁、板的混凝土可能也有所不同,应格外注意。

【课堂讨论】

讨论墙柱、墙梁与框架梁、框架柱平法标注的情况。

【能力训练】

识读图 3-81 完成下列识图报告。

1.三层连梁 LL1 的梁顶标高是________m,截面尺寸是__________mm,上部纵筋是________,下部纵筋是________,箍筋是__________。

2.三层墙 Q1 的厚度是__________mm,水平分布筋是________________,垂直分布筋是________,箍筋是____________。

3.①轴线与Ⓓ轴线相交处墙柱 YBZ1 起止范围是__________________,纵筋是__________,箍筋是________。

识读图 3-81 完成下列识图报告。

1. 三层连梁 LL2 的梁顶标高是__________m,截面尺寸是__________mm,上部纵筋是______,下部纵筋是________,箍筋是__________。

2.Ⓒ轴线上 YD1 含义____________,$D=200$ 表示________________,2 层:-0.800 表示__________________,2 Φ 16 表示____________________________,Φ10@ 100(2)表示____。

任务 3.7　识读楼梯结构详图

【学习任务】

1.楼梯平法施工图的表示方法。

2.识读图 3-75,完成能力训练要求的识图记录。

3.要秉承细心、认真的态度对待工作中的每一个细节,细节决定质量,遵守质量至上的原则。

楼梯分为板式、梁式,其结构详图由各层楼梯平面图和楼梯剖面图组成。该任务主要以板式楼梯为例,说明楼梯结构详图的识读方法。板式楼梯主要构件是梯段板、梯梁、梯柱。梯段板内钢筋有板底纵筋、板底分布筋、板顶纵筋、板顶分布筋,如图 3-99 所示。

图 3-99　楼梯配筋

楼梯类型、楼梯平面注写方式

3.7.1　楼梯类型

22G101-2 图集楼梯包含 14 种类型，详见表 3-13。

表 3-13　楼梯类型

梯板代号	适用范围		是否参与结构整体抗震计算	示意图所在页码	注写方式及构造图所在页码
	抗震构造措施	适用结构			
AT	无	剪力墙、砌体结构	不参与	1-8	2-7、2-8
BT				1-8	2-9、2-10
CT	无	剪力墙、砌体结构	不参与	1-9	2-11、2-12
DT				1-9	2-13、2-14
ET	无	剪力墙、砌体结构	不参与	1-10	2-15、2-16
FT				1-10	2-17、2-18、2-19、2-23
GT	无	剪力墙、砌体结构	不参与	1-11	2-20～2-23
ATa	有	框架结构、框剪结构中框架部分	不参与	1-12	2-24～2-26
ATb			不参与	1-12	2-24、2-27、2-28
ATc			参与	1-12	2-29、2-30
BTb	有	框架结构、框剪结构中框架部分	不参与	1-13	2-31～2-33
CTa	有	框架结构、框剪结构中框架部分	不参与	1-14	2-25、2-34、2-35
CTb				1-14	2 27、2-34、2-36
DTb	有	框架结构、框剪结构中框架部分	不参与	1-13	2-32、2-37、2-38

3.7.2　现浇混凝土板式楼梯平法施工图

现浇混凝土板式楼梯平法施工图有平面注写、剖面注写和列表注写三种方式。

3.7.2.1　楼梯平面注写方式

楼梯平面注写方式包括集中标注和外围标注，如图 3-100 所示。

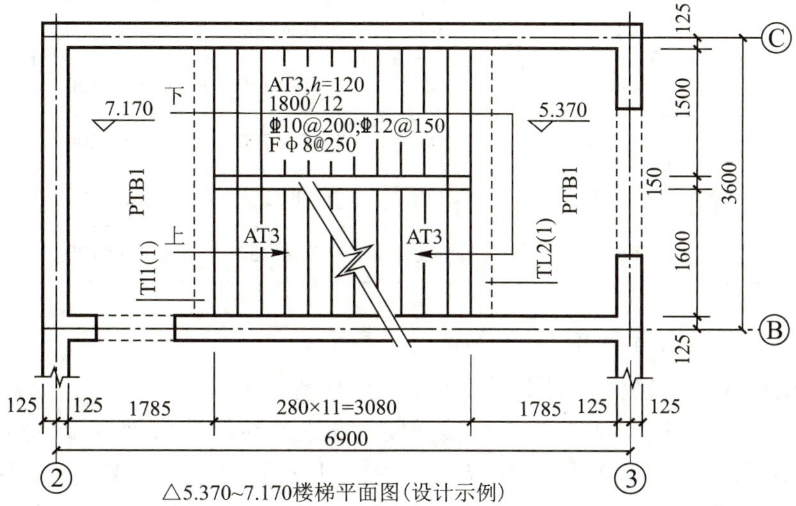

△5.370~7.170楼梯平面图（设计示例）

图 3-100　楼梯平面注写方式

（1）集中标注内容

1）梯段类型代号与编号，如 AT3。

2）梯板厚度，如 $h=120$。

3）踏步段总高度和踏步级数，如 1800/12。

4）梯板上部纵筋、下部纵筋，以“；”分隔；如Φ 10@ 200；Φ 12@ 150。

5）梯板分布筋，以 F 打头注写，如 FΦ8@ 250。

（2）外围标注内容　外围标注内容包括楼梯间平面尺寸、楼层结构标高、层间结构标高、楼梯上下行方向、梯板平面几何尺寸、平台板配筋、梯梁、梯柱配筋等。

3.7.2.2　楼梯剖面注写方式

楼梯剖面注写方式包括平面注写和剖面注写两部分。

（1）平面注写内容　平面注写内容包括楼梯间平面尺寸、楼层结构标高、层间结构标高、楼梯上下行方向、梯板平面几何尺寸、梯板类型及编号、平台板配筋、梯梁、梯柱配筋等。

（2）剖面注写内容　剖面注写内容包括梯段板集中标注，梯梁、梯柱编号，梯板水平及竖向尺寸，楼层结构标高，层间结构标高。

集中标注内容：①梯段类型代号与编号，如 AT1；②梯板厚度，如 $h=100$；③梯板上部纵筋、下部纵筋，以“；”分隔；④梯板分布筋，以 F 打头注写。

3.7.2.3　楼梯列表注写方式

采用列表注写楼梯截面尺寸和配筋具体数值的方式表达楼梯施工图。列表注写方式具体同剖面注写方式，仅将剖面注写方式中梯板配筋注写项改为列表注写项，如表 3-14 所示。

表 3-14　梯板截面尺寸和配筋　　单位:mm

梯板类型编号	踏步高度/踏步级数	板厚 h	上部纵筋	下部纵筋	分布筋
AT1	1480/9	100	Φ10@200	Φ12@200	Φ8@250
CT1	1480/9	140	Φ10@150	Φ12@120	Φ8@250
CT2	1320/8	100	Φ10@200	Φ12@200	Φ8@250
DT1	830/5	100	Φ10@200	Φ12@200	Φ8@250
DT2	1320/8	140	Φ10@150	Φ12@120	Φ8@250

3.7.2.4　楼梯板配筋构造要求

以 AT 型和 ATc 型楼梯为例说明楼梯板配筋构造。

(1)AT 型楼梯板配筋构造　AT 型楼梯板下部纵筋在低端梯梁与高端梯梁的要求相同,下部受力纵筋伸入梁内的长度≥5d 且至少伸过支座中线;上部纵筋,非贯通筋,从梯梁边缘伸入梯段板 1/4 净跨,伸入支座伸至梁边下弯折 15d,如图 3-101 所示。

AT 型楼梯板配筋构造三维图如图 3-102 所示。

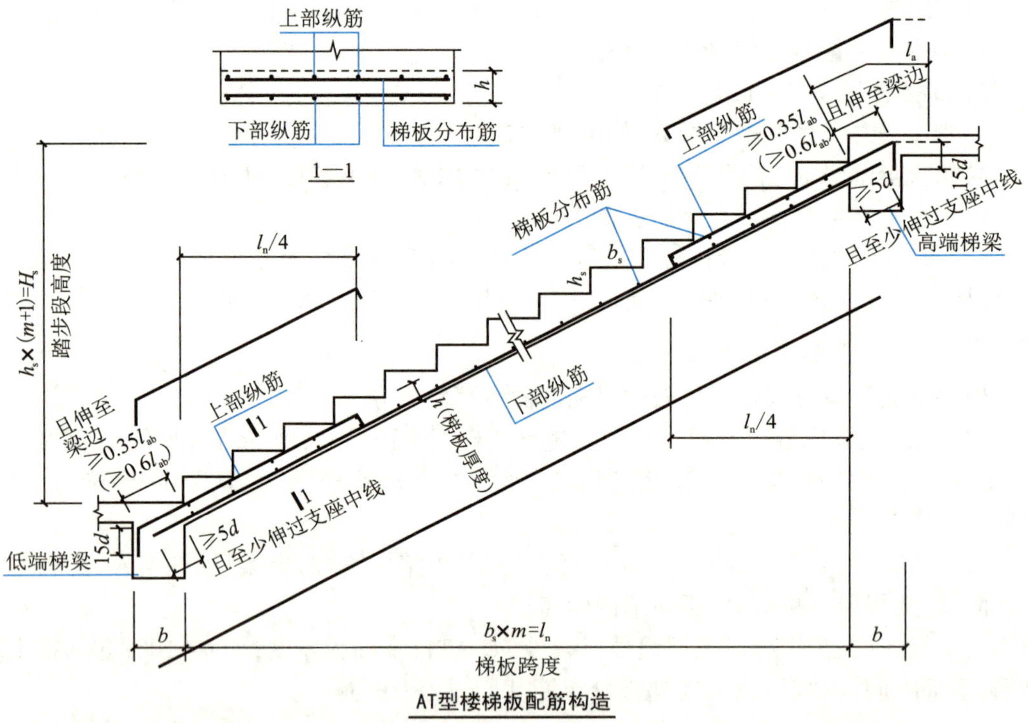

注:1.图中上部纵筋锚固长度0.35l_{ab}用于设计按铰接的情况,括号内数据0.6l_{ab}用于设计考虑充分利用钢筋抗拉强度的情况,具体工程中设计应指明采用何种情况。
2.上部纵筋有条件时可直接伸入平台板内锚固,从支座内边算起应满足锚固长度l_a,如图中虚线所示。
3.高端、低端踏步高度调整见22G101-2图集第2~39页。

图 3-101　AT 型楼梯板配筋构造

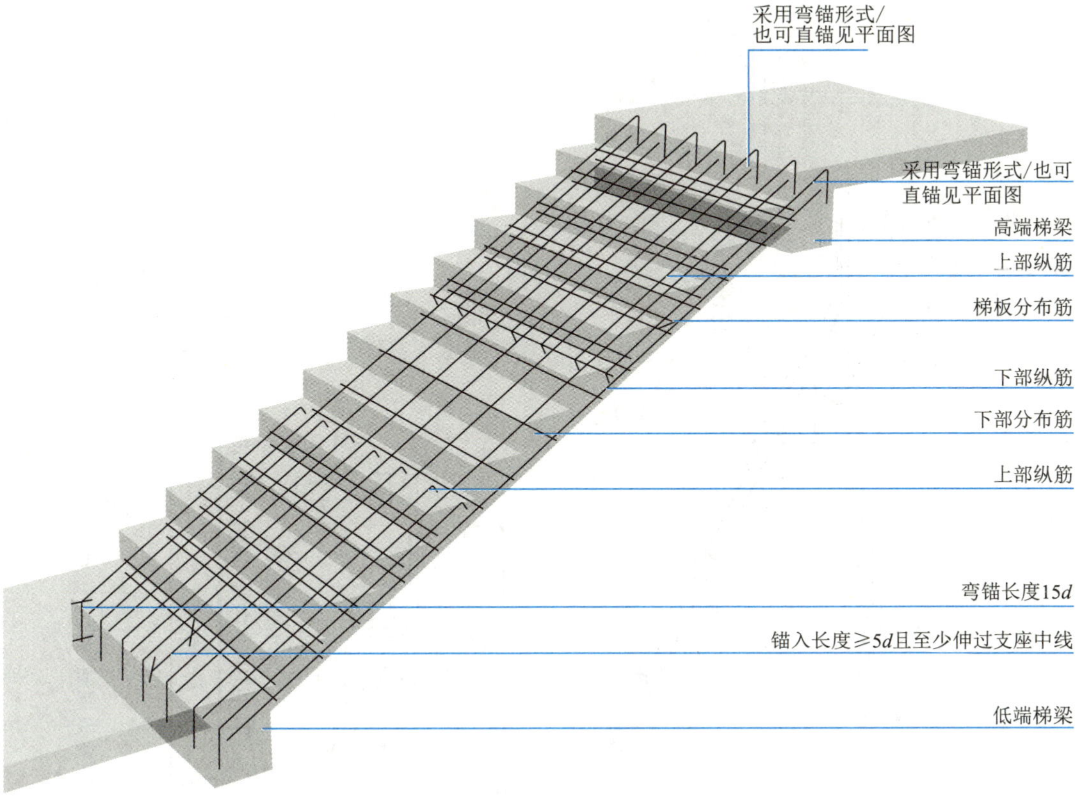

图 3-102　AT 型楼梯板配筋构造三维图

(2) ATc 型楼梯板配筋构造　ATc 型楼梯板上部和下部纵筋均为贯通筋，在低端梯梁要求伸至梁边，再弯折 15d，在高端梯梁要求伸入支座满足一个锚固长度。梯段板顶和板底分布筋布置在纵筋外侧并在梯板两侧弯折。梯板两侧设置边缘构件(暗梁)，边缘构件的宽度取 1.5 倍板厚；边缘构件纵向钢筋数量，当抗震等级为一、二级时不少于 6 根，当抗震等级为三、四级时不少于4 根；纵筋为直径不小于 12 mm 的 HPB300 钢筋，且不小于梯板纵向受力钢筋的直径。箍筋为直径不小于 6 mm 的 HPB300 钢筋，间距不大于 200 mm，如图 3-103 所示。

ATc 型楼梯板配筋构造三维图如图 3-104 所示。

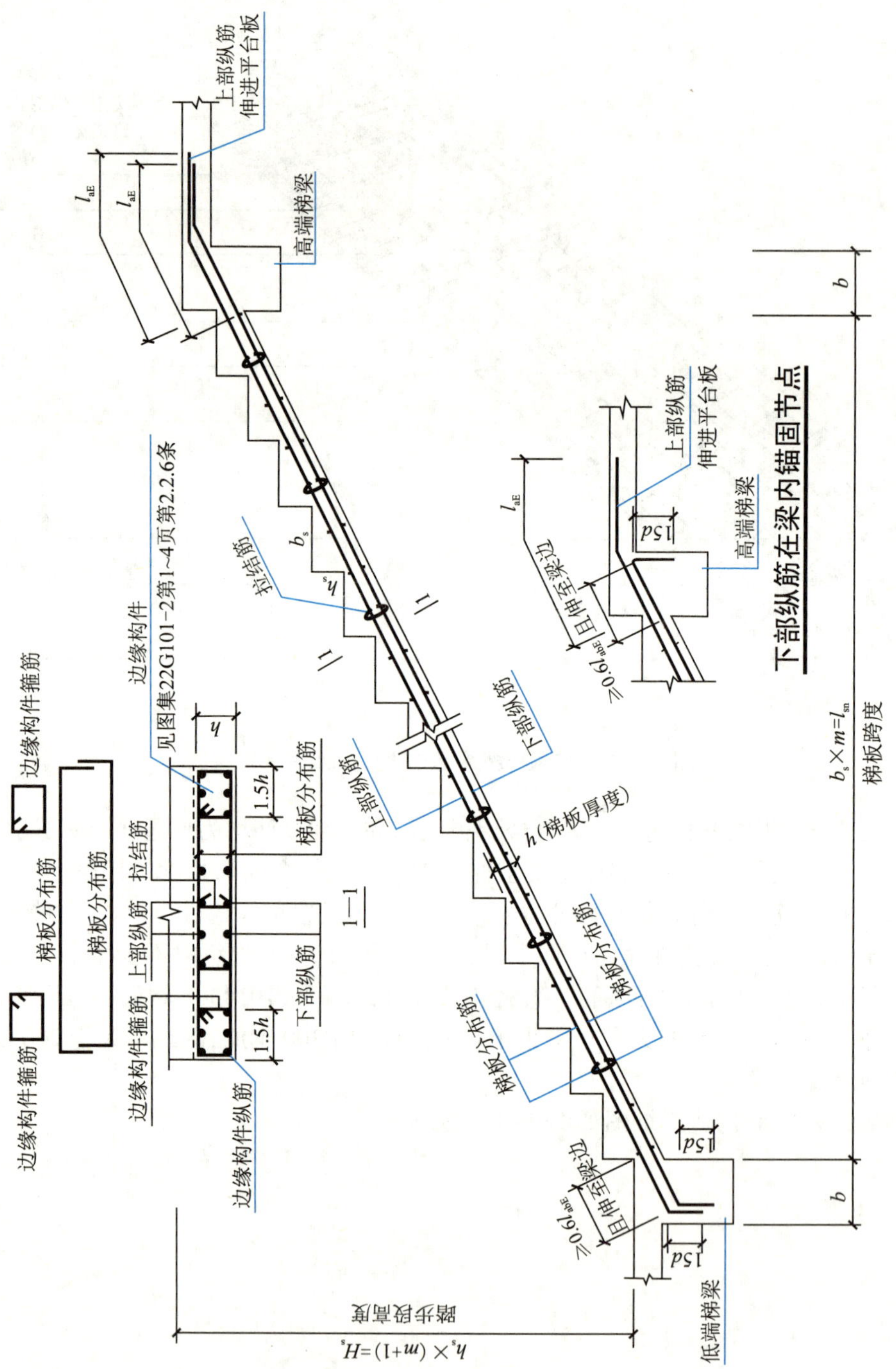

图 3-103　ATc 型楼梯梯板配筋构造

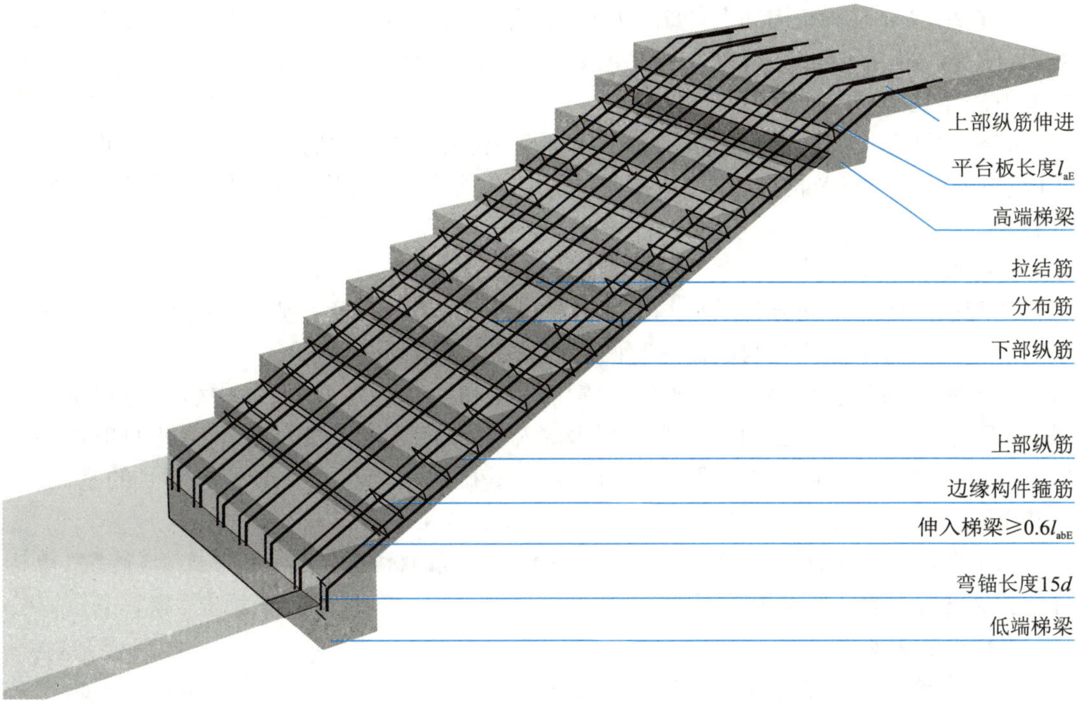

图 3-104　ATc 型楼梯板配筋构造三维图

3.7.3　楼梯详图的识读

以配套图集结施-10 甲楼梯结构详图为例说明识读楼梯的方法。

(1) AT 梯板的基本尺寸　梯段净跨度 l_a = 3080 mm，梯板净宽度 1600 mm，梯板厚度 120 mm，踏步宽度 280 mm，踏步高度 150 mm。

(2) 梯板配筋　梯板上部纵筋是⌀ 10@ 200；下部纵筋是⌀ 12@ 150，梯板分布筋 Φ8 @ 250。

【课堂讨论】

楼梯结构详图与楼梯建筑详图各主要包含的内容。

【能力训练】

根据配套图集结施-10 乙楼梯结构详图完成下列识读报告。

1.ATc 梯板厚度是______mm，踏步宽度是________mm，踏步高度是______mm，踏步级数是______级。

2. ATc 梯板上部纵筋是________，下部纵筋是________，梯板分布筋是______。

小结

1.结构施工图

结构施工图表达房屋承重构件的布置、形状、大小、材料以及连接情况的图样。

建筑结构由地下结构和上部结构两部分组成。地下结构有基础和地下室,上部结构有墙、柱、板、梁、屋架和楼梯等。主要包括结构设计说明,基础平面布置图,梁、板、柱、剪力墙平法布置图,楼梯结构详图等。

结构设计总说明一般包括该工程的工程概况、设计依据、结构的安全等级和设计使用年限、主要结构材料及构造要求、地基基础设计有关规定,以及楼板、梁、柱及其他规定的内容。

2.基础平面布置图

基础按照构造不同分为条形基础、独立基础、筏板基础、箱形基础、桩基础等。独立基础平法施工图有平面注写与截面注写两种表达方式。

(1)独立基础的平面注写方式分为集中标注和原位标注两种;集中引注包括基础编号、截面竖向尺寸、配筋三项必注内容以及基础底面标高和必要的文字注解两项选注内容。原位标注是在基础平面布置图上标注独立基础的平面尺寸。对相同编号的基础,可选择一个进行原位标注。

(2)独立基础截面注写方式是对单个基础进行截面标注的内容和形式,与传统"单构件正投影表示方法"基本相同。

3.柱平法施工图

柱内主要钢筋包括纵筋、箍筋及拉结筋。柱平法施工图是在柱平面布置图上采用截面注写方式或列表注写方式来表达的施工图。

(1)截面注写方式:需要在相同编号的柱中选择一根柱,将其在原位放大绘制"截面配筋图",并在其上直接引注几何尺寸和配筋,采用截面注写方式,在柱截面配筋图上直接引注的内容有柱编号、截面尺寸、纵向钢筋。

(2)列表注写方式是在柱平面布置图上,分别在同一个编号的柱中选择一个(有时要选择几个)截面标注几何参数代号,在柱表中注写柱号、柱段起止标高、几何尺寸(含柱截面对轴线的偏心情况)与配筋的具体数值,并配以各种柱截面形状及配筋类型图的方式来表达柱平法施工图。

柱表包括柱的编号、各段柱的起止标高、截面尺寸、偏中情况、纵向钢筋(角部纵筋、b 边一侧中部筋和 h 边一侧中部筋)、箍筋类型号和箍筋规格间距。

4.梁平法施工图

梁内钢筋包括梁顶贯通纵筋、梁顶非贯通纵筋、梁底纵筋、构造筋、箍筋等。

梁平法施工图采用平面注写方式或截面注写方式来表达,一般采用平面注写方式来表示。

(1)平面注写包括集中标注和原位标注, 集中标注内容包括梁的编号、梁截面尺寸、梁箍筋、梁上部通长筋或架立筋配置、梁侧面纵向构造钢筋或受扭钢筋配置、梁顶面标高高差。原位标注的内容包括梁支座上部纵筋、梁下部纵筋、附加箍筋或吊筋。

(2)截面注写方式是在分标准层绘制的梁平面布置图上,分别在不同编号的梁中各选一根梁用截面号引出配筋图,并在其上注写截面尺寸和配筋具体数值来表达的梁平法施工图,截面配筋详图上注写断面尺寸、上部筋、下部筋、侧面构造筋或受扭筋以及箍筋的具体数值,其表达形式与平面注写方式相同。

5.板平法施工图

现浇板内主要钢筋有板顶、板底受力筋、分布筋。板钢筋标注分为集中标注和原位标注两种。集中标注主要是针对板的贯通纵筋,原位标注主要是针对板的非贯通纵筋。

板块集中标注包括板块编号、板厚、贯通纵筋、板面标高高差。板支座原位标注包括板支座上部非贯通纵筋和纯悬挑板上部受力钢筋。

6.剪力墙平法施工图

剪力墙由剪力墙柱、剪力墙身和剪力墙梁三类构件构成。采用列表注写法或截面注写法表示。

(1)列表注写方式:

1)剪力墙柱表内容:墙柱编号以及绘制截面配筋图、注写各段墙柱的起止标高、各段墙柱的纵向钢筋和箍筋。

2)剪力墙身表内容:墙身编号、各段墙身起止标高、水平分布钢筋、竖向分布钢筋和拉筋的具体数值。

3)剪力墙梁表内容:墙梁所在楼层号、墙梁顶面标高高差、墙梁截面尺寸、上部纵筋、下部纵筋和箍筋的具体数值。

(2)截面注写方式:截面注写方式指在分标准层绘制的剪力墙平面布置图上,以直接在墙柱、墙身、墙梁上注写截面尺寸和配筋具体数值的方式来表达剪力墙平法施工图。特点是选用适当比例原位放大绘制剪力墙平面布置图。

7.楼梯结构详图

现浇混凝土板式楼梯平法施工图有平面注写、剖面注写和列表注写三种方式。

(1)楼梯平面注写方式:包括集中标注和外围标注。集中标注包括梯段类型代号与编号、梯段厚度、踏步段总高度和踏步级数、梯板上部纵筋、梯级下部纵筋、梯板分布筋。外围标注包括楼梯间平面尺寸、楼层结构标高、层间结构标高、楼梯上下行方向、梯板平面几何尺寸、平台板配筋、梯梁、梯柱配筋等。

(2)楼梯剖面注写方式:包括平面注写和剖面注写两部分。平面注写包括楼梯间平面尺寸、楼层结构标高、层间结构标高、楼梯上下行方向、梯板平面几何尺寸、平台板配筋、梯梁、梯柱配筋等。剖面注写包括梯段板集中标注,梯梁、梯柱编号,梯板水平及竖向尺寸,楼层结构标高,层间结构标高。

(3)楼梯列表注写方式:采用列表注写楼梯截面尺寸和配筋具体数值的方式表达楼梯施工图。

列表注写方式具体同剖面注写方式,仅将剖面注写方式中梯板配筋注写项改为列表注写项。

参考文献

[1]中华人民共和国住房和城乡建设部.房屋建筑制图统一标准:GB/T 50001—2017[S].北京:中国建筑工业出版社,2018.

[2]中国建筑标准设计研究院.混凝土结构施工图平面整体表示方法制图规则和构造详图(现浇混凝土框架、剪力墙、梁、板):22G101-1[M].北京:中国标准出版社,2022.

[3]中国建筑标准设计研究院.混凝土结构施工图平面整体表示方法制图规则和构造详图(现浇混凝土板式楼梯):22G101-2[M].北京:中国标准出版社,2022.

[4]中国建筑标准设计研究院.混凝土结构施工图平面整体表示方法制图规则和构造详图(独立基础、条形基础、筏形基础、桩基础):22G101-3[M].北京:中国标准出版社,2022.

[5]危道军,陈艳燕.建筑结构识图与平法构造[M].北京:科学出版社,2019.

[6]傅华夏.建筑三维平法结构图集[M].北京:北京大学出版社,2018.

附录 AutoCAD 常用快捷键命令

快捷键	命令说明	快捷键	命令说明	快捷键	命令说明	快捷键	命令说明
L	直线	A	圆弧	PO	点	O	偏移
C	圆	T	多行文字	S	拉伸	F	倒圆角
XL	射线	B	块定义	U	返回	D	标注样式
E	删除	I	块插入	DDI	直径标注	DLI	线性标注
H	填充	W	定义块文件	DAN	角度标注	DRA	半径标注
TR	修剪	CO	复制	OP	系统选项设置	OS	对象捕捉设置
EX	延伸	MI	镜像	LA	图层		

绘图命令				修改命令			
序号	快捷键	命令	命令说明	序号	快捷键	命令	命令说明
1	PO	POINT	点	1	CO	COPY	复制
2	L	LINE	直线	2	MI	MIRROR	镜像
3	XL	XLINE	射线	3	AR	ARRAY	阵列
4	PL	PLINE	多段线	4	O	OFFSET	偏移
5	ML	MLINE	多线	5	RO	ROTATE	旋转
6	SPL	SPLINE	样条曲线	6	M	MOVE	移动
7	POL	POLYGON	正多边形	7	E	DEL	删除
8	REC	RECTANGLE	矩形	8	X	EXPLODE	分解
9	C	CIRCLE	圆	9	TR	TRIM	修剪
10	A	ARC	圆弧	10	EX	EXTEND	延伸
11	DO	DONUT	圆环	11	S	STRETCH	拉伸
12	EL	ELLIPSE	椭圆	12	LEN	LENGTHEN	直线拉长
13	REG	REGION	面域	13	SC	SCALE	比例缩放
14	MT	MTEXT	多行文字	14	BR	BREAK	打断
15	T	MTEXT	多行文字	15	CHA	CHAMFER	倒角
16	B	BLOCK	块定义	16	F	FILLET	倒圆角
17	I	INSERT	块插入	17	PE	PEDIT	多段线编辑
18	W	WBLOCK	定义块文件	18	ED	DDEDIT	修改文本
19	DIV	DIVIDE	等分				
20	ME	MEASURE	定距等分				
21	H	BHATCH	填充				

尺寸标注							
序号	快捷键	命令	命令说明	序号	快捷键	命令	命令说明
1	DLI	DIMLINEAR	直线标注	9	DBA	DIMBASELINE	基线标注
2	DAL	DIMALIGNED	对齐标注	10	DCO	DIMCONTINUE	连续标注
3	DRA	DIMRADIUS	半径标注	11	D	DIMSTYLE	标注样式
4	DDI	DIMDIAMETER	直径标注	12	DED	DIMEDIT	编辑标注
5	DAN	DIMANGULAR	角度标注	13	DOV	DIMOVERRIDE	替换标注系统变量
6	DCE	DIMCENTER	中心标注	14	DAR		弧度标注,CAD2006)
7	DOR	DIMORDINATE	点标注	15	DJO		(折弯标注,CAD2006)
8	LE	QLEADER	快速引出标注				

视窗缩放			
P	PAN(平移)	Z+P	返回上一视图
Z+空格+空格	实时缩放	Z+E	显示全图
Z	局部放大	Z+W	显示窗选部分

常用 CTRL 快捷键			
【CTRL】+1 * PROPERTIES	(修改特性)	【CTRL】+V	PASTECLIP(粘贴)
【CTRL】+2 * ADCENTER	(设计中心)	【CTRL】+B	SNAP(栅格捕捉)
【CTRL】+O	OPEN(打开文件)	【CTRL】+F	OSNAP(对象捕捉)
【CTRL】+N、M	NEW(新建文件)	【CTRL】+G	GRID(栅格)
【CTRL】+P	PRINT(打印文件)	【CTRL】+L	ORTHO(正交)
【CTRL】+S	SAVE(保存文件)	【CTRL】+W	(对象追踪)
【CTRL】+Z	UNDO(放弃)	【CTRL】+U	(极轴)
【CTRL】+X	CUTCLIP(剪切)	【CTRL】+C	COPYCLIP(复制)

常用功能键			
【F1】	HELP(帮助)	【F7】	GRIP(栅格)
【F2】	(文本窗口)	【F8】	正交
【F3】	* OSNAP(对象捕捉)	【CTRL】+F	OSNAP(对象捕捉)